Git 开发与管理指南：

面向开发人员和 DevOps 的项目管理

[德] Bernd Öggl　编著

罗倩倩　译

北京航空航天大学出版社

图书在版编目（CIP）数据

Git开发与管理指南：面向开发人员和DevOps的项目管理 = Git: Project Management for Developers and DevOps / (德) 伯恩德 · 奥格尔编著；罗倩倩译. 北京：北京航空航天大学出版社, 2025. 1. -- ISBN 978-7-5124-4566-6

Ⅰ. TP311.561

中国国家版本馆CIP数据核字第2025069Y9L号

Git 开发与管理指南：面向开发人员和 DevOps 的项目管理

［德］Bernd Öggl　编著

罗倩倩　译

策划编辑　董宜斌　　责任编辑　董宜斌

*

北京航空航天大学出版社出版发行

北京市海淀区学院路 37 号（邮编 100191）　https://www.buaapress.com.cn

发行部电话：（010）82317024　传真：（010）82328026

读者信箱：copyrights@buaacm.com.cn　邮购电话：（010）82316936

涿州市新华印刷有限公司印装　各地书店经销

*

开本：710 × 1000　1/16　印张：18.5　字数：302 千字

2025 年 1 月第 1 版　2025 年 1 月第 1 次印刷

ISBN 978-7-5124-4566-6　定价：79.00 元

版权声明

北京市版权局著作权合同登记号 图字 01–2022–6445 号

前 言

当多个人共同参与一个软件项目时，就需要一个系统以可追溯的方式存储所有的更改。这样的版本控制系统还必须让所有开发人员都能访问整个项目，以使每位程序员都能了解其他人员最近的工作内容、尝试他人的代码，并测试这些代码与自己所做更改之间的交互情况。

在过去，曾有过许多版本控制系统，如 Concurrent Versions System（CVS）、Apache Subversion（SVN）或 Microsoft Visual SourceSafe（VSS），但是，在过去的十年里，Git 已成为事实上的标准版本控制系统。

GitHub 网络平台在这一成功中发挥了重要作用，它极大地简化了 Git 的学习和使用。当然，GitHub 并非唯一的 Git 平台，主要的竞争对手还包括 GitLab、Azure DevOps Services 和 Bitbucket。

人人都在用，却没人懂它

尽管 Git 备受推崇，但它显然是由专业人士为专业人士设计的，你需要牢记以下几点：

- 达到一个目标有多种方法。对于已经熟悉 Git 的读者来说，这个观点很有用，但如果你刚开始学习 Git，这种多样性可能会让你感到困惑。
- Git 开源项目的文档丰富。在手册页和网站上，每一个 git 命令和每一种可能的应用都以极其细致的方式进行了说明，并且考虑了很多可能的特殊情况，这些可以帮助你快速地上手。
- Git 一些术语有多种含义，而且容易混淆的子命令可能会执行截然不同的任务。一些术语的含义会根据上下文的不同而有所不同，或者在文档中的使用不一致。

我们得坦白，尽管我们已经使用 Git 多年，但在写这本书的过程中还是学到了很多！

关于本书

我们可以以极简的方式使用 Git，但是，日常操作中的微小偏差也可能导致令人惊讶且通常难以理解的副作用或错误。

每个 Git 初学者都经历过那种感受：当一个 git 命令返回一条难以理解的错误信息时，你会吓出一身冷汗，怀疑自己是否刚刚永久性地破坏了所有开发人员的存储库，并试图找到合适的人来用正确的命令说服 Git 继续工作。因此，不深入学习 Git 是没有用的，只有充分了解 Git 的工作原理，你才能有信心干净利落地解决合并冲突或其他问题。

同时，我们也知道，如果我们不优先考虑基本功能，这本书就无法发挥作用。这本书内容很多，但它并不是 Git 的全包式指南，我们不可能考虑每一种特殊情况或介绍每一个 Git 子命令。我们写这本书就是为了把真实有用的东西挑出来，去掉那些不实的部分。本书分为以下 12 章。

在第 1 章进行简短介绍之后，我们将在第 2 章至第 4 章中介绍 Git 的使用，将重点介绍在命令级别使用 Git，并简要讨论 GitHub 或其他用户界面（UI）等平台。对于 Git 初学者，我们建议先阅读前 4 个章节。即使你有一些 Git 经验，也一定要花几个小时阅读第 3 章，并在测试存储库中尝试我们介绍的一些技术（合并、变基等）。

接下来的 3 个章节介绍了最重要的 Git 平台。特别是对于复杂的项目，这些平台提供了有用的附加功能，例如执行自动测试或实现持续集成（CI）。当然，我们也会向你展示如何托管自己的 Git 存储库。使用 GitLab、Gitea 或 Gitolite，可以相对容易地实现这一目标。

然后，我们将从基础转向实践。在第 8 章中，我们将描述使用 Git 引导众多开发人员走上有序路径（分支）的流行模式。第 9 章重点关注 Git 的高级功能，如钩子、子模块、子树和双重身份验证。第 10 章将展示如何在 Linux 系统上使用 Git 管理版本配置文件（dotfiles）或整个 /etc 目录，如何将项目从 SVN 迁移到 Git，以及如何使用 Git 和 Hugo 快速轻松地实现一个简单的网站。

第 11 章将帮助你解决难以理解的错误信息所带来的僵局。在这一章中，你还会找到实现特殊请求的说明，例如从 Git 存储库中删除大文件或仅对选定文件执行合并操作。

在本书的结尾，第 12 章简要总结了最重要的 git 命令及其选项。

或许你只想知道足够多的内容，以便能够准确地使用 Git，进而推动项目的进展。我们理解这种动机，但是，我们仍然强烈建议您比原计划多花几个小时来系统地了解 Git。

我们向你保证，你阅读本书之后一定会感觉物有所值。虽然，你当前的关注点主要在于项目，但 Git 技能是作为一名开发者在未来许多项目中都需要掌握的长期核心竞争力。

祝你在使用 Git 的过程中取得圆满成功!

作 者

目　录

第 1 章　Git 十分钟入门

本章旨在以简单清晰的方式介绍 Git，以使即便读者尚不了解 Git 背后的原理，也可理解 Git 的用途及其功能。虽然，章节标题略显夸张，但“十分钟学会 Git”听起来确实比“二十五分钟学会 Git”要好，不是吗?

1.1　Git 是什么

Git 是一款去中心化的版本控制系统。在软件项目中，Git 会记录各位开发者对软件的之后变更，可以追踪谁进行了哪些变更以及何时进行的，甚至还可以追溯到两年后发生的灾难性安全漏洞的责任人。

基本上，无论是个人还是整个团队需要反复修改、添加或删除各种文件的任何项目，都可以使用 Git，我们甚至使用 Git 来管理本书的 Markdown 文件和图像。

当项目包含许多相对较小的文本文件时，Git 尤其有效。虽然 Git 可以处理二进制文件，但跟踪此类文件内的变更却十分困难。在这方面，Git 并不适合跟踪 Microsoft Office 文档、音频和视频文件或虚拟机（VM）映像中的变更。

1.1.1　git 命令

在终端或 PowerShell 中，我们可以通过使用 git 命令来控制 Git。该命令提供的众多选项允许我们从外部仓库（如 GitHub）下载 Git 项目、将更改的文件保存在“提交”中并再次上传、在软件项目的不同分支之间切换（例如，main 和 develop）、撤销更改等。仓库是构成项目的所有文件的集合，它不仅包含当前版本，还包含所有以前的版本和所有开发分支。

“Git”还是“git”?

在本书中，既使用术语“Git”，也使用命令“git”。除了大小写不同之外，字体也清楚地表明了不同的含义：“Git”指的是整个版本控制系统，包括其概念和思想；而“git”则代表用于实现这些功能的命令。

这种区分很重要，因为“Git”的一些功能无需使用“git”命令即可实现，例如，在集成开发环境（IDE）、编辑器或 Web 界面中。因此，我们可以使用多种方式来使用“Git”。“git”命令只是其中一种方式。

1.1.2 Git 用户界面

本书多章节聚焦于 git 命令，然而，用户亦可通过便捷界面使用 Git 的部分功能。所有主流集成开发环境（IDE），如 Microsoft Visual Studio、Xcode、IntelliJ IDEA、Android Studio 等，以及众多编辑器，如 Atom、Sublime Text、Visual Studio Code（VS Code）等，均提供直接执行基础 Git 操作的菜单命令。Web 界面则涵盖 GitHub 或 GitLab 等平台。这些用户界面（UI）不仅便于管理 Git 项目，如跟踪文件变更，还提供问题 / 错误管理、自动化测试等多种附加功能。

本书第 2 章将以编辑器和 IDE 为例，介绍 Git 功能。尽管 Git 图形用户界面（GUI）便捷，但有一点需明确：若不了解 Git，即便使用最出色的工具，也终将遭遇瓶颈。

1.1.3 Git、GitHub 还是 GitLab

Git 是一个独立的工具，不依赖于中央仓库，但在实际应用中，像 GitHub 或 GitLab 这样的外部 Git 仓库是无处不在的。现代化的 Web 界面便于项目的入口和管理。这些平台极大地简化了开发团队成员之间的数据交换，可作为额外的备份，并提供各种附加功能（文档、Bug 跟踪器、质量保证［QA］等）。对于公共项目，这些仓库还充当着任何对项目感兴趣的人的信息和下载页面。

在 Git 托管提供商中，被微软收购的 GitHub 目前拥有最大的市场份额，我们可以免费在 GitHub 上设置开源项目。2020 年 4 月，由于竞争压力，

GitHub对许多私有项目的限制也被取消了，因此，即使是相对较大的项目也可以免费存储在GitHub上。GitHub为商业用户提供许多额外的功能，但需要支付费用。

GitHub有许多替代品可供选择，其中最知名的是GitLab，它提供与GitHub相似的功能，也可以根据需求免费或商业化。GitLab的特点是程序的源代码是免费的，因此，我们可以在自己的服务器上设置GitLab，这对于不愿意将所有知识产权交出的组织或公司来说是一个巨大的优势。此外，运行自己的Git服务器可以降低持续成本。

其他Git托管提供商或相应软件的提供商还包括Azure Repos、Bitbucket、Gitea和Gitolite（后两者可以在自定义服务器上运行）。

Git托管平台并非Git的替代品，而是其补充

为Git初学者澄清一个观点：像GitHub或GitLab这样的提供商并不替代基本的Git概念或git命令；相反，这些提供商基于Git提供的思想构建了额外的功能，这些功能在实践中被证明非常有用，同时也降低了进入门槛。与Git提供商的免费账户和计算机上的git命令结合使用，是学习Git工作原理的理想场所。

1.2 从GitHub下载软件

GitHub门户网站有多种下载选项，初学者最简单的选项是将整个项目作为ZIP文件下载。但若希望学习Git或使用其功能，则应熟悉git命令。使用git clone命令，可将Git项目的一个副本下载到本地计算机上，从而创建该项目的“克隆”。

要 求

以下部分假设计算机上已安装git命令。若未安装，请参考第2.1节的相关内容。

git clone适用于无需注册的公共项目。

在 GitHub 下载对话框中，默认激活的是使用 HTTPS 的克隆选项。图 1.1 中显示的 SSH 选项仅对拥有 GitHub 账户并可登录的用户，SSH 通信将在第 2 章中讨论。单击按钮将 URL 复制到剪贴板，然后在 git clone 命令后将其粘贴到终端、Git Bash 或 PowerShell 中。

```
git clone https://github.com/<author>/<project>.git
```

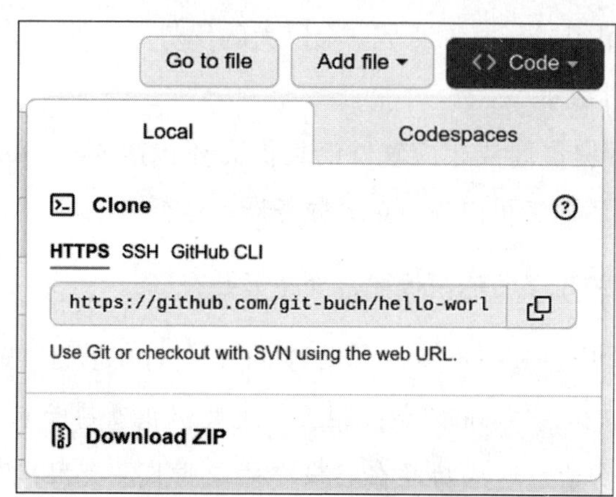

图 1.1　GitHub 上的下载对话框

git clone 在当前目录中创建一个新的项目目录，并将 Git 项目的所有文件解压到该项目目录中。现在需要让它运行起来，这并不像下载项目那么简单。根据项目的不同，可能需要编译代码、将其加载到 IDE 中或使用其他工具运行它。这一步的决定性因素是本地计算机是否满足通常在进行项目文档工作的所有要求（即已经安装了必要的编程语言、编译器、库等，并且它们的版本正确）。

1.2.1　示例：Hello World!

在 https://github.com/git-compendium 页面上，本书收录了一些示例。最简单的示例名为 hello-world。可通过以下命令将其下载到计算机：

```
git clone https://github.com/git-compendium/hello-world.git
```

如果通过 cd 进入本地项目目录，会发现四个文件：README.md、index.html、style.css 和 git.jpg，如下所示。可在网络浏览器中查看生成的网页。

```
cd hello-world

ls/dir
  git.jpg  index.html  README.md  style.css
```

1.2.2　示例：Python 游戏

近日，作者找了一个用 Python 编写的简单游戏，这并非为了消遣，而是想以此激励刚开始学习 Python 编程的儿子。在此过程中，他发现了这个代码库：

```
https://github.com/Seitoh63/PySpaceInvaders。
```

为确保即使原开发者删除该代码库后仍能使用，本资料复制了一份（在 GitHub 中称为“fork”），访问地址如下：

```
https://github.com/git-compendium/PySpaceInvaders。
```

该游戏是 20 世纪 80 年代流行的太空侵略者游戏的变种。虽然代码约有 1 200 行，规模不算小，但仍可管理。如果计算机上已经安装了 Python3 和 git，只需三个命令即可下载并尝试该游戏，如下所示。

```
git clone https://github.com/git-compendium/PySpaceInvaders.git
cd PySpaceInvaders
python3 main.py
```

这个游戏需要当前版本的 Pygame 库。如果在启动游戏时出现“No module named pygame”错误，则需要安装缺失的库。在这种情况下，Python 提供的 pip3（macOS，Linux）或 pip（Windows）命令可以帮助解决问题，如下所示。

```
pip3 install pygame                   (macOS, Linux)
pip  install pygame                   (Windows)
```

1.3　支持 Git 的编程

设想一下，若想要学习 Python（或其他任何语言），我们会尝试新的函数并创建各种小型示例程序，而且，与学习新事物时一样，总会犯很多错误，例如突然间，一个原本可以运行的示例程序无法运行了。

现在，可以看出为何应该将示例程序置于版本控制之下并与 GitHub 同步。这样做可以重建随时间所做的所有更改，同时，也将拥有一个外部备份。

1.3.1 准备任务

再次强调，本文假设读者已经安装了 git（参见第 2.1 节）。在终端或 cmd.exe 中，需要运行两个命令，以便 Git 获取用户名和电子邮件地址，此数据将存储在每次提交中。

```
git config --global user.name "Henry Hollow"
git config --global user.email "hollow@my-company.com"
```

同时，还将在 https://github.com 上设置一个免费账户，以及一个新的私有存储库 hello-python。“私有”意味着只有用户本人可以访问其中包含的文件，如果在 GitHub 入门时遇到任何问题，请参阅第 2.2 节。

现在，仍然需要一个编辑器。建议使用对 Git 支持特别好的免费程序 Visual Studio Code（VS Code）。安装后，按“F1”打开命令面板并运行 Git . Clone。在弹出的小对话框中，必须以以下格式输入存储库的 URL：

```
https://github.com/<账户名>/hello-python.git。
```

从网络浏览器复制 URL 时，不要忘记 .git 扩展名。如果首次在 VS Code 中访问 GitHub，则需要进行身份验证。VS Code 会将用户重定向到 GitHub 网站以进行身份验证。此过程有点棘手，并且第一次尝试不一定成功。一旦一切正常，VS Code 将记住以这种方式获取的标识令牌，并可以在将来使用它来访问账户。

认 证

如果先前已使用 VS Code 登录过另一个 GitHub 账户，则只能访问该账户的存储库以及公共存储库。在访问另一个账户的私有存储库之前，必须删除先前存储的身份验证凭据。在 Linux 上，可以通过账户图标（通常是侧边栏中倒数第二个图标）在 VS Code 中执行“注销”命令。在

Windows 上，必须启动 Windows 凭据管理程序，转到“Windows 凭据”对话框，并删除 git:https://github.com 条目。此步骤将使 VS Code 在下次连接时要求重新进行身份验证。

通常，如果始终使用相同的账户，Git 和 VS Code 的效果最佳。有关 Git 提供的多种身份验证选项的更多详细信息，请参见第 2.4 节。

最后，VS Code 会询问要在本地存储存储库文件的目录。例如，在 Windows 上选择“文档”文件夹。VS Code 将创建一个新的子目录并将其用作项目目录。

1.3.2 编程与同步

VS Code 侧边栏中的 EXPLORER 视图现在显示了项目目录，该目录目前除了一个 README 文件外为空。现在，可以通过上下文菜单添加第一个文件（例如，hello-world.py），输入第一行代码，并尝试运行程序。本示例假设已在计算机上安装了 Python，并在 VS Code 中安装了 Python 扩展。

当第一个程序运行成功时，就是进行第一次提交的最佳时机。通过此操作，将保存项目所有文件的当前状态。

在提交之前，必须明确标记要提交的所有已更改或新添加到项目中的文件。为此，请按“Ctrl+Shift+G”或单击源代码管理菜单图标打开 SOURCE CONTROL 侧边栏。在 SOURCE CONTROL 侧边栏中，单击加号按钮“Stage Changes”，选择应作为提交一部分的所有文件，如图 1.2 所示。

在“消息”字段中输入简短文字，概述对代码的最新更改。之后，通过按下“Ctrl+Enter”组合键来执行提交操作。若未标记需提交的文件，VS Code 系统会询问是否将所有新增及已更改的文件纳入此次提交中。

完成提交操作后，VS Code 将为所有文件创建一个本地快照。若希望将此次提交同步至外部 Git 存储库（如 GitHub），需在“源代码管理”侧边栏中选择“...”菜单按钮，并执行“拉取、推送与同步”命令。此操作会同时执行 git pull 与 git push 命令，确保外部存储库中尚未下载至本机的更改能够同步更新。

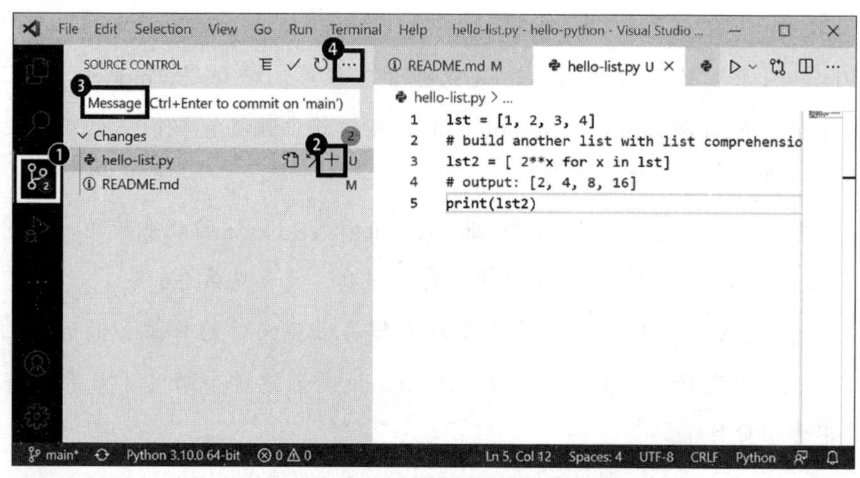

图 1.2　所有新 / 更改的文件应包含在提交中

关于 git pull 与 git push 的详细操作，将在第 3 章中具体阐述。

当需要在一段时间后重新测试某一样例而遭遇问题时，Git 的优势便凸显出来。若难以确定错误发生的时间点，可在 VS Code 的 EXPLORER 视图中，针对问题文件执行“打开时间轴”命令。VS Code 将展示该文件历次提交更改的记录（图 1.3），单击任意一次提交即可迅速了解当时所做的更改内容。

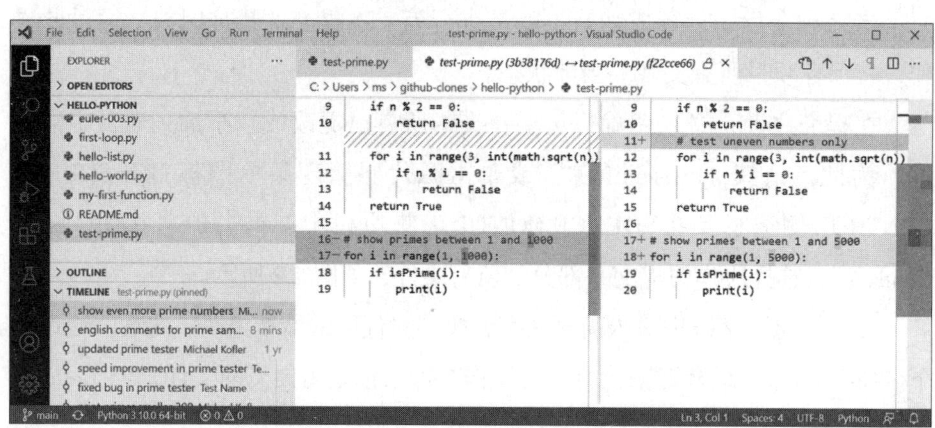

图 1.3　时间轴显示文件所有更改历史记录

但是，VS Code 并未直接提供恢复文件旧版本的功能。幸运的是，GitLens 扩展可以弥补这一不足，提供了恢复旧版本文件的能力。此外，深入了解并掌握 git restore 命令（在 VS Code 外部执行）同样能实现这一目标。

第 2 章　学以致用

本章将继续通过具体实例展示 Git 的实际应用。但与第 1 章不同的是，本章将更深入地探讨，并介绍一系列工具。具体来说，本章将涵盖以下主题：

安装 Git；

设置 GitHub 账户；

使用 git 命令；

身份验证（HTTPS 与 SSH，凭据缓存）；

Git 图形用户界面（GUIs）；

在第三方 GitHub 项目上进行协作（拉取请求）；

同步和备份策略。

2.1　安装 git 命令

本书内容均基于读者已安装新版本的 git 命令。此外，本书中介绍的许多编辑器和集成开发环境（IDE）都将依赖此命令。本节概述了如何安装 git。可通过以下链接找到下载链接和额外的安装提示：

```
https://git-scm.com/downloads
```

无需安装的 Git

某些 IDE（如 Microsoft Visual Studio 或 Xcode）直接包含了 Git 库或 git 命令。使用这些 IDE，就无需安装 git 命令。

> 此外，还可以直接在 https://github.com 或 https://gitlab.com 等网络平台上尝试基本的 Git 功能（所有文件都保留在 Git 主机的存储库中，因此它们不会存储在本地计算机上）。
>
> 但是，为了使用本书，应确保能够将 git 添加为独立命令。请在终端或 PowerShell 中测试 git --version 命令是否有效。如果无效，请安装 git！

2.1.1 Linux 环境下的 Git 安装

在 Linux 上，可以使用相关的包管理工具安装 git，如下所列：

```
apt install git          # Debian, Raspbian, Ubuntu
dnf install git          # Fedora/RHEL and clones
zypper install git       # SUSE/openSUSE
```

除了 git，在某些发行版（如 Debian、Ubuntu）上，也可以选择安装 git-all。此选项除了提供 git 命令外，还附带各种附加工具（如 GUI 界面的 git-gui），以及用于图形化比较文件两个版本或可视化存储库分支的工具；但是，git-all 会额外关联约 50 个包，因此，建议先从基本的 git 包开始，然后根据需要安装其他包。

通过运行 git --version，可以确定 git 是否运行正常及其版本信息。

```
git --version
  git version 2.32.0
```

2.1.2 macOS 环境下的 Git 安装

在 macOS 系统上，若已安装 Xcode 的命令行工具，则可直接访问 git。如有必要，可使用以下命令启动这些工具的安装：

```
xcode-select --install
```

若不想安装 Xcode，应在 Mac 上设置 Homebrew（参见 https://brew.sh），然

后，通过以下方式安装 git 命令：

```
brew install git
```

2.1.3 Windows 环境下的 Git 安装

在 Windows 系统上，Git 安装会稍显复杂，可从 https://git-scm.com/downloads 下载安装程序，这不仅需要配置 git 命令，还需要安装一个终端环境（Git Bash），其中包含了 Linux 中最重要的一些组件，诸如 bash shell 以及 ls、find、grep、tar、gzip 等命令（图 2.1）。此外，整个安装还附带了安装 Git GUI，这是一个效用颇受质疑的用户界面（UI）。

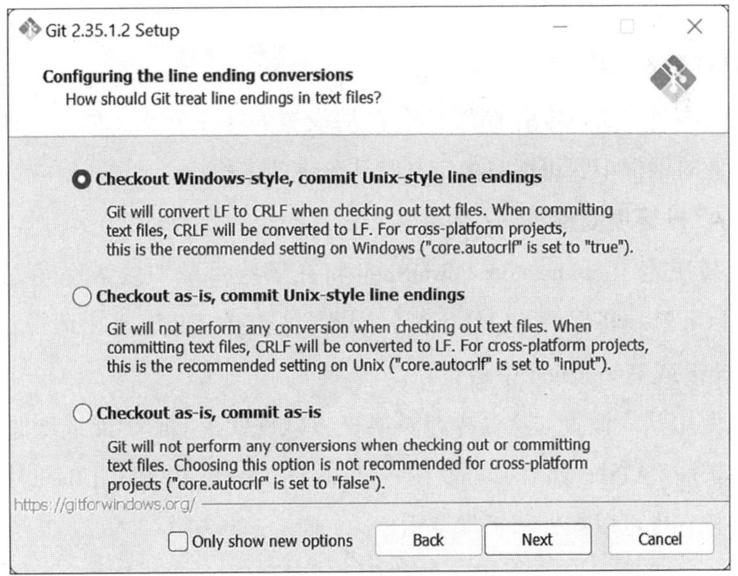

图 2.1 Git 安装程序的配置对话框（Windows 版）

在安装过程中，必须从一开始就回答所有可能的问题并从多个选项中进行选择。除了编辑器之外，如果简单地接受预设选项，则不会出错。尽管如此，本章还是详细记录了这些对话框，因为它们对于初学者来说很有用。

◆ **安装位置**

默认情况下，git 命令和相关工具安装在 C:\Program Files\Git 目录中。如有必要，可以选择其他目录。

◆ 安装范围

除了实际的 git 命令之外还需要安装其他组件。默认情况下，这些组件包括 Git Bash、Git GUI 和大文件支持（LFS）扩展（见第 10 章）；同时，还需指定是否应设置图标、在何处设置以及应创建哪些文件扩展名链接。

◆ 编辑器

执行某些 git 命令时，会自动启动一个编辑器，例如，在其中输入合并操作的解释或编辑配置文件。在 Windows 上，git 默认使用 Git Bash 编辑器，若不熟悉此编辑器，可在此对话框中设置另一个编辑器，选择包括 Notepad++ 和 Visual Studio Code（VS Code）（或 VS Code 的开源变体 VSCodium）。

请注意，此设置并非用于编辑软件项目代码的编辑器，该方面并无限制。此设置仅关乎 git 命令本身是否要启用编辑器。

◆ 默认分支名称

过去，每个新的 Git 存储库都会自动设置 master 分支。如今，通常使用 main。在此对话框中，可以自由定义默认分支的名称。

◆ PATH 环境变量

此变量决定了 cmd.exe 或 PowerShell 将在哪些目录中搜索程序，仅从 Git Bash 使用 Git 选项将保持 PATH 不变，因此，只能在 Git Bash 中运行 git，而不能在 cmd.exe 或 PowerShell 中运行。

建议使用默认设置"从命令行及第三方软件使用 Git"，此选项通过 git 命令的路径扩展 PATH；然后，可以在 cmd.exe、PowerShell 和 Git Bash 中调用 git 命令，并且它也可以被外部工具使用。

最后一个选项是从命令提示符使用 Git 和可选的 Unix 工具。在这种情况下，包含 Git Bash 中所有 Linux 工具的目录也将添加到 PATH 中。这个选择的优点是我们可以在 cmd.exe、PowerShell 或终端中使用 Linux 命令，如 ls、tar 等；但是，这种选择有一个缺点是标准的 Windows 命令（如 find 或 sort）将无法正常工作，因为这包含它们不兼容的 Linux 变体。

◆ SSH

许多 git 命令需要与 SSH 进行交互。在此对话框中，将定义 git 应使用的 SSH 客户端。默认情况下，git 使用作为 Git Bash（C:\Program Files\Git\usr\bin\

ssh.exe）一部分提供的SSH客户端。如果计算机上安装了PuTTY，则可能会更倾向于使用此程序。

最后，可以使用任何预安装的SSH客户端，前提是该程序的名称为ssh.exe且位于PATH列出的目录中。通过这种方式，可以使用Windows中专有的SSH客户端，即C:\Windows\System32\OpenSSH\ssh.exe，可通过系统设置模块“应用和功能”进行安装。

◆ HTTPS

除非涉及SSH，否则git通过HTTPS进行通信。在相应的对话框中，可以设置使用哪个加密库。默认情况下，git使用OpenSSL库，该库又使用位于C:\Program Files\Git\etc\pki目录中的证书。此外，git还可以使用Windows提供的库。在公司环境中，这个功能特别有用，因为git可以访问通过Active Directory分发给公司所有计算机的证书颁发机构（CA）证书。

◆ 行尾字符

Windows和macOS/Linux在文本文件中使用不同的字符来表示行尾，Windows上使用回车（CR）加换行（LF）的组合（即CRLF），而macOS/Linux上仅使用（LF）。

默认情况下，Windows上的Git配置为在下载时将文本文件适应Windows规范，在上传时则恢复为macOS/Linux规范（设置core.autocrlf = true）。如果希望项目能在不同平台上运行，请保留此选项。在以下链接中可以找到有关此主题的相关背景信息：

```
https://docs.github.com/en/github/using-git/configuring-git-
to-handle-line-endings
```

◆ Git Bash的终端

默认情况下，Git Bash使用MinTTY程序来显示输入命令的窗口。此程序被称为终端模拟器，提供的功能多于Windows程序cmd.exe，后者可作为替代选择。此选项仅在使用Git Bash时相关。

◆ Git pull行为

git pull命令用于将存储在外部存储库中的更改拉取到本地存储库。在合并文件（通过合并过程）时，可以采取不同的程序。默认情况下，在简单情况下使用快进方式，如果此选项不可行，则必须确认合并提交；或者，可以在此配置对话框中选择变基程序或仅选择快进方式，使用这第三个选项，如果无法进行快进，git pull 将导致错误。

如果缺乏必要的背景知识，可能无法理解这个决策点。我们将在第 3 章中更详细地讨论这个主题。暂时将选项保留为默认设置“快进或合并”。

◆ 其他选项

在最后一步中可以设置一些特殊选项，如下所列。

启用 Git 凭据管理器是默认设置。

此设置对于使用令牌登录 GitHub 是绝对必要的，此设置对应于 git config 中的 credential.helper=manager-core 条目。

启用文件系统缓存是默认设置，可加速 Git。

启用符号链接允许文件之间的符号交叉引用。在 Linux 和 macOS 上，此类链接是文件系统的基本功能。Windows 也具有类似的功能，但默认情况下是禁用的。有关更多信息，请参阅以下链接：

```
https://github.com/git-for-windows/git/wiki/Symbolic-Links
```

2.1.4 后续更改选项和执行更新

初始设置并非永久不变，更改这些选项的一种方法是重新运行安装程序，但是，这种方法将执行 Git 的完全重新安装。

在内部，全局设置存储在 C:\Program Files\Git\etc\gitconfig 中。除了执行新安装外，还可以使用 git config 命令（将在后面描述）更改该目录中存储的设置。关于 Git 设置的存储位置和更改方式的更多信息，请参见第 12.3 节。要更新 Git，必须下载最新版本的安装程序并重复安装步骤。在这种情况下，可以再次访问所有配置对话框（除非选择“仅显示新选项”选项）。

2.1.5 更改默认编辑器

当需要输入文本或修改配置文件时，Git 默认启动 Vim 编辑器。如果熟悉此编辑器，则一切顺利，否则，应设置另一个编辑器。在 macOS 或 Linux 上，可以通过运行以下命令来更改此设置，将 /usr/bin/nano 替换为喜欢的编辑器的路径。

```
git config --global core.editor "/usr/bin/nano"
```

在 Windows 上，VS Code 编辑器的命令略有不同。由于使用了 --wait 选项，git 会等待在编辑器中关闭相关文件后，再继续处理命令。

```
git config --global core.editor "code --wait"
```

要测试此设置，必须更改到存储库目录并运行 git config --edit。此命令应启动刚设置的编辑器。关于配置其他编辑器（例如 Notepad++ 或 Sublime Text）的提示，请访问以下链接：

```
https://docs.github.com/en/get-started/getting-started-with-git/associating-text-editors-with-git
```

退出 Vim

在编辑器界面按（Esc）键，然后输入“:q!”并按（Enter）键退出程序，且不保存对文件的更改。如果想保存所做的更改，可以将 :q! 替换为 :wq!。

2.1.6 选择 Git Bash、cmd.exe、PowerShell 还是 Windows Terminal

在 Linux 和 macOS 上，如果以命令为导向，可以打开终端窗口并在其中运行 git。在 Windows 上，有多达四种可用选项。

◆ cmd.exe

传统上，cmd.exe 程序（即命令提示符）提供在 Windows 上执行单个文本命令的选项。cmd.exe 具有 Microsoft Disk Operating System（MS-DOS）的所有优点。

◆ PowerShell

在 PowerShell 中，Microsoft 实现了执行命令的需求，但是，PowerShell 的高

效操作需要了解其特性。关于配置 PowerShell 以实现最佳 git 命令集成的一些提示，请参见官方 Git 文档：

```
https://git-scm.com/book/en/v2/Appendix-A%3A-Git-in-Other-Environments-Git-in-PowerShell
```

◆ Windows Terminal

在 Windows 11 中，该程序是默认安装。请注意，Windows Terminal 只是一个图形界面，其中仍执行传统的命令解释器（cmd.exe）或 PowerShell。

◆ Git Bash

与 git 命令一起安装的 Git Bash 对于已经使用过 Linux 的开发人员特别有用。

由于本书的作者具有 Linux 背景，因此在 Windows 上主要在 Git Bash 中工作。

2.1.7 Git Bash

Git Bash 是一个通常在 Windows 上与 Git 一起安装的 shell 环境。该窗口在视觉上并不比 cmd.exe 更具吸引力，但提供了所有基本的 Linux 命令（图 2.2）。

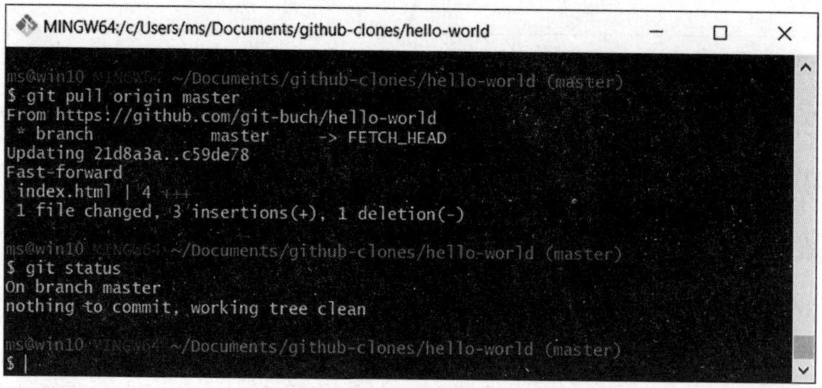

```
MINGW64:/c/Users/ms/Documents/github-clones/hello-world
ms@win10 MINGW64 ~/Documents/github-clones/hello-world (master)
$ git pull origin master
From https://github.com/git-buch/hello-world
 * branch            master     -> FETCH_HEAD
Updating 21d8a3a..c59de78
Fast-forward
 index.html | 4 +++-
 1 file changed, 3 insertions(+), 1 deletion(-)

ms@win10 MINGW64 ~/Documents/github-clones/hello-world (master)
$ git status
On branch master
nothing to commit, working tree clean

ms@win10 MINGW64 ~/Documents/github-clones/hello-world (master)
$ |
```

图 2.2　在 Git Bash 中运行 Git 命令

要列出当前目录中的文件，必须使用 ls 命令。要快速浏览文本文件，应调用 less 命令，而不是使用 more 命令（只要不存在同名的 Linux 命令，就可以继续使用 MS-DOS 命令）。Git Bash 的最大优势是集成了 ssh 命令，与 Git 交互时经常需要使用该命令。

但它存在一个相当严重的缺点，即缺少 man 命令来阅读在线文档。通过 git clone --help，可以打开 git-clone 的手册页，当然，这种方法适用于所有其他 Git 子命令。

与 cmd.exe 相比，其他快捷键也有效，如，“Ctrl+A”将光标移动到行首，“Ctrl+E”将光标移动到行尾等。从 Linux 采用的中键鼠标功能非常有用，此按钮会在光标位置插入当前剪贴板的内容。

当然，Git Bash 与 Unicode 兼容，默认使用 UTF-8 编码。这种编码使得在不同平台的开发人员协作的项目中编辑文本文件更加容易。

2.1.8 Windows 的 Linux 子系统中的 Git

使用 git 命令的另一种方式是通过 Windows 的 Linux 子系统（WSL）。此工具允许在 Window 环境中先安装 Linux，然后再在其中安装 git 命令。但是，这种方法只有主要在 Linux 环境（而不是使用 Windows 程序）中编辑通过 git 下载的项目时才有用。

2.2 设置 GitHub 账户和存储库

git 命令可以在没有外部集线器的情况下使用，但是，能够在自己的计算机和外部存储库之间同步文件以进行初步测试，可以使读者更好地迈出第一步并更好地理解 Git。此外，Web 界面有助于直观地跟踪文件更改并在项目的不同版本和分支之间切换。

本章中的示例可以很容易地在 GitLab 或其他平台来重现。本章中的示例仅使用 Git 的最基本功能。

2.2.1 创建 GitHub 账户

要创建一个免费的 GitHub 账户，需在 https://github.com 填写注册表单。这里仅需提供三个数据：账户名（用户名）、电子邮箱和密码。该账户名将在后续的所有 GitHub 链接中显示。因此，应尽量选择一个有意义且能长期使用的名称。除字母和数字外，唯一允许的特殊字符是连字符。

之后，需解决一个简单的谜题（以确保注册者非机器人），并提供一些有关专业背景和编程经验的信息。最后，将通过电子邮件验证地址。还可以上传照片或头像、网站链接等来个性化账户，但这些数据均为可选。

2.2.2 创建存储库

简而言之，存储库（字面意思为“仓库”）是构成项目的所有文件的集合，包括这些文件的旧版本或已更改版本。除了存储库，还可以在 GitHub 中管理其他数据（如问题、wiki 格式的文档等），但这些数据是 GitHub 特有的扩展，与 Git 本身没有严格关系。创建新存储库时（图 2.3），最重要的选项是公共访问权限。

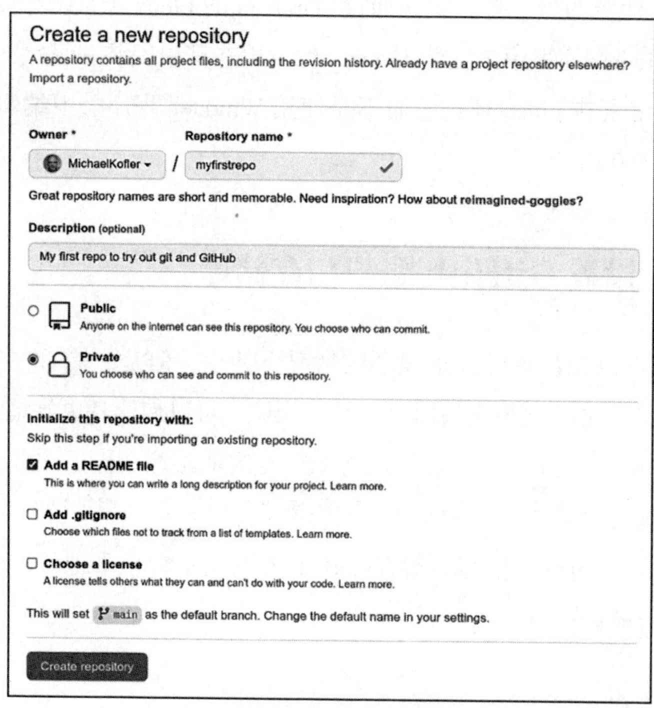

图 2.3 建立 GitHub 存储库

公共：存储库对所有人可见。任何人都可以读取其文件或使用 git clone 下载（但无法修改）。

私有：仅创建者和选定的开发者可访问（见 2.2.3 节）。过去，私有存储库需要付费的 GitHub 账户，但自 2020 年 4 月起，私有存储库也允许任意数量的协作者（即具有写入权限的人员）。

当然，可以稍后更改存储库的可见性。但需注意不要将机密数据（例如密码）存储在公共存储库中。

一种常见的做法是在新建立的存储库中立即创建一个 Markdown 格式的 README 文件。这样，存储库将至少包含一个文件，从而可以立即尝试使用 git clone 命令。

存储库的地址由 https://github.com、账户名和项目名组合而成，例如：

```
https://github.com/<账户名>/<存储库名>
```

2.2.3 授予存储库访问权限

无论存储库是私有还是公开，最初都只有创建者能更改其内容。如果希望多人协作项目，他们首先需要拥有自己的 GitHub 账户；此外，创建者还需邀请他们协作，并获得他们的同意。要发出邀请，请先选择相关存储库，然后打开“Settings”中的“Coliaborators”页面，单击“Add people”将弹出一个对话框，可以在其中输入目标协作者的电子邮件地址，如图 2.4 所示。

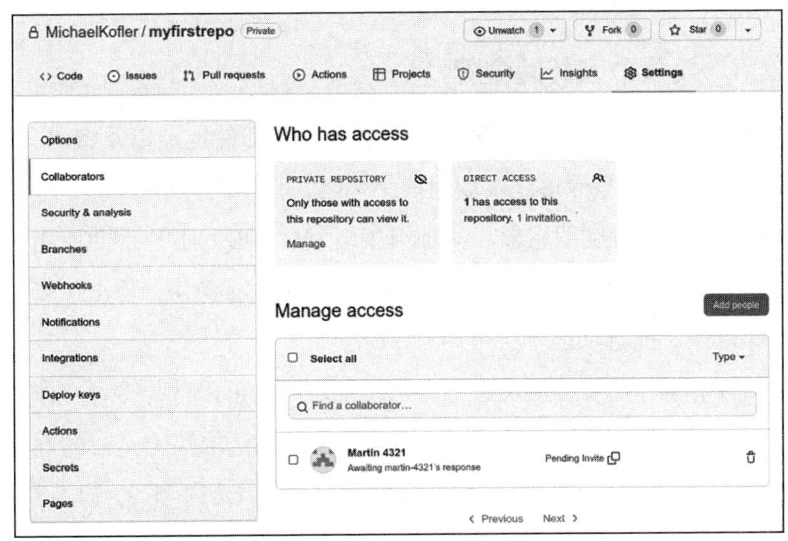

图 2.4 管理有权访问存储库的人员

无访问权限的协作

迄今为止概述的方法并非是为 GitHub 项目作出贡献的唯一途径。另一种方法是在自己的账户中设置第三方项目的副本（称为分支），在该分支中进行更改，然后以拉取请求的形式将这些更改提供给外部项目。特别是对于大型公共项目的存储库，这种方法比向存储库中添加越来越多的人更有意义。我们将在 2.7 节中详细介绍这种方法。

2.2.4 GitHub 组织

在 GitHub 中，组织指的是多个人可以访问的账户。GitHub 提供了通过“Settings”中的“Organizations”选项来创建组织的功能。

在组织内部，可以再次设置存储库（组织的所有成员自动获得访问权限）。组织内的存储库名称可通过以下链接访问：

```
https://github.com/<组织名称>/<存储库名称>
```

组织是在多个存储库上进行协作的简单而有效的机制。同时，组织提供了一种简单的方法来获取“优质”的 GitHub URL，而无需设置自己的账户。因此，在逻辑上，只能使用与现有账户名称不匹配的名称来命名组织。

2.2.5 设置个人访问令牌

要登录 GitHub 网站，必须输入账户名或电子邮件地址以及密码。如果启用了双重身份验证，登录时还需要另一个代码，具体内容请参阅第 9 章。

过去，无论是通过编辑器、集成开发环境（IDE）还是手动使用 git 命令执行，用户名 / 电子邮件加密码的组合也足以验证 Git 操作，但出于安全原因，自 2020 年以来，此选项已不再可用。

现在，Git 操作需要不同类型的身份验证，其中可以选择多种变体：令牌、OAuth 或 SSH 密钥（请参阅 1.4 节）。应使用哪种方法取决于运行的操作系统、如何调用 Git（在命令行级别还是在图形用户界面（GUI）中），以及使用的协议（HTTPS 或 SSH）。

本节将介绍如何设置个人访问令牌，这些令牌特别适合于在 Linux 或 macOS 上使用 git 命令进行初步实验，设置完成后，令牌可以代替密码使用。但是，令牌通常具有有效期或只能授权部分操作，这些限制提高了安全性，因为如果 GitHub 密码落入不法之手，整个账户将面临风险；另一方面，如果事件仅影响一个令牌，则可能造成的损失是有限的；此外，如有必要，可以快速删除令牌。

个人访问令牌可以通过 GitHub Web 界面的“Settings · Developer settings”进行管理。要在 GitHub Web 界面上创建用于执行 git 命令的新令牌，请转到“Settings · Developer settings”，然后选择“Personal access tokens”。在此对话框中，单击“Generate new token”按钮，为令牌指定名称，设置其有效期，并定义其作用域。如果令牌仅用于基本的 Git 操作，则选择操作作用域 repo 就足够了，如图 2.5 所示。

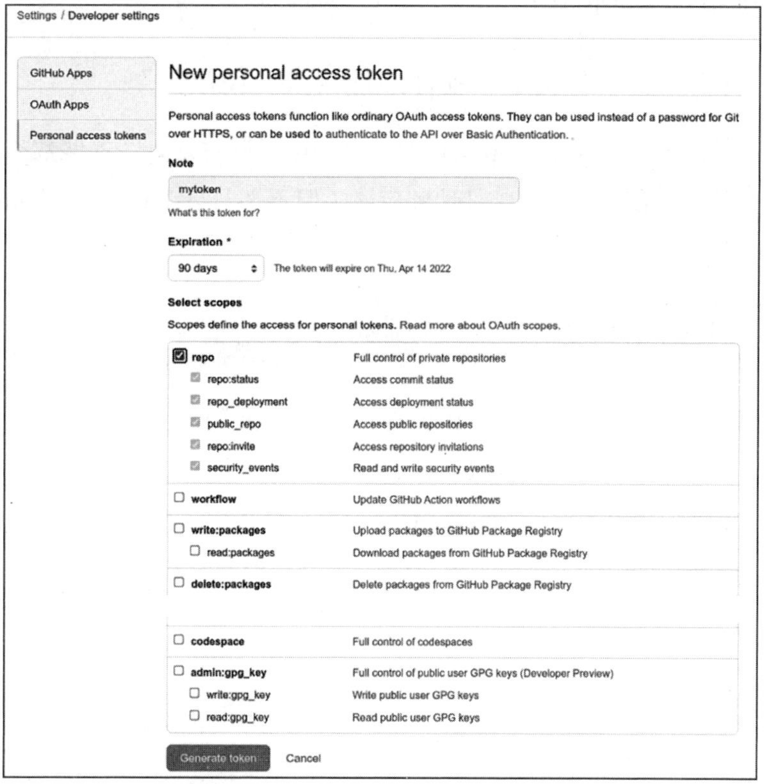

图 2.5　设置新的个人访问令牌

单击“Generate token”后，令牌代码将只显示一次。可以复制此代码并保存以供将来使用。在 GitHub Web 界面中，以后无法再次查看令牌代码。届时只能删除令牌。毕竟，在令牌过期之前，您会收到邮件提醒，然后可以延长其有效期。可以重复使用令牌，无需进行任何更改。

2.3 使用 git 命令

可以在本地尝试使用 git 命令，而无需使用 GitHub 或 GitLab 等任何外部 Git 服务器。但建议在进行初步实验时，应首先在 Git 平台上设置一个账户，并创建一个包含初始 README 文件的私有存储库。

采用这种方法的原因是只有当你至少拥有两个存储库（一个本地存储库和一个外部存储库）时，Git 的许多功能才会变得明显。注意：存储库是包含项目的所有文件（包括旧版本、已删除文件的备份等）的集合。

2.3.1 设置名称和电子邮件地址（git config）

在开始之前，git 需要知道用户的姓名和电子邮件地址，这些数据稍后将与每次提交一起存储。电子邮件地址应该（但不必）与在 Git 平台上指定的地址相同。

```
git config --global user.name "Henry Hollow"
git config --global user.email "hollow@a-company.com"
```

使用 git config --global 指定的数据将作为机器上所有 Git 存储库的默认设置。这些数据存储在用户主目录下的 .gitconfig 文件中。

如有必要，可以调整每个存储库的设置，使其与默认数据不同。为此，请使用 cd 命令切换到相关目录，并再次运行 git config，但这次不要使用 --global 选项。

隐藏电子邮件地址

GitHub（以及其他各种 Git 平台）提供了隐藏电子邮件地址的选项。必须在“Settings · Emails”中选择“Keep my email address private”选项。在这种情况下，应使用 git config 在本地设置以下电子邮件地址：

```
git config --global user.email "<accountname>@users.noreply.
github.com"
```

2.3.2 下载存储库（git clone）

需要在 GitHub 账户中设置一个新的存储库作为以下示例的基础。该存储库最初尚未在计算机上，因此要创建存储库的本地副本，打开终端窗口，切换到任何目录，并运行 git clone，将存储库的 URL 作为参数指定。因此，需将 https://github.com/MichaelKofler/first-test.git 替换为自己的存储库地址。

进行实验时，请使用本地目录，该目录不应通过云或其他工具在多台计算机之间进行同步，同步工具可能会扰乱 Git（请参阅第 2.8 节）。

```
cd my-work-directory

git clone https://github.com/MichaelKofler/first-test.git
  Clone after 'first-test' ...
  Username for 'https://github.com':             <account-name>
  Password for 'https://user-name@github.com':  <token-code>
  remote: Enumerating objects: 3, done.
  remote: Counting objects: 100% (3/3), done.
  remote: Compressing objects: 100% (2/2), done.
  remote: Total 3 (delta 0), reused 0 (delta 0), pack-reused 0
  Unpack objects: 100% (3/3), done.

cd first-test

ls (or dir in cmd.exe)
  README.md
```

在执行 git clone 初次访问私有存储库时，必须进行身份验证。在 macOS 和 Linux 上，需要输入账户名（如果在账户中定义了 GitHub 组织，则输入该组织的名称）以及先前生成的个人访问令牌代码。

另一方面，在 Windows 上会出现一个窗口（图 2.6），其中有三种身份验证选项可供选择。建议使用“Sign in with your browser”选项。随后将出现一个网络浏览器窗口以登录到 GitHub 账户（如果当前已登录，则可以省略此步骤）。然后，通过 OAuth 流程，GitHub 会提供一个身份验证代码，该代码由 Windows 凭据管理器存储。这种方法的优点在于，后续的 git 命令（例如 git push）不需要重复进行身份验证。

图 2.6　Github 登录窗口

勿忘“cd”命令！

git clone 会创建一个新目录。所有后续的 git 命令都需要在这个目录中执行。因此，不要忘记切换到该目录；否则，git 会报错，提示它在当前目录中未识别到 Git 存储库。

2.3.3　添加文件（git add）

除了 README 文件外，目前存储库仍然是空的。现在，可以使用任何编辑器（不需要任何 Git 功能）向项目中添加文件。假设要开发一个由几个类组成的 Java 程序，首先从 Main 类开始，该类目前仅包含主方法并输出“Hello World!”。

对于 Git，仅将 Main.java 文件存储在 Git 项目目录中是不够的，必须明确地将文件添加到存储库中，或者随后标记更改状态以便包含在下一次提交中。对于此步骤，请按以下方式运行 git add：

```
git add Main.java
```

2.3.4 保存中间状态（git commit）

完成项目中的一个工作步骤或新功能后，应保存项目的整体状态。此步骤即通过 git commit 实现。提交（commit）是一种快照，如有需要，可稍后恢复。

每次提交时，必须使用 -m 'message' 来指定一条简要概括所有更改的信息。提交信息应简短而有意义，包含对其他开发人员特别有价值的信息，并可作为有针对性搜索的基础（关于如何撰写简洁的提交信息，请参阅 9.2 节中的提示）。

```
git commit -m 'initial commit, hello world'
  [main 3cd6219] inital commit
  1 file changed, 5 insertions(+)
```

多次小提交优于一次大提交

处理 Git 时的一条黄金法则：多次小提交优于一次大提交！当多个开发者共同参与一个项目时，这条建议尤为重要。

当然，任何事物都可能被夸大。对于你正积极开发的项目，每天进行几次提交可能是合理的；然而，每 5 分钟进行一次提交就没有意义了。

2.3.5 添加和修改文件，进行更多提交

现在可以逐步向项目中添加更多文件或修改现有文件，如下例所示：

```
git add Main.java Rectangle.java

git commit -m 'added Rectangle class'
  [main 0d2f90d] added Rectangle class
  2 files changed, 18 insertions(+)
```

谨记，在每次提交之前，必须添加的不仅包括新文件，还有已修改的文件。除了使用 git add，也可以使用完全等效的 git stage 命令。

如果在提交时附加了 -a 选项，则可以省略 git add/stage 步骤。这种方法会自动考虑自上次提交以来已更改的、已在 Git 控制下的任何文件；但是，如果添加了新文件，它们将不会被包含在提交中。在这种情况下，仍然需要使用 git add。

```
git commit -a -m 'implemented getPerimeter for Rectangle class'
  [main 7c87e9c] implemented getPerimeter for Rectangle class
  1 file changed, 4 insertions(+)
```

注意，"git commit" 仅在本地有效

如果曾使用其他版本控制程序，尤其是 Apache Subversion（SVN），可能会在精神上将提交与上传到外部存储库相关联。但在这方面，Git 的表现有所不同。

git commit 仅在本地存储库中执行提交。没有数据会传输到外部存储库。git push 和 git pull 命令负责与外部存储库同步，这将在 2.3.8 节和 2.3.9 节中介绍。

2.3.6 状态（git status）

若无法追踪哪些文件处于 Git 控制之下，或自上次提交以来哪些文件已更改等，应运行 git status 命令。此命令可清晰展示存储库的状态，如下例所示：

```
git status

  On branch main
  Your branch is ahead of 'origin/main' by 2 commits.
  (use "git push" to publish your local commits)

  Untracked files:
  (use "git add <file>..." to include in what will be committed)

      Circle.java
```

```
    Main.class
    Main.java~
    Rectangle.class

nothing added to commit but untracked files present
(use "git add" to track)
```

简单来说，这个输出意味着以下陈述是真实的：

- 当前活动分支是 main（我们将在 2.3.11 节中讨论分支）；
- 在本地存储库中已进行了两次提交，但远程存储库（即本例中的 GitHub）尚不知道；
- 有四个文件不受 Git 控制，其中关于 Circle.java 文件，可能忘记了执行 git add 命令，其余三个文件是编译文件或备份文件。

如果在 Windows 上使用 Git，则默认使用英语消息。在 Linux 或 macOS 上，消息可能使用不同的语言。如果不需要在网上搜索错误消息，那么不使用英语也没关系。在这种情况下，应重新执行命令，但要在前面加上如下代码：

```
LANGUAGE=en:
   LANGUAGE=en git status
```

或者，可以使用 export LANGUAGE=en 将整个会话的语言更改为英语。export 命令在关闭终端窗口之前一直有效。

2.3.7 从 Git 管理中排除文件（.gitignore 文件）

通常，一种有效的方法是明确地将某些文件或文件类型置于 Git 之外。例如，这适用于编译器生成的所有文件、相应编辑器的备份文件、包含机密信息（如密码）的文件等。

通过使用 .gitignore 文件，可以避免错误地将这些文件置于版本控制之下，或防止无关的输出影响 git status 的清晰度。为此，需在 .gitignore 文件中逐行指定文件名或模式，以指示 git 命令应忽略哪些文件。对于一个示例项目，.gitignore 文件可能包含以下行：

```
# .gitignore file in the repository directory
*.class
```

```
*~
```

.gitignore 的语法将在第 12.3 节中更详细地介绍。验证文件是否有效的最简单方法是再次运行 git status。不要忘记通过 git add 将 .gitignore 文件本身添加到存储库中。

2.3.8　将存储库传输到远程服务器（git push）

git push 命令将本地存储库中的提交传输到外部存储库，从而将本地更新“推送”到服务器（远程）。理想情况下，该命令的运作方式如下所示：

```
git push
  Username for 'https://github.com':              <account-name>
  Password for 'https://user-name@github.com':  <token-code>
  Enumerating objects: 3, done.
  Counting objects: 100% (3/3), done.
  Delta compression using up to 12 threads
  Compressing objects: 100% (2/2), done.
  Writing objects: 100% (2/2), 269 bytes | 269.00 KiB/s, done.
  Total 2 (delta 1), reused 0 (delta 0)
  remote: Resolving deltas: 100% (1/1), completed with 1 local
    object.
  To github.com:<account>/<repo>
   8360a94..7bb8255  main -> main
```

根据所使用的操作系统以及通过 git clone 进行身份验证的方式，git pull 会再次要求输入 GitHub 账户名和相应的密码或令牌。在这方面，Windows 系统提供了更多的便利；默认情况下，Git 的内置凭据管理器会与 Windows 凭据管理器通信，并从中获取存储的身份验证数据。关于如何在 Linux 和 macOS 上防止烦人的密码查询，请参阅第 2.4 节。

为了使 git push 正常工作，该命令必须知道要处理存储库中的哪个分支，以及将数据传输到哪个外部服务器。所需的信息已由 git clone 存储在 .git/config 文件中。如果需要使用其他数据，则需要向 git push 传递适当的参数。以下命令将主分支中的更改发送到初始 git clone 命令中使用的服务器（即 origin）。如果遵循此示例，则 git push 和 git push origin main 是等效的。

```
git push origin main
```

“git pull”在“git push”之前

在此示例中，我们排除了其他人可能在远程存储库中进行了更改，但尚未在本地存储库中进行更改的可能性。

然而，在实践中，多个开发人员通常会在一个项目上工作。因此，其他程序员可能很容易在此期间对代码进行更改。如果 git push 检测到这种情况，整个过程将会失败。因此，应该养成在输入 git push 之前，始终按照下一节中所述运行 git pull 命令的习惯。

2.3.9 更新本地存储库（git pull）

与 git push 相对应的命令是 git pull。此命令将外部存储库中已知的更改下载到本地计算机上。为了尝试此命令，可以登录 GitHub 网站，访问测试存储库，在其中修改文件，并通过提交完成该过程；然后，在本地计算机上运行 git pull，如下所示：

```
git pull
  Username for 'https://github.com':              <account-name>
  Password for 'https://user-name@github.com':  <token-code>
  remote: Enumerating objects: 5, done.
  remote: Counting objects: 100% (5/5), done.
  remote: Compressing objects: 100% (3/3), done.
  remote: Total 3 (delta 2), reused 0 (delta 0), pack-reused 0
  Unpack objects: 100% (3/3), done.
  From https://github.com/<account>/<repo>
     750ab9a..a6e075b  main      -> origin/main
  Updating 750ab9a..a6e075b
  Fast-forward
   Main.java | 1 +
   1 file changed, 1 insertion(+)
```

合并冲突

当两位开发者同时编辑一个文件时会发生什么？在这种情况下，当合并更改时，将会发生冲突，需要解决。执行 git pull 会中止，需要手动解决冲突。第 3.9 节将描述如何解决此冲突，以及哪些工具可以提供帮助。

2.3.10 将本地存储库上传到 GitHub/GitLab

到目前为止，本节假设已经在 GitHub 或其他 Git 平台上建立了一个存储库，然后使用 git clone 将（几乎为空的）存储库下载到本地计算机，并逐渐用文件填充它，同时将所有更改上传回 GitHub（通过 git push）。这种方法对于 Git 初学者来说最容易。

然而，在实际操作中，经常需要反其道而行之，即已经有一个代码目录，并希望以其当前状态将其上传到 Git 平台，然后定期同步。接下来我们将介绍这个过程。

首先，只需运行 git init，即可将本地目录变为 Git 存储库。此命令将创建一个 .git 目录，但是，存储库仍然为空。

其次，使用 git add 将所需的文件添加到存储库，然后执行第一次提交，如下所示：

```
git add file1 file2 file3 ...
git commit -m 'initial commit'
```

可以继续无限制地使用 Git（即，进行额外的提交、创建和重新组合分支等），Git 完全不依赖于与外部存储库的同步。

然而，不能以这种方式实施团队项目。如果是单独工作，或者只是想使用 GitHub 作为项目备份，则应在 Git 平台上建立一个新的存储库。（此操作无法通过 git 命令执行。）

存储库的名称不必与项目目录相同。在任何情况下，都不应激活“Initialize this repository with a README”选项。如果这样做，外部和本地存储库的合并将会失败。

根据是要通过 HTTPS 还是 SSH 进行通信（见第 2.4 节）运行 git remote add origin，并指定外部存储库的 URL 或 SSH 地址。使用 git remote -v，可以验证此命令是否有效。

```
git remote add origin https://github.com:<account>/<repo>.git
git remote add origin git@github.com:<account>/<repo>.git

git remote -v
  origin https://github.com:<account>/<repo>.git (fetch)
  origin https://github.com:<account>/<repo>.git (push)
```

使用 git branch -M main 命令可将当前分支命名为 main。在当前的 git 版本中，此命令是多余的，因为新创建的存储库会自动使用 main 作为分支名称。然而，在较旧的 git 版本中，默认名称是 master，这在现在已不常见。

首次上传本地存储库应使用 git push -u 命令，其中 -u 选项会使外部存储库成为当前分支的默认上游。因此，将来只需运行 git pull 或 git push 即可将主分支与外部存储库进行同步。

```
git branch -M main

git push -u origin main
  ...
  To github.com:<account>/<repo>.git
   * [new branch]   main -> main
  Branch main set up to track remote branch main from origin.
```

2.3.11 分支（git checkout 与 git merge）

当需要并行处理软件的两个或多个版本时，存储库分支就显得尤为重要。设想一个场景，某程序已稳定运行并投入实际使用，而此时，开发者希望在不影响现有生产版本稳定性的前提下，对程序进行进一步开发。为实现这一目标，必须将代码库分为两个分支。

- 生产分支：仅用于必要的微小错误修复。
- 开发或功能分支：用于新功能的开发和测试。仅当新版本经过充分测试并确认稳定后，方可与生产分支合并，进而发布给用户，如作为网络服务更新。

在 Git 系统中，通过 git checkout <branch-name> 命令可切换至特定分支。系统初始时仅存在一个分支，即主分支（在旧版 Git 中，此分支被称为 master 分支，但现已逐渐弃用该命名）。若需创建并立即切换至新分支，可使用带有 -b 选项的 git checkout 命令。若当前存在未提交的更改，这些更改将自动转移至新分支。例如，执行以下命令将创建并切换至名为 newfeature 的新分支。

```
git checkout -b newfeature
  Switched to a new branch 'newfeature'
```

系统提示已切换到新分支 'newfeature' 表明操作成功。此后，所有在新分支中进行的文件修改、新增及提交操作，均仅影响该分支，与生产分支相互独立。

```
git add ...
git commit -m 'implemented xy'
```

尝试使用 git push 将更改直接上传到功能分支会失败，如下所示：

```
git push
  fatal: The current branch newfeature has no upstream branch.
  To push the current branch and set the remote as upstream, use

  git push --set-upstream origin newfeature
```

错误消息指出了正确的程序：必须使用 --set-upstream 选项或 -u 来指定已知的原始存储库（即 origin）也应用于新分支，如下所示：

```
git push --set-upstream origin newfeature
  ...
  remote: Resolving deltas: 100% (3/3), completed with 3 local
  objects. To https://github.com/<account>/<repo>:
   * [new branch]       newfeature -> newfeature
  Branch 'newfeature' set up to track remote branch 'newfeature'
  from 'origin'.
```

甚至在完成新功能之前，生产分支中就出现了一个需要立即解决的安全漏洞。在功能分支中提交后，切换回主分支，如下所示：

```
git checkout main
```

在本地目录中，功能分支的所有新文件现在都消失了。同时，剩余的代码文件跳回到之前的状态（即开始新功能工作之前的状态）。现在，让我们修复这个问题并激活错误修复，如下所示：

```
git commit -a -m 'bugfix for bug nnn, check for negative
numbers'
  [main 0fc361d] bugfix for bug nnn, check for negative numbers
  1 file changed, 2 insertions(+)
git push
```

使用 git checkout newfeature 命令，可以返回到开发者分支。如果刚刚修复的漏洞也影响了这个分支，并且也需要立即修复，那么必须将先前提交过程中的更改也应用到开发者分支。为此，Git 提供了 cherry-pick 子命令，使用该命令时，需传入提交哈希码的前几位数字（也可参见前面展示的 git commit 输出）。倘若更改能够无冲突地合并，该命令可以在无任何询问的情况下执行，否则，必须手动解决冲突（参见第 3 章）。

```
git checkout newfeature
git cherry-pick 0fc361d
  [newfeature a7edbe8] bugfix for bug nnn, check for negative
numbers
  Date: Wed Apr 22 17:55:42 2020 +0200
  1 file changed, 2 insertions(+)
```

“git cherry-pick”是可选操作

如果忘记执行 git cherry-pick 操作，会发生什么情况？如果漏洞也影响了功能分支，那么该功能分支上仍会暂时出现错误。然而，如果后续使用 git merge 将功能分支与主分支合并，漏洞修复将仍然有效。如“merge”一词所示，功能分支并不会替换主分支，而是将两个分支中所做的更改进行合并。换言之，无需担心主分支中已修复的漏洞会在新功能开发完成后突然重新出现。

在某个时刻，新功能开发将完成，随后将执行以下提交操作。

```
git commit -a -m 'final tests for new feature done'
git push
  ...
  To https://github.com/<account>/<repo>
     df21773..d89873f  newfeature -> newfeature
```

现在，我们来处理 newfeature 分支，并将其中的更改合并到 main 分支。为此，必须首先切换到 main 分支，并在该分支上运行 git merge 命令。若一切顺利，该功能将立即生效。然而，与 git pull 和 git cherry-pick 一样，Git 可能会检测到合并冲突，这时需要手动解决。

```
git checkout main
git merge newfeature
  CONFLICT (add/add): Merge conflict in Rectangle.java
  Auto-merging Rectangle.java
  Automatic merge failed; fix conflicts and then commit the
  result.
```

如果需要，可以通过 git status 命令查看冲突文件列表。这些文件包含两种代码变体，受影响的段落位于 >>>、=== 和 <<< 之间，如下所示：

```
less Rectangle.java
  ...
  <<<<<<< HEAD
  throw new IllegalArgumentException("error message");
  =======
  throw new IllegalArgumentException("better error message");
  >>>>>>> newfeature
```

因此，在此示例中，由于错误消息（IllegalArgumentException）已更改，Git 无法确定应保留旧版本还是使用新版本的文本。请在编辑器中打开文件，确定所需的解决方案，并移除冲突标记；然后，使用 git commit 保存更改，如下所示：

```
git commit -a -m 'resolved merge conflict in Rectangle class'
```

尽管进行了合并操作，但功能分支（在此例中为 newfeature）仍被保留。

可以继续使用该分支来开发新功能，或者使用以下命令删除该分支。

```
git branch -d newfeature
  Deleted branch newfeature (was c5cf7f1).
```

专业人员的分支管理

处理分支时，往往隐藏着许多陷阱。我们将在第 3 章的第 3.5 节中更详细地介绍分支的基础知识。此外，在第 8 章中，我们整理了一些已确立的最佳实践，以便在大型软件项目中建立高效的工作流程。

2.3.12 日志记录（git log）

git log 命令会返回所有提交的列表，最近一次的提交会首先显示。如果输出内容的行数超过终端显示范围，且正在 macOS、Linux 或 Git Bash 上工作，Git 会将输出重定向到 less。这个选项允许我们逐页滚动查看输出内容，或通过（Q）键提前结束日志输出。

```
git log

  commit acdb7bcd752ebc975a2a1734bdd4dbeaf4de55c8
  Merge: 0fc361d d89873f
  Author: Michael Kofler
  Date:   Wed Jan 19 18:29:40 2020 +0200
      resolved merge conflict in Rectangle class

  commit d89873f3e73c8c3af9e7e17e3637cc7f9a5b4661
  Author: Michael Kofler
  Date:   Wed Jan 19 18:13:47 2020 +0200
      final tests for new feature done
```

2.3.13 更多 Git 命令、选项、特例及基础知识概述

前文简要介绍了 git 命令的基础知识，但是，Git 的功能远不止于此，还有更多命令等待探索。通过这些命令，结合各种选项，用户能够灵活控制 Git 的

行为。在实际操作中，可能会遇到诸如本地与外部存储库合并冲突等问题。总体而言，目前所掌握的知识仅是 Git 学习之路的起点。

2.4 身份验证

在尝试从非公开 Git 服务器下载存储库（使用 git clone 命令）或实现本地存储库与外部存储库的同步（通过 git fetch/pull/push 命令）之前，必须完成身份验证。身份验证的具体方式和必要性取决于以下多种因素：

- 使用的操作系统类型；
- 与 Git 服务器通信所采用的协议（HTTPS 或 SSH）；
- 外部服务器是否启用了双重身份验证；
- 在不同项目中是否使用不同的账户；
- 本地 Git 的具体配置（通过 git config --list 命令查看）；
- 所在组织的网络配置，包括防火墙和代理设置；
- 使用的工作程序，因为某些编辑器或集成开发环境（IDE）可能采用独立的身份验证流程，不依赖于系统级的身份验证机制。

身份验证的实施颇具挑战，需兼顾安全性与便利性。一方面，身份验证必须严密可靠；另一方面，也应尽可能为用户提供便利，避免频繁的登录提示影响团队的工作效率。

在接下来的内容中，将详细介绍几种重要的身份验证方式，并提供一些建议，以帮助用户定位并解决身份验证过程中可能遇到的问题。关于双重身份验证的详细内容，请参阅第 9 章相关内容。

2.4.1 Windows 凭据管理器实例

Git 凭据管理器与 Windows 凭据管理器的交互展示了高效的身份验证模型。Windows 凭据管理器能够安全地存储登录信息，用户可通过启动“登录信息管理”程序并切换至“Windows 登录信息”对话框，查看所有登录信息的概览，如图 2.7 所示。

在执行首个需与外部 Git 宿主机进行身份验证并通过 HTTPS 通信的 git 命

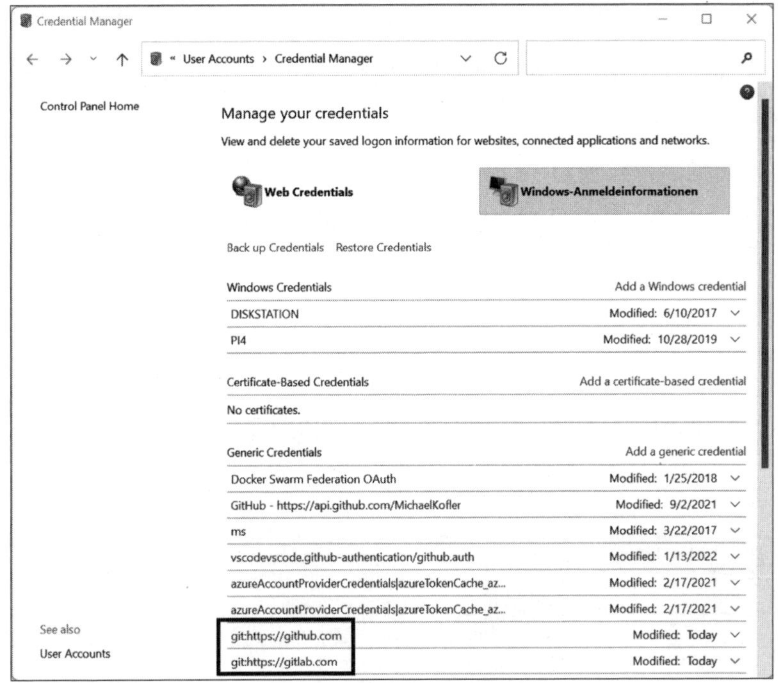

图 2.7　Windows 凭据管理器

令时，屏幕会弹出登录对话框。该对话框的设计和登录选项因 Git 宿主机不同而有所差异，但其功能一致。成功登录后，系统将通过 OAuth 程序将身份验证代码（令牌）传输至计算机，并由 Windows 凭据管理器进行存储。此后，Git 可调用这些数据，实现无提示自动身份验证。

如需获取有关 Git 与 Windows 凭据管理器交互的更多信息，请访问 https://github.com/GitCredentialManager/git-credential-manager。

有关 OAuth 的工作原理，请参见 https://en.wikipedia.org/wiki/OAuth 相关内容。

Windows 凭据管理器的表现确实出色，但也有两个问题。

①若初次登录尝试失败，将不会提供第二次机会。登录窗口不会重新出现，git 命令只会显示身份验证失败，而不提供任何原因。

解决方案：启动凭据管理程序，切换至 Windows 凭据对话框，找到并删除 Git 宿主机（如 GitHub、GitLab、Microsoft Azure 等）的条目。执行下一 git 命令时，登录对话框将再次弹出。

②若在 Git 服务器上拥有多个账户，则无法与 Windows 凭据管理器进行交互。因为 Windows 凭据管理器针对每个网站（例如 github.com）仅允许存储一个令牌。

在此情况下，可通过 git config 为相关存储库设置其他身份验证方法（详见 https://git-scm.com/docs/gitcredentials）。但据经验表明，这些方法可能存在错误或不安全性（如涉及明文密码存储）。

Git 服务器会保存所有令牌，同时提供选项以供用户撤销（删除）个别令牌。身份验证数据的位置因 Git 宿主机而异。在 GitHub 中，可单击“Applications · Settings · Authorized OAuth Apps”进行设置，如图 2.8 所示。对于 Git 凭据管理器，用户可选择撤销其条目。

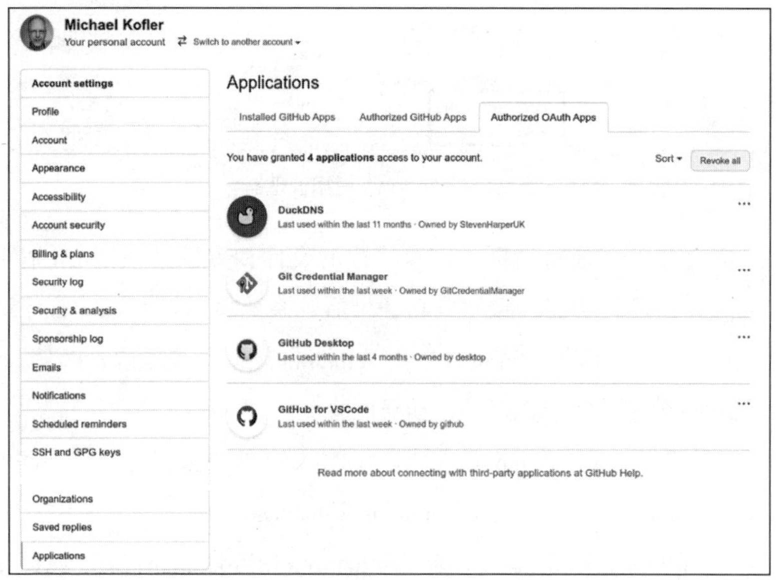

图 2.8　管理与 GitHub 账户相关联的 OAuth 程序

2.4.2　macOS 钥匙串

对于 HTTPS 身份验证，在 macOS 系统上，osxkeychain 辅助机制处于激活状态。可通过 git config --get 使用标准配置，也可通过如下命令自行设定：

```
git config --get credential.helper
```

```
  osxkeychain
git config --global credential.helper osxkeychain
```

Git 会在首次 HTTPS 登录时要求输入账户名称和密码，并将这些信息传递给 macOS 钥匙串管理应用。此应用会存储这些信息，以便在后续命令中提供给 Git。

请注意，出于安全考虑，多数 Git 宿主机（尤其是 GitHub）已不再接受用于网页界面的密码进行 git 命令的身份验证。因此，用户需使用在 Git 宿主机网页界面预先生成的个人访问令牌，以替代密码。

若身份验证失败，例如希望使用其他账户或已更改 GitHub 密码，可启动 macOS 上的钥匙串管理应用，搜索并删除相应密钥。下次身份验证时，系统将再次要求输入账户名称和密码。请勿将钥匙串管理与 macOS 偏好设置中的“关键词”模块混淆。前者为纯本地程序，后者则用于通过 iCloud 连接的多设备间共享关键词。

2.4.3 libsecret（Linux 系统）

在 Linux 系统默认情况下，HTTPS 手动执行 git 命令并不支持身份验证。每次执行 git pull、git push 或类似命令时，均需重新输入 Git 宿主机的账户名称及冗长的令牌代码。

有几种方法可解决此困境，其中最佳方案是使用 SSH 密钥进行身份验证（详见第 2.4.4 节），或者，放弃直接运行 git 命令，改用负责身份验证的编辑器或集成开发环境（IDE）。

通过 libsecret 程序，Linux 系统能记住 Git 身份验证所需的信息。libsecret 的代码已与 git 一并提供，但需用户自行编译并设置为凭据辅助程序。在 Ubuntu 系统中，可使用以下命令操作：

```
sudo apt install libsecret-1-0 libsecret-1-dev
cd /usr/share/doc/git/contrib/credential/libsecret
sudo make
git config --global credential.helper /usr/share/doc/\
  git/contrib/credential/libsecret/git-credential-libsecret
```

重要的一步是将 /usr/share/...-libsecret 指定为一个连续的字符串，其中不包含分隔符和空格。随后，Git 会将密码或令牌传递给机密库，由其负责存储。

在后台，密码最终会存储在二进制文件 .local/share/keyrings/login.keystore 中。可以使用 secret-tool 命令或通过 GNOME 程序 Seahorse 来读取或删除数据。

2.4.4 使用 SSH 而非 HTTPS

到目前为止，我们假设是通过 HTTPS 与外部 Git 服务器进行通信。这个选项是安全的，适合进行初步实验。只要你在 Windows 上工作且不受 Windows 凭据管理器的限制影响，可以坚持使用 HTTPS 选项。

使用 SSH 时，首先需要将 SSH 密钥对中的公钥上传到 GitHub、GitLab 或其他平台。当运行 git pull 时，必须指定存储库的 SSH 地址而不是 HTTPS URL。然后，Git 将使用存储在 Git 服务器上的 SSH 公钥，并将密钥的公共部分与计算机上的私钥的私有部分进行匹配。

现在来谈谈细节：本地计算机上必须有一个 SSH 密钥，在 Linux 和 macOS 上，这个密钥可能已经存在；它位于主目录中的 .ssh 文件夹内，通常命名为 id_rsa（私钥部分）和 id_rsa.pub（公钥部分）。

```
cd
ls -l .ssh/
   2602 Jan 18    id_rsa
    566 Jan 18    id_rsa.pub
   ...
```

“.ssh”目录

在 macOS 和 Linux 上，以句点“.”开头的文件和目录被视为隐藏文件。配置设置通常位于这些被称为 dotfiles 的文件中。

Windows 也允许文件或目录名以句点开头，但是，这些文件或目录不会受到任何特殊处理。

.ssh 目录始终位于主目录中，在 Linux 上通常位于 /home/<name>，在 macOS 上位于 /Users/<name>，在 Windows 上位于 C:\Users<name>。

如果不存在带有 .pub 标识符的文件对，则必须生成密钥。要执行此任务，请运行 ssh-keygen 命令。在执行过程中，可以选择任意名称。此外，可以使用密码保护密钥本身，这既有优点也有缺点。如果无密码的密钥落入他人之手，窃贼将立即能够访问你在其中存放了密钥公钥部分的所有（Git）服务器。当我们使用密码时，会为获得的额外安全性付出代价，因为每次（或 git）需要使用密钥时，都必须输入密码。

ssh-agent

每个问题都有解决方案，为了避免重复输入 SSH 密码，我们可以设置一个 SSH 代理。因此，每个会话只需输入一次密码。

在 Linux 和 macOS 上，SSH 代理默认运行，但必须进行配置。在 Windows 上，准备工作要复杂一些。

我们相信，至少对于 Git 身份验证而言，无密码的 SSH 密钥是足够的。但是，本书假设你的笔记本电脑的 SSD 已加密，即使你的计算机被盗，此加密将使密钥文件无法被攻击者访问。

```
cd .ssh
ssh-keygen -b 4096 -C "name@somehost.de"
  Enter file in which to save the key
            (/home/kofler/.ssh/id_rsa): <Return>
  Enter passphrase (empty for no passphrase):  <Return>
  Enter same passphrase again:  <Return>
  Your identification has been saved in id_rsa.
  Your public key has been saved in id_rsa.pub.
```

接下来，必须将带有 .pub 标识符的公钥上传到 Git 平台。在 GitHub 中，可以在“Settings · SSH and GPG keys”找到相应位置，在 GitLab 中，则位于“Settings · SSH keys”。最简单的方法是在终端中使用 cat 或 less 命令输出 SSH 密钥，复制文本（大约 10 行），然后通过剪贴板粘贴到网页表单中。

若要下载并设置新的本地存储库，请使用 git clone 命令，并输入设置 SSH 密钥后 GitHub/GitLab 可选显示的 SSH 地址（使用 SSH 克隆），如下所示：

```
git clone git@github.com:<account>/<repo>.git
```

首次运行 git clone 时，必须接受来自 GitHub 的密钥。终端中会出现警告："无法确定主机 github.com 的真实性"。按"Enter"键确认要与 github.com 通信。

若要将现有的本地存储库从 HTTPS 切换到 SSH，必须更改存储库 .git/config 文件中 [remote "origin"] 部分的行。

```
# .git/config file
# previous configuration (HTTPS)
[remote "origin"]
    url = https://github.com/MichaelKofler/first-test.git
    ...

# switch to SSH
[remote "origin"]
    url = git@github.com:MichaelKofler/first-test.git
```

可通过 git config --edit 轻松启动编辑器。切换的逻辑很简单，只需将 https://<git-host> 替换为 git@<git-host>。除了在编辑器中修改文件外，还可以运行以下命令：

```
git remote set-url origin git@github.com:<account>/<repo>.git
```

请注意是"git@github.com"，而非"account@github.com"。

请确保 GitHub/GitLab 上的 SSH 地址始终以 git@.... 开头。如果用账户名代替 git 是不正确的。

Git 使用 SSH，其默认只考虑 .ssh/id_rsa 密钥。可以在 .ssh 目录中存储多个密钥，也许可以专门指定一个用于 GitHub。但在这种情况下，需要设置另一个 .ssh/config 文件，以指定哪个站点使用哪个密钥，方式如下所示：

```
# .ssh/config file
Host github.com
  IdentityFile ~/.ssh/my_git_key_for_github

Host gitlab.com
```

```
  IdentityFile ~/.ssh/my_git_key_for_gitlab
...
```

请确保拼写正确：关键词是带有两个 t 的 IdentityFile，而非 IdentifyFile！

使用多台电脑工作

如果交替在不同电脑上工作，必须将每台电脑的公钥部分存放到 Git 平台上，也可以在所有电脑上存储相同的 SSH 密钥。但是，必须确保 Git 始终使用正确的密钥（另请参阅 https://serverfault.com/questions/170682）。此外，必须确保仅自己有密钥的读写权限（在 macOS/Linux 上使用 chmod 600 key 命令），否则，SSH 将忽略密钥文件。

2.4.5 为多个 GitHub/GitLab 账户使用不同的 SSH 密钥

如果在 Git 平台上拥有多个账户，可能会在 Windows 凭据管理器的身份验证过程中遇到问题，使用 SSH 时也会遇到问题，即不得在两个不同的 GitHub 账户中存储相同的 SSH 密钥（Web 界面会显示错误消息"密钥已在使用中"）。现在，可以轻松地使用 ssh-keygen 生成另一个密钥，但是，如何精确告诉 Git 或 SSH，为哪个账户使用哪个密钥呢？假设已经有一个 GitHub 账户，并且由于公司变更，被分配了第二个账户应该怎么办？在笔记本中，可以通过以下方式为公司账户创建新的 SSH 密钥：

```
cd ~/.ssh

ssh-keygen -b 4096 -C "name@a-company.com"
  Generating public/private rsa key pair.
  Enter file in which to save the key
    (/home/kofler/.ssh/id_rsa): git_a-company
  ...
```

将此密钥的公钥部分存放到 GitHub 上，接下来的技巧是在 .ssh/config 文件中，添加以下内容：

```
# in .ssh/config
```

```
Host github-work.com
   Host name github.com
   IdentityFile  ~/.ssh/git_a-company
```

因此，任何使用主机名 github-work.com 的 SSH 命令实际上都应适用于 github.com，使用的是 git_a-company 密钥。当您第一次使用 git clone 时，必须将 github.com 替换为 github-work.com，如下所示：

```
git clone git@github-work.com:<name>/<repo>.git
```

结果是命令（如 git pull、git push 等）将毫无问题地运行。如果希望此存储库中的提交使用与默认设置不同的名称或电子邮件地址，还必须运行 git config，如下所示：

```
cd repo
git config user.name  "other name"
git config user.email "other.name@a-company.com"
```

权宜之计

请注意，尽管本节中概述的方法在简单情况下很有效，但它只是一种临时方案。本地 .git/config 文件（故意）包含了一个不正确的远程 URL，这将在复杂的设置中导致错误。

2.4.6 备选方案

正如本节开头中所暗示的，Github/Gitlab 账户存在几乎无限多的身份验证变体，因此很难制定普遍适用的故障排除规则。

某些在故障排除环境中有用的 git 命令必须在 Git 存储库中运行。可以总结所有当前有效的 Git 设置，并指定选项是在系统范围、用户特定或是存储库特定文件中设置的。以下列表因空间原因而缩短，是在使用 HTTPS 通信的 Windows 存储库中创建的。关键行是 credential.helper 和 remote.origin.url。

```
cd <directory-with-git-repo>
```

```
git config --list --show-origin
  [... heavily abridged]
  file:C:/Program Files/Git/etc/gitconfig
    diff.astextplain.textconv=astextplain
    http.sslbackend=openssl
    http.sslcainfo=C:/Program Files/.../certs/ca-bundle.crt
    credential.helper=manager-core
  file:C:/Users/ms/.gitconfig
    user.name=Michael Kofler
    user.email=MichaelKofler@users.noreply.github.com
  file:.git/config
    remote.origin.url=
      https://github.com/git-compendium/hello-world
    remote.origin.fetch=+refs/heads/*:refs/remotes/origin/*
```

Git 主机的凭据管理器是让您能够在下一个 git 命令中重新进行身份验证的一种方法。如果使用个人访问令牌进行身份验证，则应检查 Git 主机的 Web 界面，以查看其有效期是否可能已过期。

要通过 SSH 调试 Git 身份验证，最佳实践是使用命令 ssh –vT git@github.com。此命令检查是否可以与 GitHub 服务器建立 SSH 连接，并显示大量调试信息（包括使用了哪个 SSH 密钥）。如果连接成功，最后一行会显示“已成功验证”，如下所示：

```
ssh -vT git@github.com
  OpenSSH_8.4p1 Ubuntu-6ubuntu2.1, OpenSSL 1.1.11  24 Aug 2021
  [... heavily abridged]
  Reading configuration data /home/kofler/.ssh/config
  /home/kofler/.ssh/config: Applying options for github.com
  Reading configuration data /etc/ssh/ssh_config
  Will attempt key: mk@kofler.info RSA SHA256:j7I6...
  Will attempt key: mk@p1 RSA SHA256:ACi0...
  Will attempt key: my-git-key  explicit
  Offering public key: mk@kofler.info RSA SHA256:j7I6...
  Server accepts key:  mk@kofler.info RSA SHA256:j7I6...
  Hi! You've successfully authenticated, but GitHub does not
    provide shell access.
```

如果已对 SSH 密钥进行了更改，则应重新启动 SSH 代理；否则，旧密钥可能存储在缓存中。在 macOS 和 Linux 上，必须运行以下命令来完成此任务。

```
killall ssh-agent; eval ssh-agent
```

2.5 以有趣的方式学习 Git（Githug）

Ruby 程序 Githug 是一种学习 Git 的有趣方式。每次执行 githug 命令时，程序都会分配一个任务。然后，尝试通过 git 命令解决此任务。之后，必须再次运行 githug 进行检查。该命令将检查是否已正确完成上一个任务，然后分配下一个任务。

2.5.1 要求

若要玩 Githug，计算机上必须安装 Ruby 编程语言。Githug 至少需要是 1.8.7 版本。

在 Debian 和 Ubuntu 中，可以通过 sudo apt install ruby-full 轻松安装 Ruby。Githug 是一个 Ruby 扩展包，可以使用 Ruby 包管理命令 gem 进行安装，如下所示：

```
sudo gem install githug
```

2.5.2 游戏结构

首次启动时，GitHub 会询问是否可以在当前目录中创建 git_hug 子目录。完成此步骤后，将立即开始第一个任务，如下所示：

```
githug
  No githug directory found, do you wish to create one? [yn]  y
  Welcome to Githug!
  --
  Name: init
  Level: 1
  Difficulty: *
  --
```

```
A new directory, 'git_hug', has been created; initialize an
empty repository in it.
```

首个任务很简单，可以切换到新目录并在那里运行 git init。

```
cd git_hug
git init
githug
  Congratulations, you have solved the level!
  --
  Name: config
  Level: 2
  Difficulty: *
  --
  Set up your git name and email, this is important so that your
  commits can be identified.
```

首个任务相对简单：切换到新目录并在其中执行 git init 命令。

对于第二个任务，无需进行额外操作。因为理应已经通过 git config --global 命令设置了 user.name 和 user.email，因此，可直接再次执行 githug 命令。作为验证步骤，该程序会要求输入姓名和电子邮件地址，并检查这些信息是否与 Git 的配置相符。

```
githug
  What is your name?  > Michael
  What is your email? > michael@somehost.com
  Your config has the following name: Michael
  Your config has the following email: michael@somehost.com
  Congratulations, you have solved the level!
  --
  Name: add
  Level: 3
  Difficulty: *
  --
  There is a file in your folder called 'README', you should add
  it to your staging area. Note: You start each level with a new
  repo. Don't look for files from the previous one.
```

继续任务 3，但解决方案留给读者自行探索。若任务失败，应继续阅读第 3 章的相关内容，其中系统地介绍了 Git 的逻辑以及更多命令和术语。

2.6 集成开发环境（IDE）和编辑器

本节将简要讨论一些选定的 IDE、编辑器和其他工具的 Git 相关功能，主要包括 Git GUI、GitHub Desktop、IntelliJ IDEA、TortoiseGit、VS Code 和 Xcode。请注意，大多数编辑器 /IDE 不使用内部 Git 库，而是依赖于单独安装的 git 命令。

读者可根据个人偏好或项目需求选择编辑器或 IDE。其 Git 功能只是一个次要标准，特别是因为可以假定当代每个程序都具备这一功能。但如果读者尚未作出决定，正在寻找一款多功能编辑器，我们有一个明确的推荐：VS Code！

2.6.1 Git GUI

Git GUI 是一个简单的程序，与 Git for Windows 一起默认安装，这就是它出现在许多 Windows 机器上的原因。但读者也可以使用 apt install git-gui gitk 命令在 Debian/Ubuntu 中安装它。

启动程序的最简单方法是在 Git Bash 中运行 git gui 命令，界面（图 2.9）将打开当前目录中的存储库。在第一次测试中，打开存储库后，必须首先使用“Edlit · Options”将“默认文件内容编码”设置更改为 utf-8；否则，所有非

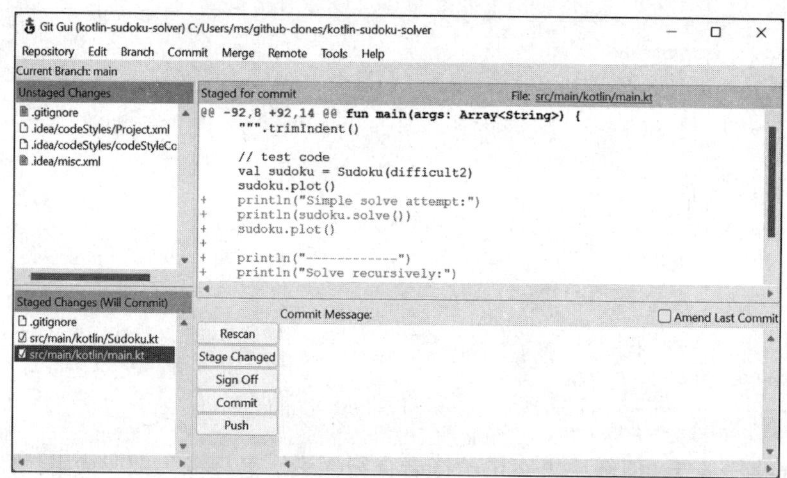

图 2.9 Git GUI 的界面

ASCII 字符都将错误显示。

在默认视图中，该程序提供了项目目录中已修改文件的概览。文件内所做的更改会在不同的视图中显示。

选择“Respository・Visualize History”会启动 gitk，这是与 Git GUI 相辅相成的第二个程序，但必须在 Linux 上作为单独的软件包安装。这个图形化选项是 git log 命令的替代品，非常适合通过鼠标点击来查看存储库的提交。

Git GUI 和 gitk 之所以受欢迎，是因为该程序是 Git 的首批图形用户界面（GUI）之一。与此同时，许多开发环境或 Web 界面以更现代的方式集成了类似的功能。此外，还有数不胜数的程序将类似的功能与当代界面相结合，例如 GitKraken、GitUp、SmartGit、SourceTree 或 Tower（其中一些程序仅在 Windows 或 macOS 上运行）。

2.6.2 GitHub Desktop

GitHub Desktop 是一款适用于 Windows 和 macOS 的免费程序，用于管理托管在 GitHub 上的 Git 存储库。与 git 命令等“纯粹”的 Git 工具不同，GitHub Desktop 还支持 GitHub 特定的功能，因此，一些通常只能在 GitHub 网站上执行的操作也可以在桌面程序中访问，如图 2.10 所示。

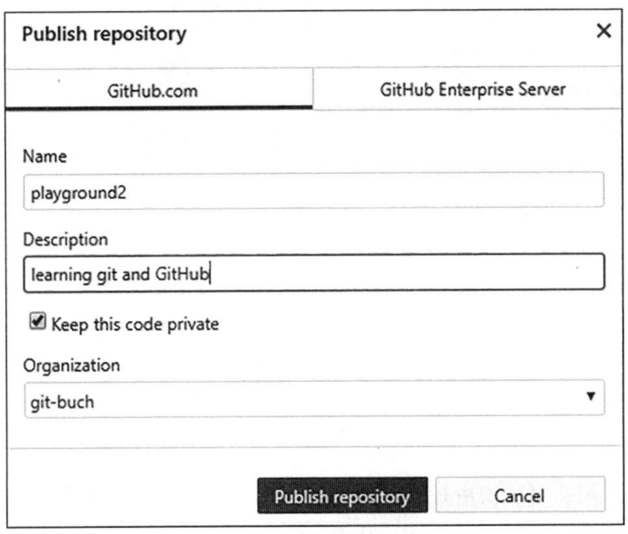

图 2.10　在 GitHub 上设置新存储库

GitHub Desktop 的主要优势在于其易用性，例如，一旦通过身份验证，就可以使用“File · New Repository”来创建一个本地存储库，这样就可以为常见的编程语言添加一个 .gitignore 文件、一个许可证文件和一个 README 文件。接下来，可以点击“发布存储库”将整个项目上传到 GitHub。在 GitHub 上创建新存储库时，可以选择存储库是私有还是公开，以及它应该与您的哪个组织相关联。

基本上，GitHub Desktop 并未提供其他工具或通过 GitHub Web 界面无法获得的功能，但是，该程序带来的便利性仍然得到了广泛认可例如，在 30 秒内，就可以设置本地存储库、在 GitHub 上创建相应的源并打开 VS Code 中的项目目录。同时，GitHub Desktop 支持暂存和变基等操作，因此，可以在 GitHub Desktop 中执行琐碎的操作，而无需不断返回命令窗口。

其“历史”侧边栏允许查看任何 Git 存储库的提交历史，如图 2.11 所示。源位于 GitLab 还是其他 Git 平台并不重要。如有必要，必须首先使用“File · New Reposity”将项目目录添加到 GitHub Desktop 已知的所有存储库列表中。

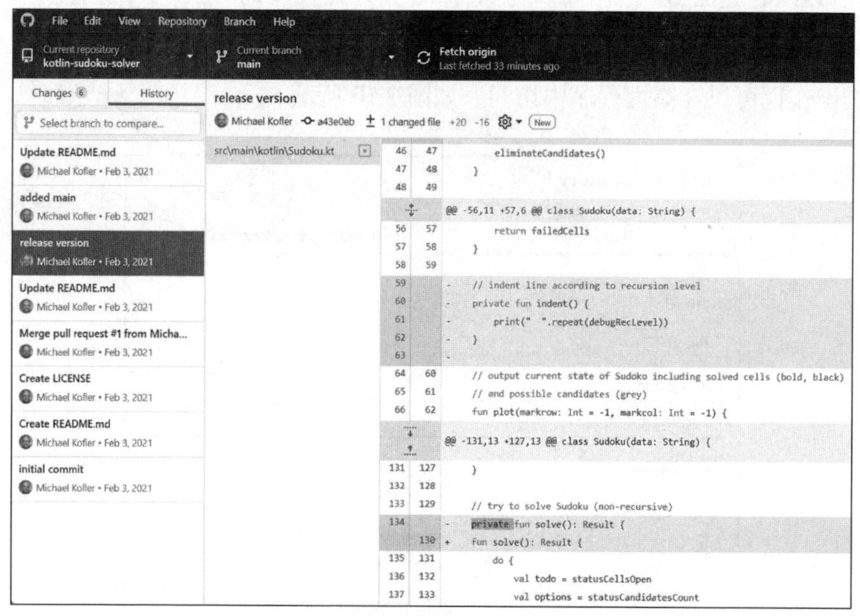

图 2.11　使用 Kotlin 编程语言对项目进行更改后的提交

2.6.3 IntelliJ IDEA

支持 Java 和 Kotlin 开发环境的 IntelliJ IDEA 可以与 Git 和其他版本控制程序协同工作。这些功能通过中央 VCS 菜单进行控制。当项目使用 Git 时，VCS 将被特定的 Git 菜单替换。

如果外部存储库位于 GitHub 上，则第一步是登录。首先，在设置对话框中切换到“Version Control · GitHub”。使用账户名和密码登录后，IntelliJ IDEA 会向 GitHub 请求身份验证令牌。存储的令牌将来将用于 HTTPS 身份验证，或者，可以选择通过 SSH 进行通信的选项。

遗憾的是，IntelliJ IDEA 对 GitLab 的支持并不理想。当然，也可以将 IntelliJ IDEA 项目存储在 GitLab 或任何其他 Git 主机上，但是，必须放弃使用令牌进行身份验证的便利性。

要在 IntelliJ IDEA 中打开（克隆）已经在 Git 平台上的项目，请运行“File · New · Project from Version Control”，输入项目 URL，并选择一个空的本地目录。在 git clone 之后，IntelliJ IDEA 会询问是否应打开该项目。

如果有一个尚未进行版本控制的现有项目，请运行“VCS · Enable version Control · Git”。一旦标记了第一个源代码文件以进行提交，就会出现“可以将项目配置文件添加到 Git 通知”中。选择“Always Add”选项。

必须自己添加 Gradle 配置文件（例如，build.gradle）。但是，不应使用 Git 来管理所有具有动态生成文件的目录和文件，尤其是 build 和 .gradle 目录，如图 2.12 所示。有关通常不应置于版本控制之下的与 IntelliJ IDEA 相关的文件的更多提示，请参见 https://intellij-support.jetbrains.com/hc/en-us/articles/206544839 相关内容。

有关 IntelliJ IDEA 项目的综合示例 .gitignore 文件，请参见 https://github.com/github/gitignore/blob/main/Global/JetBrains.gitignore 相关内容。

首次提交（菜单命令 Git · Commit）时，IntelliJ IDEA 会询问是否执行 git config --global core.autocrlf 命令。若执行，则未来所有项目的行尾字符将自动适应相应的操作系统。此选项适用于团队在不同操作系统上工作的项目，具体说明可参见 https://docs.github.com/en/get-started/getting-started-with-git/

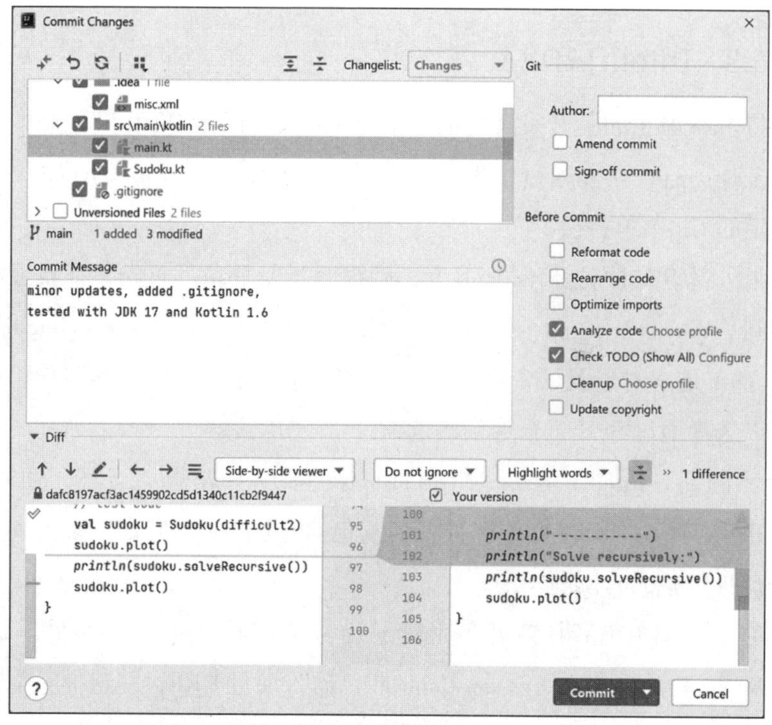

图 2.12　IntelliJ IDEA 中的提交对话框

configuring-git-to-handle-line-endings 相关内容。

提交对话框默认以模态对话框形式显示，完成前将阻塞其他功能。可在设置中搜索“Version Control · Commit”，并激活“使用非模态提交界面”选项，将对话框作为非模态窗格集成到界面中。

通过 Git · Push 命令，可将提交上传至外部存储库。首次使用时，需在推送对话框中点击 origin 链接，并使用“定义远程”指定外部存储库的 URL。有关 IntelliJ IDEA 中其他 Git 功能的详细文档，请参阅 https://www.jetbrains.com/help/idea/using-git-integration.html 相关内容。

JetBrains 推出的众多其他 IDE 也以相同或类似的方式实现了 Git 功能。

2.6.4　TortoiseGit

TortoiseGit 是 Windows 资源管理器的扩展。安装后，若当前目录为 Git 存储库，则可通过上下文菜单命令“show more options · TortoiseGit”执行所有重要的 git 命令。

虽然此功能初看之下并不出众，但根据所使用的其他工具，这些额外的资源管理器命令会非常有用，尤其是当计算机上拥有许多通常不使用开发环境编辑的 Git 存储库时。

2.6.5 Visual Studio Code

如 1.1.2 小节所述，VS Code 在集成 Git 功能方面表现卓越，这一点对于初学者（功能易用）和专业人员（功能全面）均适用。VS Code 的当前版本在 Linux 和 macOS 上使用令牌进行身份验证，而在 Windows 上则使用 Windows 凭据管理器。

1.3 节示例中已介绍 VS Code 中的基本 Git 功能，此处将简要介绍两个可通过“File · Preferences · Extensions”安装的扩展。

◆ GitLens

激活后，此扩展将显示大量有用信息，并在 Git 侧边栏、状态栏和代码中直接提供按钮。GitLens 允许查看最新提交、快速浏览文件的最新版本等，并会以浅灰色在当前活动文件中标注当前行上次更改的提交和作者，从而不断提供上下文信息，而无需显式搜索。

◆ Copilot

Copilot 在编程过程中提供支持。当开始开发新功能或方法时，Copilot 会在公共 GitHub 存储库中查找相似代码（搜索过程可能涉及人工智能）。若找到相似代码，Copilot 将建议应用该代码，用户须自行决定是否接受或根据应用程序需求进行修改。

由于 VS Code 无法预知用户需求，因此 Copilot 扩展要求为函数和变量使用有意义的英文名称，并提前清晰文档化函数应执行的任务。

在尝试此扩展前，需在 https://copilot.github.com 上注册并获取访问数据。Copilot 并非 VS Code 项目，而是 GitHub 的开发成果（VS Code 和 GitHub 均归微软管理，因此难以明确区分）。无论如何，Copilot 也适用于其他开发环境和编辑器。

2.6.6 Xcode

在 Apple 的 Xcode 开发环境中，Git 长期作为首选版本控制程序。开始前，请导航至“Xcode · Preferences · Accounts”，点击加号按钮添加账户。Xcode 支持多个平台（GitHub、GitLab 和 Bitbucket），用户需提供账户名称和令牌，如图 2.13 所示。为提前生成令牌，可访问 GitHub 网站的“Settings · Developer settings · Personal access token”，并确保令牌允许执行多项操作。

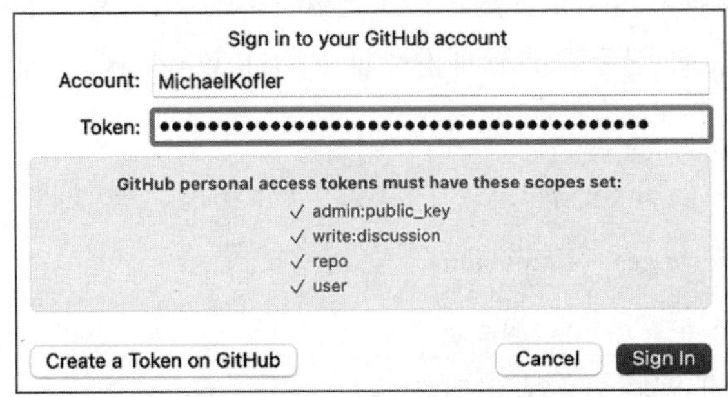

图 2.13　首次添加外部 Git 账户时需使用个人访问令牌

在创建新项目时，可在向导的最后一步选择项目目录时启用“在我的 Mac 上创建 Git 存储库”选项。此设置将为项目激活 Git。项目设置相关的所有文件都将自动在初始提交中添加到本地存储库。若要将现有项目追溯性地置于 Git 控制之下，必须运行“Source Control · Create Git Repositories”。

提交操作必须通过“Source control · Commit”来执行。已作为存储库一部分的已更改文件将自动标记为待提交。若要将新文件置于版本控制之下，必须明确选择它们，如图 2.14 所示。

要比较新旧版本的代码文件，请点击 Xcode 窗口栏中的“Enable Code Review”按钮。如有必要，可以点击“Discard Charges”来撤销个别更改。

无论是在创建项目时启用 Git 还是稍后启用，目前都只有一个本地 Git 存储库。在将项目与外部存储库同步之前，必须先添加外部存储库。首先，切换到侧边栏中的“源代码管理导航器”，选择“Resposltories · Remote”，并执行上下文菜单命令“新建远程”或“添加到现有远程”。然后，可以使用“Source Control · Push”和“Source Control · Pull”来同步本地和外部存储库。

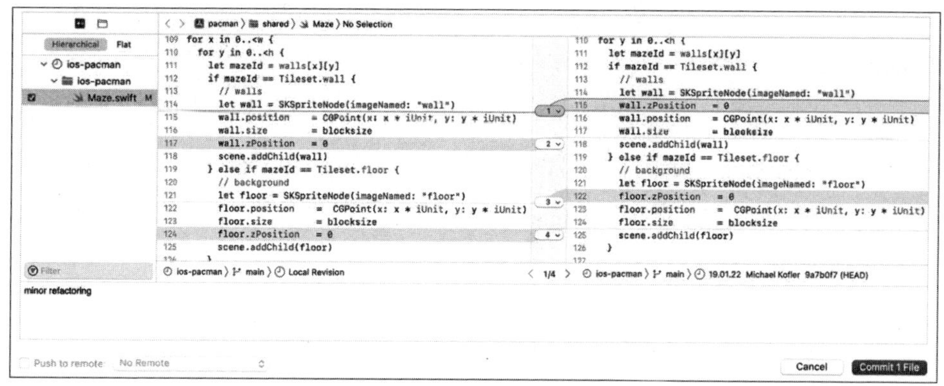

图 2.14 提交对话框可视化实现的更改

当然，也可以从现有的外部存储库创建新的本地项目。为此，必须运行“Source Control · Clone”，并指定第三方存储库的 URL，或从自己的 GitHub、GitLab 或 Bitbucket 账户中选择一个存储库。在第二步中，Xcode 会询问项目应设置的本地目录。

2.7 向第三方 GitHub 项目贡献

许多大型开源项目都有一个公开的 GitHub 存储库，因此，可以轻松运行 git clone 命令下载代码，并运行或编译程序。但如果我们在提交后尝试更改代码并通过 git push 重新上传，则会遇到困难，因为我们不是开发团队成员，无法进行任何更改，因此，git push 操作会因错误消息而失败，这时，可以联系开发团队，请求加入团队并请求对存储库的协作权限。但是，你如果尚未在社区中树立声望，那么并不会轻易被允许，毕竟，拥有多少专业知识、代码是否具有令人信服的质量，以及是否遵守其他开发人员的指导原则都不得而知。一般来说，大多数项目都会尽可能限制能够独立在存储库中进行更改的人数。

2.7.1 派生（Fork）

出于这个原因，GitHub 多年前建立了一种新方法，现在大多数 Git 平台也以某种方式采用，即要向其他人的项目贡献力量，可以访问其 GitHub 页面并点击“Fork”按钮。使用此功能可以在自己的 GitHub 账户中创建第三方存储库的副本。

在后续步骤中，可以使用 git clone 命令从该副本在本地计算机上创建本地存储库。在克隆的存储库中，可以进行任何想要的更改、测试代码并提交。最后，完成更改后，必须使用 git push 命令将更改提交回 GitHub 派生存储库，即原始存储库的副本。

2.7.2 拉取请求（Pull Request）

在 GitHub Web 界面中，可以在本地派生的“New pull request”对话框中找到“Create pull request”按钮（图 2.15）。此按钮会将您重定向到原始项目的页面。

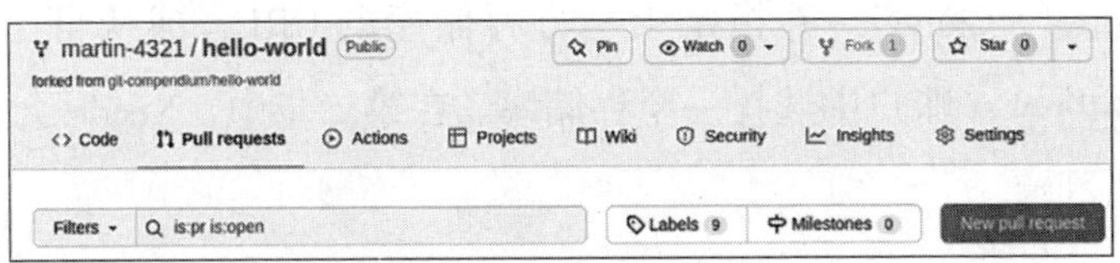

图 2.15 同名对话框中隐藏了拉取请求按钮

GitHub 界面首先显示所做更改的摘要。在进一步的操作中，必须向外部存储库的开发人员提交一条消息，通常包含有关更改内容和可能原因的信息。点击“Create pull request”完成该过程（图 2.16）。

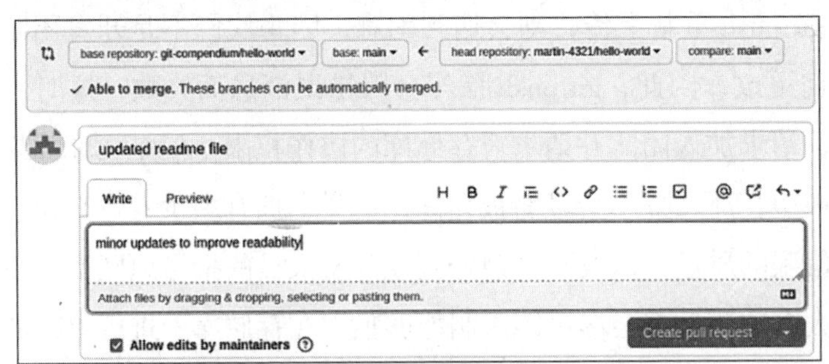

图 2.16 提交拉取请求前需进行说明

接下来，外部存储库的所有者将决定是否接受你的更改（合并拉取请求）或提出改进建议并要求你进一步更改（评论）。

拉取请求是在不成为团队成员的情况下参与 GitHub 项目的唯一方式。但是，拉取请求也常用于项目内部，以防止对存储库进行过多不协调的更改。

Git 标准之外

请注意，派生和拉取请求并非 Git 技术，因此，没有与之对应的 git 子命令。我们必须在 Git 平台的 Web 界面中执行这些操作，不同平台的术语可能有所不同。例如，在 GitLab 中，拉取请求有时被称为合并请求。

关于拉取请求的更多详细信息，将在 5.1 节和 8.4 节中详细介绍。

2.8 同步与备份

许多开发者在机器上运行云客户端（如 Dropbox 或 Nextcloud），以便定期将文件目录内容传输至云端。此举的动机之一在于实现外部备份，以及在不同计算机间轻松同步个人文件。

此外，部分软件也可独立于云服务，需要定期在多台计算机或设备间同步选定目录。Syncthing 是此类软件中的热门选择。

最后，强烈推荐定期对计算机进行备份（例如，使用外部硬盘或网络附加存储设备）。与传统同步解决方案相比，传统备份的优势在于即使意外删除目录也能恢复数据，使用同步解决方案时，目录会从连接的设备中删除，从而丢失，除非有额外的备份机制。

2.8.1 Git 问题

关于同步的讨论与 Git 有何关联？在同步目录或从备份中重建的目录中使用 Git 时，可能会遇到高冲突风险。Git 会记录文件的最后修改时间，但同步软件可能会独立于 Git 修改文件，导致 Git 管理信息与文件不匹配。这会造成难以理解的错误消息、存储库损坏及一系列问题。

实际上，Git 存储库的同步在大多数情况下是多余的，只要定期执行 git pull、git commit 和 git push，Git 即可负责在不同位置（如本地机器、另一台机器以及 GitHub、GitLab 等外部服务器）间同步存储库。对于典型的软件项目，Git 比任何同步软件都更高效地处理同步任务。

2.8.2 结论

以下是同步与备份的几个关键点：

- 确保计算机上的 Git 存储库目录不被同步到云端或其他计算机；
- 与持续同步相比，传统备份对 Git 的风险更低，此外，若因错误使用 git 命令导致存储库损坏，备份可作为应急措施；
- 数据丢失后，仅在确实没有包含当前数据的外部 Git 存储库可用时，才应使用备份。在导入备份并重新激活 Git 时需格外谨慎；
- 若未定期更新 Git 存储库（git pull、git commit 和 git push），也可使用 git 命令（如 git clone --mirror）专门创建备份，该命令可自动执行（如在 Linux 上使用 Cron 作业）。

第 3 章　Git 的基本原则

本书前两章旨在以实用方式介绍 Git，避免过多细节带来的困惑。事实上，对于许多任务，理解 git add、git commit、git push 和 git pull（以及另外几个命令）便已足够。我们凭借这些基础知识，即可初步使用 Git；但是，要真正掌控项目、与 Git 协同工作并解决相关问题，则需深入了解 Git，成为专业人士。本书就是旨在助我们达到这一目标！

本章将深入探讨 Git 的更多细节。首先概述相关术语，随后解释一些高级概念，如分支、标签、合并操作和变基；同时，也将介绍 Git 内部数据存储机制。

本章旨在达成两个目标。

- 展示 Git 的多种用途。迄今为止，我们仅触及了 Git 的表面，Git 还包含众多命令、选项和变体，这增加了其复杂性。
- 通过描述 Git 的内部机制，帮助理解其在幕后的工作方式。

3.1　术语

关于 git 子命令的手册、技术论坛上的文章，以及本书的章节，均使用了技术术语，其中一些术语可能较为陌生。以下简要介绍 Git 世界中最重要的术语，作为入门引导（本章将详细解释每个术语）。

我们将从整体上介绍术语，再逐步深入到细节。

存储库：项目所有文件的集合，包括它们的更改历史记录。可以将其视为一个数据库系统，记录了项目从创建到当前状态的所有变更，以及变更的作者和时间。在存储库中，可以追踪每个文件的历史演变过程。

分支：存储库中可以存在多个分支。分支有助于在不干扰主版本稳定性的情况下开发新功能。它们允许多名开发人员独立执行任务，每个分支拥有自己的文件集或文件版本。

主分支：在创建新存储库时自动设置，被视为默认分支。虽然内部机制上与其他分支无异，但多数 Git 用户会保持其默认设置。

Git 存储库由工作目录中的文件和 .git 子目录中的存储库数据库组成。工作目录中的文件反映了当前活动分支的当前状态。除了“工作目录”这一术语外，“工作区”也常被使用。

3.1.1 关于提交

在将任何内容永久保存到存储库之前，必须指定要包含哪些更改。并非所有更改都应始终保存。例如，你可能创建了三个新文件，其中两个包含代码并成为项目的一部分，但第三个文件包含个人注释，你不希望将其包含在存储库中。

为此，Git 提供了暂存区（常简称为 stage）。暂存区包含整个活动分支，包括下次提交时应永久保存的所有更改。要将文件以当前状态暂存，必须运行 git add <file> 命令或其等效命令 git stage <file>。

暂存区 = 索引 = 缓存！

“暂存区”的其他常用名称包括“索引”和“缓存”。虽然本书倾向于使用“暂存区”这一术语，但上述所有术语均被广泛使用。需要强调的是，这些术语是同义词，而不是指不同的事物或功能。在 man git-ls-files 中提到的“目录缓存索引”实际上也是在讨论暂存区。

每次提交时，暂存区中标记的更改都会永久存储在存储库的数据库中。一旦提交完成，这些汇总的更改便可以根据需要转移到另一个分支，或者撤销这些更改。

当前分支中的最后一次（即最近一次）提交被称为 HEAD。请注意，Git 区分了小写的 head 和大写的 HEAD。每个分支都有一个最近的提交（即一个

head)。大写的 HEAD 明确指的是当前正在编辑的活动分支。

要从一个分支切换到另一个分支，必须执行检出（checkout）操作。检出操作会用目标分支的文件替换项目目录中的当前文件。因此，通过检出操作，可以添加新文件、更改现有文件、删除其他文件。通常，每次检出前都应进行提交，否则，最近所做的更改可能会被覆盖，从而丢失。

有时，可能想要保存未完成的更改而不提交这些更改。例如，正在开发一个新功能，与此同时，需要在另一个分支中修复一个小错误。此时，我们不想提交（以免同事在处理尚未完成的代码时遇到问题）；另一方面，我们需要一种方法来临时保存更改。这种情况正是暂存（stash）发挥作用的地方，暂存是一种用于存储尚未可提交的代码的存储空间。

要合并分支，必须执行合并（merge）操作。合并过程是一个复杂的问题，自代码被分离成两个分支以来，如果两个分支都修改了文件，Git 应该如何处理这些文件？如果更改发生在代码文件的不同部分且互不影响，Git 通常会自行找到解决方案。在更复杂的情况下，Git 会将决定权留给编写者，即将在编辑器中看到两种代码变体；然后，编写者必须手动选择一个变体，并将所做的更改保存在单独的提交中。

在同步多个存储库时也会发生合并过程，即使现在合并过程的原因不同，但从 Git 的角度来看，技术上没有任何变化。再次强调，该过程是关于合并存储在提交中的更改。

反复执行合并操作通常会在本地存储库中创建一个杂乱无章的结构，分支不断打开和关闭。通过变基（rebase），可以清理提交序列（即历史记录），并使其变得直观有序。

默认情况下，可提交通过十六进制哈希码进行标识。为了保持概览性，我们可以通过标签来标识或命名提交。标签通常用于标记里程碑或已交付的版本。

3.1.2 日志与记录

Git 在两种不同的上下文中使用日志（log）或记录（logging）这两个术语。

- git log 命令允许我们查看一个或多个分支的历史记录，即导致当前状态的提交序列。这种表示称为日志，所需信息位于提交中。每个提交都引用其前身，对于通过合并过程创建的提交，存在多个前身，不使用自定义日志文件作为基础。

- 引用日志（reflog）是本地执行的更改分支头的命令序列。这是本地数据，不会在存储库之间同步。在某些情况下，引用日志可以帮助撤销错误或不当执行的命令。

3.1.3　本地与远程存储库

Git 与其他许多程序不同，它被构想为一个去中心化的版本控制系统，但真正取得重大突破却是在与 GitHub、GitLab 等（集中式）平台结合之后。

对于与远程存储库（即非本地存储库）的通信，Git 提供了 HTTPS 和 SSH 协议。将普通 Web 服务器转变为 Git 服务器所需的工作量相对较少，尽管此时缺少 GitHub 和其他平台所熟悉的 Web 界面，但这一功能足以实现存储库的同步。

无论外部对等方是最小化的 Git 服务器，还是像 GitLab 这样的完整 Git 平台，只要拥有相关访问权限，现在都可以通过 git 命令同步存储库。

同步存储库的三个重要的 git 命令，如下所列。

- clone，允许将外部存储库复制到本地机器。
- pull，允许更新本地存储库，并复制自上次克隆或拉取操作以来外部存储库中所做的更改。此过程会从外部存储库下载当前活动分支的新提交，并在本地合并它们（包括提交的合并）。
- push，允许将本地执行的提交传回外部存储库。默认情况下，仅当之前执行过拉取操作，即本地存储库已更新时，才允许此过程。在此条件下，远程存储库中的推送操作不需要完整的合并过程，此过程只需上传提交，并更新指向该分支最近提交的指针即可完成。这种合并过程的简单变体被称为快速前进合并。

Git 为与一个甚至多个远程存储库的推送和拉取操作提供了许多配置选项。在这种情况下，原始存储库扮演特殊角色。该存储库是项目最初克隆的外部存储库，或明确配置为外部默认存储库的存储库。在不显式指定另一个远程存储库的情况下，推送和拉取操作将自动影响原始存储库。

3.1.4 钩子、子模块和子树

当发生某些事件时，Git 可以自动运行脚本，此功能的配置通过钩子（hooks）实现，它们是 .git/hooks 目录中的脚本文件（见 9.1 节）。

一些项目使用子项目（库、数据库驱动程序等）。为了与项目并行更改这些子项目的代码，同时保持项目整体位于一个目录中，Git 使用了子模块。此功能允许 Git 存储库的目录包含其他 Git 存储库，同时，所有存储库的提交仍保持相互独立。

子模块的变体是子树。在这种方法中，也将外部存储库集成到项目自己的存储库中，但是，在这种情况下，所有文件都在一个 Git 数据库中管理，从而简化了处理过程。关于子模块和子树的详细信息，请参见 9.3 节。

3.2 Git 数据库

在构思本书时，我们原本打算在本章末尾介绍 Git 的内部细节。毕竟，您阅读此书是希望高效地使用 Git，而非对幕后的机制感兴趣。

但是，在编写过程中，我们意识到，如果对 Git 的实际工作方式有初步了解，那么解释 Git 概念将更为容易。因此，我们决定做出妥协，本节将提供一些基本见解，介绍 .git 目录中发生的事情，更多详细信息请参见第 3.13 节。

3.2.1 .git 目录

假设创建一个新项目目录，该目录当前完全为空。在该目录中运行 git init 命令，以将其转换为存储库。如果是在 Linux 上工作，tree .git 命令将立即提供新设置的 Git 数据库的概览（图 3.1），但是该命令在 macOS 或 Windows 上不可用，可以使用 Finder、资源管理器，或运行 ls –laR 或 dir /s 命令代替。

这些不同子目录和文件的作用是什么？

- branches 目录：此目录通常为空，提供了为 git fetch、pull 和 push 命令定义 URL 快捷方式的选项。

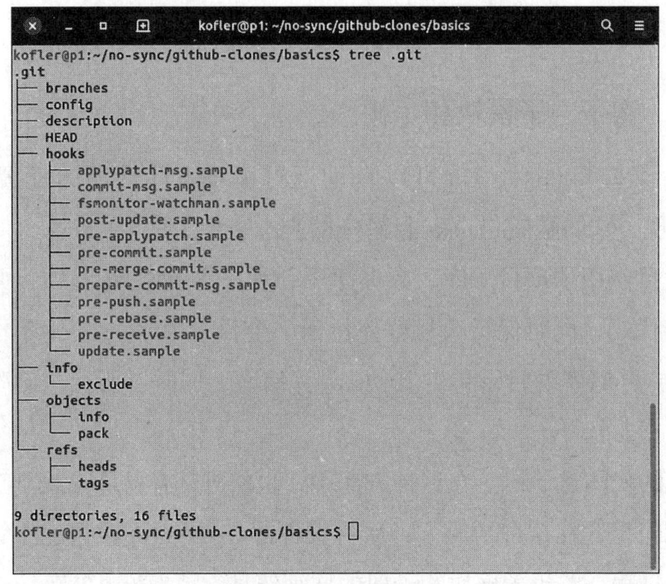

图 3.1　新 .git 目录的内容

- config：存储库特定的配置文件（见 12.3 节）。
- description：包含存储库的简短文本描述。最初，此文件包含示例文本，可以被替换为自己的信息。
- HEAD：一个小文本文件，指向当前分支的当前提交。只要 main 是活动分支，该文件将包含以下行：

```
ref: refs/heads/main
```

- hooks 目录：包含在某些情况下应自动执行的脚本示例。我们将在第 9.1 节中更详细地描述钩子，并展示如何使用它们。
- info/exclude：.gitignore 文件的存储库特定补充，通常只包含几行示例。info/exclude 可用于在不修改 .gitignore 文件的情况下，将文件从版本控制中本地排除（.gitignore 文件作为存储库的一部分与其他团队成员共享。
- index 文件：用于暂存区的内部存储。当首次运行 git add 时，将创建此文件。此二进制文件包含对使用 git add 添加到暂存区的已更改文件的引用。
- logs 目录：用于存储引用日志，如果存储库为空，则此目录不存在。此目录在首次提交时设置，然后包含文本文件，这些文件总结了所有更改分支头的操作。除了提交外，检出以及推送和拉取操作也会被记录。

- objects 目录：除了两个子目录外，最初为空，但随后将成为最庞大的目录。在此目录中，Git 以二进制文件的形式存储存储库的所有数据。Git 对象不仅包括提交，还包括树、二进制大对象（BLOBs）和标签（见 1.2.2 小节）。

对象数据库被组织为键值存储，对象的哈希码用作访问键。由于大量文件最终会进入 objects 目录，因此在操作过程中会为哈希码的前两位创建子目录。因此，为了存储哈希码为 a23cd4352 的文件，Git 将存储 a2 目录（如果不存在的话），并在其中存储文件 3cd4352。

为了提高效率，对象目录中的单个文件经常被打包到 pack 子目录中的较大归档文件中。

- refs 目录：包含对提交或对象的引用。这些引用指向本地和远程分支的最新提交（头），以及使用标签命名的提交。为了避免出现过多的小文件，所有引用都会定期合并到 packed-refs 文本文件中。

执行 git 命令时，.git 目录中会逐渐创建其他文件和子目录。有关它们功能的简洁概述，请参见 https://schacon.github.io/git/gitrepository-layout.html 相关内容。

3.2.2 Git 对象类型：提交、BLOBs、树和标签

Git 在 .git/objects 目录中存储四种类型的对象。

- 提交（Commits）

  提交对象包含提交的元数据，如更改何时保存，由谁保存，附带哪些提交信息，是否有签名；

  提交对象使用哈希码引用其他两个对象：一个树对象，列出分支上所有版本化的文件；以及同一分支上的前一个提交。

- BLOBs

  BLOB 代表二进制大对象。Git 使用 BLOBs 内部存储所有版本化的文件，无论大小。为了节省空间，Git 可以压缩文件或仅存储与其他文件的差

异（增量）。

- 树（Trees）

  树对象包含带有哈希码的文件名列表，这些哈希码指向相关的 BLOBs。

- 标签（Tags）

  Git 使用不同类型的标签（见第 3.11 节）。最简单的形式称为轻量级标签，仅仅是引用（即 .git/objects/tags 目录中的小文本文件）。相比之下，带注释和签名的标签作为真正的 Git 对象存储，除了标签名称外，还包含各种附加信息。

3.2.3 引用

引用是指向特定对象（最常见的是提交）的小文件。例如，refs/heads/main 文件包含主分支最新提交的哈希码。引用用于两项任务：

- .git/refs/heads 和 .git/refs/remotes 目录包含指向本地存储库和远程存储库中分支最新提交的文件；
- .git/refs/tags 目录包含对标记提交的交叉引用。

如果 .git/refs 目录大部分为空，请不用担心。一些引用被放置在 .git/packed-refs 文件中以节省空间。命令 git show-ref 列出所有已知的引用。

一个特殊情况是 .git/HEAD 文件。该文件不包含哈希码，而是当前分支头文件的名称。因此，该文件或多或少是一个链接的链接。如果当前激活的是 develop 分支，则 .git/HEAD 的内容如下：

```
cat .git/HEAD
  ref: refs/heads/develop
```

.git/refs/heads/develop 文件包含相关提交的哈希码：

```
cat .git/refs/heads/develop
  f348eaa6f985875801ac2bb7a9a8543d972fb65b
```

可以使用 git show 命令查看提交的详细信息。对于此命令，需要传递哈希码的前 4 位数字。

```
git show f348
  commit f348eaa6f985875801ac2bb7a9a854...65b (HEAD -> develop)
  Author: Michael Kofler <MichaelKofler@...>
  Date:   Thu Jan 20 07:32:24 2022 +0200
      added documentation
  ...
```

3.3 提交

提交是永久保存项目目录中对存储库所做更改的过程。若已仔细阅读至今的内容，应已知 git commit 并不直接保存所有更改，而仅保存通过 git add 先前转移到暂存区的更改。

本节将详细解释提交前后发生的具体情况。尽管内部工作原理可能看似不重要，但提交作为 Git 的核心操作，其内部含义对于理解 Git 的整体工作原理至关重要。

以下示例的起点为一个空目录，在该目录中，首先使用 git init 创建一个存储库，然后在初始提交中将两个文件存储在默认分支（即 main）中。

```
mkdir test
cd test
git init
echo "lorem ipsum" > file1
echo "hello git"   > file2
git add file1 file2
git commit -m 'initial commit'
```

3.3.1 暂存区

修改 file2 并创建新文件 file3，如下所示：

```
echo "more text" >> file2
echo "123" > file3
```

尝试直接通过 git commit 保存这些更改会失败，并且 git 会揭示失败的原因，如下所示：

```
git commit
  On branch main
  Changes not staged for commit: (use "git add <file>..."
  to update what will be committed)
      modified:   file2
  Untracked files: (use "git add <file>..." to include in
  what will be committed)
      file3
  no changes added to commit
```

因此，git 检测到有内容已更改，但要求您对所有已更改和新文件显式运行 `git add` 命令，如下所示：

```
git add file2 file3
```

git add 命令将 file2 和 file3 的当前状态存储在暂存区中，如图 3.2 所示。如果此时运行 git commit，结果将很明确，即已修改的 file2 和新文件 file3 将被永久保存。

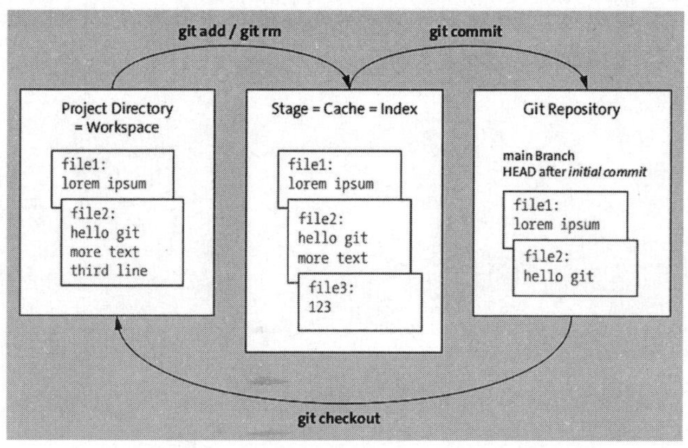

图 3.2　初始提交后的项目目录、暂存区和存储库

为了进一步强调项目目录（工作区）、暂存区和存储库之间的差异，我们实施另外的更改，即使用 echo 命令向 file2 添加第三行文本，并使用 rm 命令删除 file3。由于未再次运行 git add，这些更改不会出现在暂存区中。

```
echo "third line" >> file2
rm file3
```

目前，file2 存在三种不同状态，cat file2 显示项目目录中的当前状态，git show :file2 显示暂存区中文件的内容，而 git show HEAD:file2 则显示最后一次提交时文件的状态。

```
cat file2                   (file in the workspace)
  hello git
  more text
  third line

git show :file2             (file in staging area)
  hello git
  more text

git show HEAD:file2         (file at last commit)
  hello git
```

此外，git status 命令指示 file2 和 file3 位于暂存区中，但之后对它们进行了更改，如下所示：

```
git status --long
  On branch main

  Changes to be committed:
    (use "git restore --staged <file>..." to unstage)
      modified:   file2
      new file:   file3
  Changes not staged for commit:
    (use "git add/rm <file>..." to update what will be committed)
    (use "git restore <file>..." to discard changes in working
     directory)
      modified:   file2
      deleted:    file3
```

因此，从提交的角度来看，一个文件可以同时处于三种状态：

- 项目目录中的当前状态；
- 暂存区中的状态（已暂存）；
- 存储库中的状态（已提交）。

3.3.2 提交状态

如果现在运行 git commit，则暂存区的当前状态将被永久存储在存储库中：

```
git commit -m '2nd commit'
```

由于我们在 git add 之后仍然对项目目录进行了更改，因此最后一次提交并未反映当前的项目状态。为了永久保存这些更改，我们必须再次运行 git add（针对已修改的文件），然后针对 file3 运行 git rm，并再次执行 git commit，如图 3.3 所示。

```
git add file2
git rm file3
git commit -m '3rd commit'
```

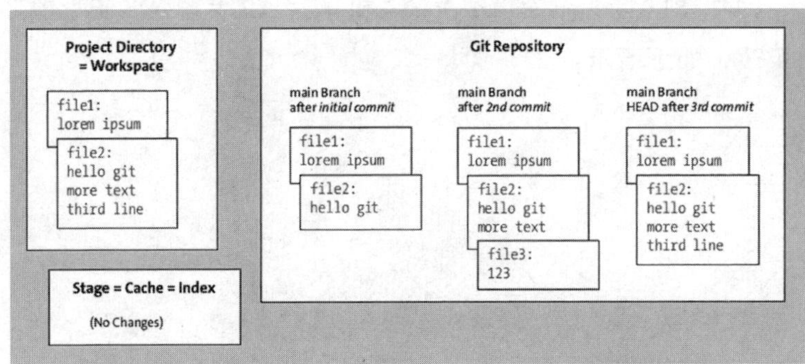

图 3.3 第三次提交后的项目目录、暂存区和存储库

暂存区与存储库

图 3.2 和图 3.3 将暂存区表示为位于工作区和存储库之间的独立数据存储。这一概念在许多其他 Git 文章和手册中（包括原始文档）都有提及。但是，严格来说，暂存区与存储库之间的分离具有误导性。暂存区是存储库的一个组成部分：

- 与存储库中的所有文件一样，作为暂存区目录表的索引文件也位于 .git 目录中。

- 一旦运行 git add，相关文件将立即存储在 .git/objects 目录中的 BLOB 中。因此，甚至在提交之前，文件就已经位于存储库中了。

3.3.3 更多细节

当运行 git add file 时，文件的内容已经存储在 .git/objects 目录中的新 BLOB 文件中。测试此过程的最简单方法是首先使用 git gc 将所有对象文件合并到一个包中。现在，可以轻松识别稍后通过树或查找创建的对象文件，并使用 git show 显示它们。

在示例中，对于通常为 40 位的哈希码，我们总是只向 git 命令传递前 4 位，这种约定足以清晰识别少量对象。在不同机器上重现这些示例时，会产生不同的（更长的）哈希码。

```
git gc
echo "long text" > file4
git add file4

find .git/objects/ -type f
  .git/objects/9a/26ae2b65bf11943339cd025a84ea7157242302
  ...

git show 9a26
  long text
```

同时，git add 命令会更新 .git/index 文件，该文件包含对以二进制格式表示更改的 BLOBs 的交叉引用。

使用 git commit 会创建两个新对象：一个提交对象和一个树对象。此外，还会整理 .git/index 文件。文件中引用的更改现在已成为提交的一部分，因此不再需要在暂存区中保留。

```
git commit -m '4th commit'
  [main 8dce80c] 4th commit
  1 file changed, 1 insertion(+)
```

可以使用 find 命令来确定新对象的文件名。

```
find .git/objects/ -type f
  .git/objects/9a/26ae2b65bf11943339cd025a84ea7157242302
  .git/objects/8d/ce80c0e4d9a9962998aae685ce389574863c4b
  .git/objects/6e/d4afc8ff4ed389f936052d4c065b51aa24c3c7
  .git/objects/pack/pack-b01430f33de5b1ff10248bf...c511.idx
  .git/objects/pack/pack-b01430f33de5b1ff10248bf...c511.pack
```

git cat-file -p 命令用于显示提交对象的详细内容。git cat-file 命令允许您更深入地查看 Git 对象，但是，git show 命令在许多情况下更为方便，但在提交过程中，git show 提供的细节可能超出当前上下文所需。

```
git cat-file -p 8dce
  tree      6ed4afc8ff4ed389f936052d4c065b51aa24c3c7
  parent    a89f7b97fa7a12d527afe7eba62c748215a1a620
  author    Michael Kofler <MichaelKofler@...> 1642666315 +0100
  committer Michael Kofler <MichaelKofler@...> 1642666315 +0100

  4th commit
```

在输出结果中，请注意当前分支中捕获的所有文件都列在树对象 6ed4 中。同一分支（main）中的前一个提交的哈希码为 a89f。查看树对象可以补全这幅图，如下所示：

```
git cat-file -p 6ed4
  100644  blob  01a59b011a48660bb3828ec72b2b08990b8cf56b  file1
  100644  blob  5ee9a0baef58bed383ef410689409f69cfe1ccaa  file2
  100644  blob  9a26ae2b65bf11943339cd025a84ea7157242302  file4
```

当前主分支的提交（HEAD）因此包含三个文件：file1、file2 和 file4。这些文件各自位于一个 BLOB 中。哈希码为 9a26 的 BLOB 文件已通过 git add 命令创建，并在此提交中重用。其他两个 BLOB 是在之前的 git add 命令执行时创建的。由于执行了 git gc，因此不存在针对每个 BLOB 的单独文件；相反，BLOB 包含在 .git/objects/pack/pack-xxx 文件中。总之，一次提交会在 Git 数据库中创建多个对象。

- 提交对象：总结元数据（记录谁何时进行了提交）。该对象包含提交消息、对同一分支中前一个提交的引用（父提交）以及对树对象的引用。
- 树对象：指向活动分支上所有文件的 BLOB（而不仅仅是新文件和已更

改的文件)。提交对象和树对象的组合使用户能够轻松访问相关分支的所有版本化文件(父提交引用仅在用户关注历史信息,即当前状态是如何形成时才具有意义)。

- 每个版本化文件都有一个 BLOB,其中包含文件的内容。

如果一直按照示例操作到现在,Git 数据库将包含四个提交,这些提交指向同样数量的树对象,以及六个 BLOB,这些 BLOB 记录了四个文件的不同状态,如图 3.4 所示。

此外,这个小型 Git 存储库也托管在 GitHub 上,当克隆存档时,.git/objects 目录除了一个 *.pack 文件外是空的。该文件包含所有对象。

可以使用以下命令获取所有对象的哈希码:

```
git show-index < .git/objects/pack/pack-<nnn>.idx
```

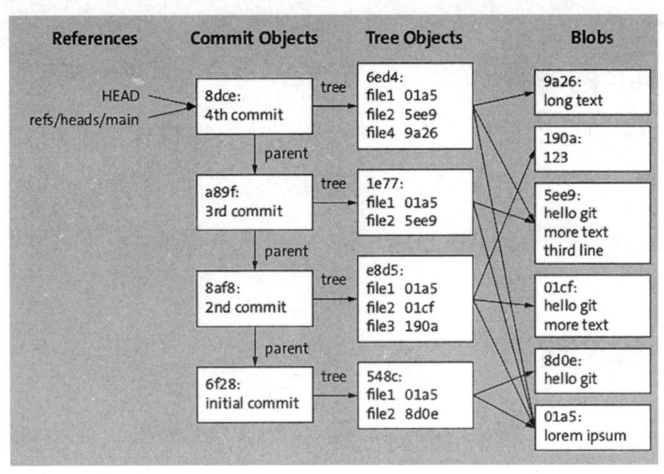

图 3.4 四次提交后的存储库内部结构,每次提交均显示哈希码的前四位

更多信息

我认为目前提供的内部细节已经足够。本书旨在帮助您理解 Git 的工作原理,但我们的目标并不是解码 Git 的所有内部数据结构,以便您进一步开发 Git。但是,本节中的描述仍然非常简略。特别是,Git 包含各种机制,以确保 Git 数据库不会占用更多的空间,并确保即使对于大型存储库,Git 也能尽可能快地工作。

3.3.4 在存储库中重命名、移动或删除文件

git mv 命令用于重命名存储库中已存在的文件，也可以使用该命令将文件移动到另一个目录。下次提交时，文件将在新位置保存。

```
git mv <oldfilename> <newfilename>
git mv <file> <into-another-directory>/
```

没有直接命令用于将文件复制到新位置。相反，应使用 cp 命令复制文件，然后通过 git add 将副本添加到存储库中。

git rm 命令用于从工作目录和存储库中删除文件。如果文件自上次提交以来已被修改，则必须传递 --force 选项。请注意，自那时以来所做的更改将无法恢复。

```
git rm <file>
```

从存储库中永久删除文件

使用 git rm 删除的文件仍保留在存储库中，以确保能够恢复旧提交及其已删除的文件。然而，有时确实需要彻底删除文件，例如，因为它占用了大量空间或包含敏感数据（如密码或密钥），11.4 节描述了所需的步骤。

3.4 提交撤销

开发者会犯错，而 Git 则能纠正错误。本节将提供一些示例，说明如何在提交上下文中撤销不想要的操作。但请小心，听起来相似的命令 git reset、git revert、git restore 和 git checkout 可能与其名称所暗示的效果大相径庭。

3.4.1 不永久保存更改（git reset）

假设已通过 git add 将文件添加到暂存区，但现在不想在下次提交中包含该文件。git reset 会将文件从暂存区中移除，而不会更改项目目录中的文件：

```
git reset <file>
```

如果从提交中排除项目目录中的所有文件，则必须不带任何其他参数运行 git reset。

3.4.2 恢复自上次提交以来的更改（git restore）

自上次提交以来，我们可能对项目版本控制下的文件进行了不利的更改，如果希望将文件恢复到上次提交时的状态，则可以使用 git restore 恢复文件的状态，该命令会覆盖自那时以来的更改，无需任何询问且无法撤销。

```
git restore <file>
```

要恢复项目目录中的所有文件，须将“.”传递给 git restore 作为当前目录的占位符（与 git reset 不同，“.”是绝对必要的）。

```
git restore .
```

请注意，git restore 自 Git 2.23 版本（自 2019 年 8 月起）起可用。如果使用的是较旧版本的 Git（通过 git --version 检查），请考虑升级。或者，可以运行 git checkout -- <file>，在两个连字符前后至少留一个空格。

暂存

git restore 的另一种替代方案是 git stash。此命令也将文件恢复到原始状态。但同时，最后一次所做的更改会被缓存在一个单独的区域中，以便稍后恢复。

3.4.3 查看旧版本的文件（git show）

如果查看文件早期的状态，git show 可以帮到我们。这里需要传递提交的哈希码、标签或以固定点为基准的相对表示法来指定所需的修订版本。

```
git show HEAD~3:<file>          (third-last commit)
```

对提交的引用

例如，HEAD~3 表示倒数第三个提交。或者，您可以指定分支或标签的名称来引用相应的提交。我们将在第 3.12 节中解释此选项和其他许多语法变体。

如果您想在指定修订版本的同时指定文件名，语法可能不一致。对于许多命令（包括 git show），您需要使用冒号将修订版本规范和文件名分开。然而，对于其他一些命令（包括 git checkout、git restore 和 git diff，见以下示例），您需要将文件名作为单独的参数传递。

3.4.4 查看与旧版本的更改对比（git diff）

如果只想查看自某个旧版本以来的更改，而不是查看整个文件的旧状态。只需使用 git diff。以下命令显示当前状态与上一次提交之间的更改：

```
git diff HEAD~ <file>              (previous commit)
```

请注意，此命令将修订版本和文件名作为单独的参数传递。同时，还可以查看倒数第三个提交与最后一次提交之间的差异。以下命令会忽略自上次提交以来的更改：

```
git diff HEAD~3 HEAD <file>
```

3.4.5 将文件恢复到旧版本（git restore）

一旦通过 git show 或 git diff 找到了所需的文件版本，就可以使用 –s 选项将其恢复到旧状态：

```
git restore -s HEAD   <file>   (last commit)
git restore -s HEAD~  <file>   (second to last commit)
git restore -s HEAD~2 <file>   (third to last commit)
```

如前所述，`git restore` 命令自 2019 年 8 月（Git 版本 2.23）起可用。在 Git 的旧版本中，应使用 `git checkout` 命令，但必须在修订版本和文件名之间包含两个连字符（--），并确保连字符与文件名之间至少有一个空格。请注意，每个命令的语法都略有不同，这在 git checkout 命令中尤为明显，因为它承载了多种功能。

```
git checkout HEAD   -- <file>   (last commit)
git checkout HEAD~  -- <file>   (second to last commit)
git checkout HEAD~2 -- <file>   (third to last commit)
```

如果不想用旧版本覆盖现有文件，而是想将旧版本保存在另一个文件中，可以使用之前提到的 git show 命令，并将输出重定向到一个新文件。具体做法如下：

```
git show HEAD:<file>    > <otherfile>  (last commit)
git show HEAD~:<file>    > <otherfile>  (second to last
commit)
git show HEAD~2:<file>  > <otherfile>  (third to last commit)
```

3.4.6 撤销最近的提交（git revert）

撤销最近提交的最“正确”方法是使用 git revert HEAD 命令。此命令将上一次提交中保存的更改“反向”应用于当前更改，从而恢复到之前的状态，并执行另一次提交。执行命令时，会启动一个编辑器，这时必须在其中指定提交消息。在 git log 中，所发生的情况将变得一目了然，我们会看到一条新的提交记录，该记录表示对上一次提交的撤销。

```
git commit -a -m 'stupid commit'
  [main 9d97e6d] stupid commit

git revert HEAD
  [main 521d732] Revert "stupid commit"

git log --oneline -n 3
  521d732  (HEAD -> main) Revert "stupid commit"
  9d97e6d  stupid commit
  98760f1  add function xy
```

请注意，git revert 不会从 Git 历史记录中删除任何提交，而是通过添加一个新的提交来“撤销”之前的更改。这使得 Git 历史记录保持线性和干净，同时保留了所有更改的记录。如果想要从 Git 历史记录中完全删除提交（例如，如果它们包含敏感信息或错误），需要使用 git reset 或 git rebase 命令，但这将改变历史记录，并可能需要强制推送更改到远程存储库。在使用这些命令时，请务必小心。

```
git revert HEAD
  error: Your local changes to the following files
  would be overwritten by merge: ...
  Aborting

git commit -a -m 'more stupid changes'
  [main f8c18ab] more stupid changes

git revert HEAD HEAD~
```

git revert 现在分两步撤销提交 f8c18ab 和 9d97e6d。因此，必须指定两条新的提交消息。

更一般地说，git revert 可以撤销任何提交，而不仅仅是最近的提交。例如，可以使用 git revert HEAD~2 仅撤销倒数第三个提交所做的更改，将保留最近和倒数第二个提交的更改。

最后，可以将一组完整的提交传递给 git revert。以下命令撤销最后三个提交：

```
git revert HEAD~2^..HEAD
```

在此上下文中，“..”是范围的语法。HEAD~2 表示倒数第三个提交，而尾随的“^”指的是它的前驱（父提交）。由于 Git 范围语法中起始点是排他的，即起始点不被考虑在内，因此这种表示法是必要的。或者，git revert HEAD~3..HEAD 也能达到同样的效果。

当撤销较大的提交范围时，为每次单独的撤销操作指定提交消息可能会很繁琐。在这方面，git revert --no-commit 或 git revert -n 可以提供帮助。这些命令将所有撤销操作组合在一起但不提交它们。因此，随后必须手动执行提交命令：

```
git revert -n HEAD~2^..HEAD
git commit -m 'revert last three commits at once'
```

3.4.7 撤销最近的提交（git reset）

假设要撤销的提交仅在本地进行（尚未使用 git push 上传到外部存储库），那么还有第二种方法可用：即可以使用 git reset 命令回退到之前的提交。严格来说，此命令将 HEAD 指针设置在一个旧的提交上。此后发生的所有更改似乎都不再存在。这些提交，包括所有更改，目前仍保留在 Git 数据库中。然而，垃圾收集器或 git gc 命令迟早会删除这些松散的对象。

git reset 过程很方便，但在透明度方面不如 git revert。git reset 实际上是在重写提交的历史记录。这种历史记录的重写不仅在政治层面上令人不悦，而且在 Git 社区中也被视为问题所在。

最佳做法是在使用 git revert 之前先查看日志：

```
git log --oneline

  bfd78ca (HEAD -> main) stupid 3
  38de270 stupid 2
  1c9048f stupid 1
  4d37367 final tests for feature xy
  ...
```

然后，将所需提交的哈希码传递给 git reset --hard 命令：

```
git reset --hard 4d37367
  HEAD is now at 4d37367 final tests for feature xy
```

--hard 选项意味着 git reset 不仅会回退到指定的提交，还会覆盖自那次提交以来所做的所有更改（在本例中，即 bfd78ca 提交之后所做的更改）。如果使用的是 --soft 选项，则这些更改会保留下来。

```
git log --oneline
  4d37367 final tests for feature xy
  ...
```

尽管 bfd78ca、38de270 和 1c9048f 提交不再通过 git log 显示，但它们仍将

继续存在于 Git 存储库中。由于不存在对它们的引用，它们迟早会被删除。在此之前，可以使用另一个 git reset 命令将 HEAD 指针移回那些提交。如果手头没有提交编号，git reflog 将提供帮助。reflog 记录了所有最近更改当前分支头的操作。除了提交和撤销操作外，重置操作也会被记录。

3.4.8 临时切换到旧提交（git checkout）

git reset 和 git revert 都旨在永久性地回退到先前的提交。而 git checkout 允许临时执行此操作。假设初始情况与之前相同：

```
git log --oneline
  bfd78ca (HEAD -> main) stupid 3
  38de270 stupid 2
  1c9048f stupid 1
  4d37367 final tests for feature xy
  ...
```

git checkout 允许将指定的提交检出到工作目录中。然后，可以查看这些文件在该提交时的状态。但是，检出操作有一些副作用，该命令也会对此发出警告：

```
git checkout 4d37367
  Note: switching to '4d37367'.

  You are in 'detached HEAD' state. You can look around, make
  experimental changes and commit them, and you can discard
  any commits you make in this state without impacting any
  branches by switching back to a branch.
  If you want to create a new branch to retain commits you
  create, you may do so (now or later) by using -c with the
  switch command. Example:

    git switch -c <new-branch-name>

  Or undo this operation with:

    git switch -
```

```
HEAD is now at 4d37367 final tests for feature xy
```

简而言之，这条消息意味着 HEAD 指向了目标提交，但不再与之前的分支相连（因此称为“分离”）。现在有以下两条路径可选。

- 可以从当前状态开始进行修改和进一步提交，此时会创建一个新分支，该分支暂时无名（匿名）。checkout 命令建议（如果必要）使用 git switch –c <newbranch> 命令永久创建并命名此分支。此命令仅在 Git 2.23 版本或更高版本中可用。对于旧版本的 Git，需要通过 git checkout –b <newbranch> 命令创建分支。
- 可以使用 git switch – 或 git checkout <oldbranch> 命令返回到最后一个活动分支。

只有了解 Git 如何处理分支，才能真正理解分离 HEAD。通常，HEAD 指向分支的顶部（例如，指向 heads/main 或 heads/develop）。通过 git checkout <branch>，可以在分支之间切换，严格来说是在分支的头部之间切换。然而，git checkout <commitrev> 并不切换到现有分支的头部，而是形成一个新的无名分支。

图 3.5 展示了本书刚刚描述的撤销、重置和检出操作。在所有三种情况下，起点都是主分支中的提交序列 A、B、C 和 D，目标是返回到 B。

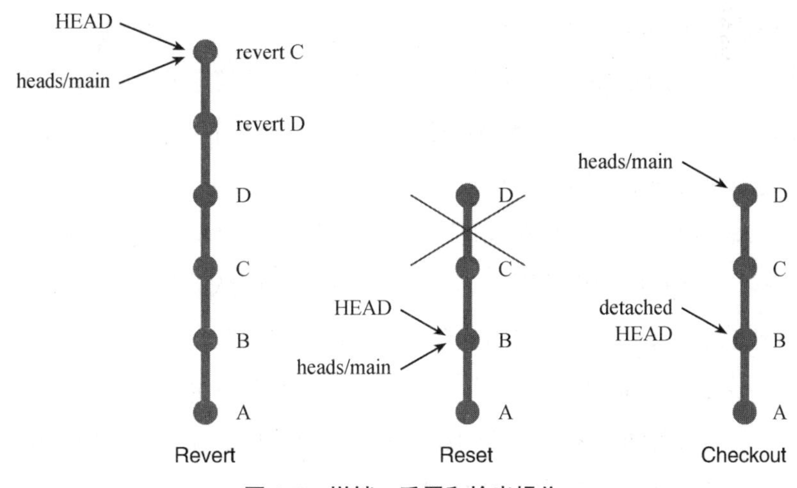

图 3.5 撤销、重置和检出操作

正确解读提交图

图 3.5 展示了本书中的首个提交图。本书使用此类图来可视化 Git 的提交和分支。最重要的规则是当前状态向上表示，而非向下。尽管这种表示法与常见的从左到右、从上到下的顺序相悖，但它与广泛使用的 git log 命令以及 Git 环境中的无数可视化工具（如 gitk）保持一致。

3.4.9 更改提交消息

考虑以下问题：发现提交消息中存在拼写错误，并希望进行更正。

```
git commit --amend

git log --oneline -n 2
  0af7157 (HEAD -> main) important bugfixes
  98760f1  add feature xy
```

在后台，git commit --amend 命令会回退到倒数第二个提交，然后，重新应用最后一个提交中的更改，但这次会附带一个新的提交消息。此过程会生成一个新的提交对象，该对象具有新的哈希码，这意味着已经重写了历史记录。由于提交对象由哈希码保护，因此直接修改提交消息是不可能的，这也是为什么需要创建新提交的原因。

如果已经使用 git push 将错误的提交推送到了外部存储库，则应避免使用 git commit --amend。如果仍然决定使用此命令，则在下一次使用 git push 上传修改后的提交历史记录时，必须指定 --force 选项。

git push --force 是一个极其危险的操作，因为它会覆盖其他团队成员已提交但尚未在本地存储库中的更改。此外，如果其他团队成员已经下载了该原始（错误）提交，那么他们下次执行 git pull 时将会遇到错误。随后，其他开发人员将不得不运行 git fetch 和 git rebase，以在他们的机器上恢复您指定的相同提交序列。在运行此命令之前，请确保联系某人以帮助您在本地撤销操作。

简而言之，在编写提交消息时请三思。Git 不提供后续更改功能，且只能通过产生许多不希望的副作用来实现。我们将在第 11.4 节中在不同上下文中更详细地描述重写历史记录可能带来的后果。

3.5 分支

Git 旨在以极低的开销管理分支。无论是创建新分支、与其他分支合并，还是从一个分支切换到另一个分支，对于小型存储库而言，这些操作只需几分之一秒的时间，而对于大型存储库，也仅需几秒钟。

高速度和分支处理的直观性是 Git 的重要发展目标。林纳斯·托瓦兹（Linus Torvalds）希望创建一个工具，使分支的使用尽可能方便高效，并真正鼓励人们使用分支。

分支的使用方式多种多样。当团队中的多名成员共同开发一个项目时，开发人员通常会设置自己的分支。例如，员工 A 在 new_feature_x 分支上工作，而员工 B 在 other_feature_y 分支上工作。这种方法的优势在于，后续对代码所做的更改的上下文将更加清晰。

这种方法并非强制性的。Git 还允许多个贡献者在同一个分支的各自存储库中工作。例如，开发人员 A、B 和 C 都可以使用 develop 分支来编程新功能。之后，通过 git pull 和 git push 命令合并各自执行的提交。在此上下文中发生的合并过程在 Git 内部是相同的，无论在此期间是否涉及多个分支。

工作流程

我们将在第 8 章中介绍在不同条件下团队使用分支的各种技术。目前，本节将重点解释其底层机制和命令。

3.5.1 使用分支

假设已经将程序开发到了一定阶段（提交 B），可以以下方式提交更改：

```
git commit -a -m 'A: basic functions working'
...
git commit -a -m 'B: updated documentation'
```

程序可以正常运行，并且已经通过提交保存了最后所做的更改。现在要做两件事：首先，保留正在工作的代码，并在必要时进行微小更正；其次，开发一个新功能，但不确定是否真的可行（实验性代码）。

为此，请使用以下命令来创建一个新分支并激活它：

```
git branch new_feature
git checkout new_feature
```

一个等效但输入较少的命令是使用带有 -b 选项的 git checkout，该选项将创建新分支并立即切换到它：

```
git checkout -b new_feature
```

现在，可以在 new_feature 分支上开展工作，包括修改文件、添加新文件、测试代码，并偶尔进行提交：

```
git commit -a -m 'C: first tests for new feature working'
...
git commit -a -m 'D: fixed some bugs'
```

如果客户要求对程序的稳定版本进行一项小的扩展。使用 checkout 命令，可以从功能分支切换回主分支：

```
git checkout main
```

进行更改并提交，然后将新的（稳定）代码提供给客户，如下所示：

```
git commit -a -m 'E: minor update'
```

在另一次检出操作后，可以在功能分支上继续工作，如下所示：

```
git checkout new_feature
..
git commit -a -m 'F: fixed even more bugs for new feature'
```

在提交前设置新分支已足够

新功能的复杂性有时在初期并不明确。例如，假设从当前分支（如 main）开始并进行了首次更改。一小时后，可能意识到新功能将耗费数小时甚至数天的时间。在这种情况下，最好在一个分支中完成此工作，但可能忘记最初创建分支。

对于 Git 来说，这种遗漏不是问题。只要尚未提交，即可设置新分支（git checkout -b <newbranch>），已进行的更改将自动应用于新分支。

“git checkout”与“git switch”

git checkout 命令执行多种任务：

- 更改活动分支（git checkout <branch>）。
- 将文件从旧提交传输到项目目录（git checkout <revision> -- <file>）。
- 将提交的所有文件传输到项目目录，此时 HEAD 指向由修订表示的提交，而非分支的末尾，导致分离的 HEAD 情况（git checkout <revision>）。

为了使 Git 更易于使用，Git 2.23 版本引入了 git switch 和 git restore 命令，作为 git checkout 命令部分功能的用户友好替代方案。因此，在当前的 Git 版本中，也可以使用 git switch <branch> 来切换活动分支。然而，本书仍采用 git checkout <branch>。一方面，文档指出 git switch 仍处于实验阶段；另一方面，git checkout <branch> 已成为 Git 用户群体的常用操作，并广泛出现在在线教程中。

3.5.2 分支间切换时的问题

git checkout <branch> 允许在项目中的分支之间进行切换。要查看存在的分支及当前活动分支，须不带参数地运行 git branch。

在检出时，所有受 Git 控制的文件都将被替换为各自分支最后一次提交时有效的版本。不受版本控制的文件不会受到影响。

若 Git 检测到项目目录中的文件自上次提交以来已被修改，并且在两个受影响分支的最后一次提交中具有不同内容，则会出现问题。此时，检出操作将覆盖这些更改，导致数据丢失。

```
git checkout <branch>
  error: Your local changes to the following files would
  be overwritten by checkout: file1
  Please commit your changes or stash them before you switch
  branches. Aborting.
```

处理这种情况有多种方式，如下所列。

- 提交：最简单的解决方案是在检出前进行提交，从而保存对当前分支所做的最后更改。
- 暂存：如果更改尚未完成，或者由于其他原因不想提交，可以将文件缓存在暂存区域（见第 3.7 节）。之后，通常在返回到当前有效的分支后，可以重新应用缓存的更改。
- 覆盖：最激进的解决方案是直接覆盖已实现的更改。为此，必须使用带有 --force 选项的 git checkout 命令。请注意，此命令无法撤销，且更改将丢失。

3.5.3　确定“main”为新存储库的默认名称

自 2020 年起，GitHub 和 GitLab 将“main”作为新存储库的默认名称。自 Git 2.28 版本（2020 年 7 月）起，可以通过以下方式为 git 命令指定所需的默认名称：

```
git config --global init.defaultBranch main
```

3.5.4　将“master”重命名为“main”

对于现有仓库，如果它是一个完全本地化的仓库且未与外部仓库连接，则可以轻松地从 master 切换到 main。以下示例中，第一个命令将 master 设置为当前分支，第二个命令则重命名该分支，如下所示：

```
git checkout master
git branch -m main
```

当本地仓库与外部仓库（如 GitHub 或 GitLab）相连时，情况会变得更加复杂。第 3.8 节将提供更多详细信息，但将 master/main 主题集中在同一节中似乎更有意义。关键点是，分支名称的更改必须在本地和外部仓库中同时进行。

- GitHub

如果仓库位于 GitHub 上，最简单的方法是访问网页界面中的“Branches”页面，点击 master 分支旁边的“Edit”按钮，并将其重命名为 main。然后，在本地进行名称更改，并将本地 main 分支连接到 GitHub 的 main 分支，如下所示：

```
git checkout master
git branch -m main
git fetch origin
git branch -u origin/main main
git remote set-head origin -a
```

- GitLab

截至当前，GitLab 的网页界面不提供直接重命名分支的功能。因此，需从本地操作开始，将 master 分支重命名为 main，然后将新分支推送至 GitLab 仓库，并通过 push –u 命令同时更新 .git/config 中的远程配置。

```
git checkout master
git branch -m main
git push -u origin main
```

但是由此，GitLab 上会出现两个分支（master 和 main），造成混淆。因此，应首先前往“Settings · Respository · Default Branch”，将 main 设置为默认分支。随后，在“Respository · Branches”下删除不再需要的 master 分支。

改名非强制性

随着仓库使用者的增多，更改默认分支名称将变得愈发耗时。既使，main 已成为新仓库的标准，也无人可强迫我们更改已沿用多年的仓库名称。

3.5.5 内部机制

在后台，分支是 .git/refs/heads 目录下的一个小文件，文件名与分支名相对应，该文本文件包含分支最后一次提交的哈希码。简而言之，Git 中的分支是指向提交的指针。仅需设置一个 41 字节的文本文件即可创建一个分支，若 Git 未来采用不同的哈希方法，分支文件可能会稍长一些。

检出操作（checkout）仅将相应分支的最后一次提交复制到工作目录中（请回忆之前讲到的 Git 中的提交并不保存更改，每个提交都是项目的完整快照）。同时，检出过程会更改微小的 .git/HEAD 文件，该文件现在包含当前有效分支的名称，例如从 refs/heads/main 更改为 refs/heads/new_feature。

这一极其简单的系统也存在一些缺点：在 Git 仓库中，除了 .git/refs/heads 文件外，不存在提交与分支之间的映射。尽管每个提交都存在指向各自父提交的引用，但无法事后确定这些提交是在哪个分支上创建的。

Git 中的分支管理也对删除操作产生影响，若使用 git branch -d 删除一个从未与仍活跃的分支相连的分支（即该分支在开发过程中成为死胡同且不再继续），则该分支下的所有提交将暂时保留，但下一次执行垃圾收集（git gc）时，若其他提交或分支文件未引用这些提交，则它们将被删除。

简而言之，Git 的分支系统对活跃分支而言效果极佳。若我们对历史进程感兴趣，Git 往往提供的信息有限，因为相关数据已不存在；仅提交及其元数据保留，告诉我们谁何时提交了文件，但无法得知在哪个分支或为了哪个分支。

3.6 合并

如前所述，处理彼此分离的分支相当简单。当合并分支时，情况就变得有趣起来，例如，将分支 A 中的更改应用到分支 B。为此，必须通过 git merge 启动合并过程。

3.6.1 合并分支（git merge）

我们将使用 3.5 节的示例作为以下命令的起点。此时，我们有一个包含程序稳定版本的主分支（main）和一个用于开发新功能的 new_feature 分支。新功能计划已实施成功，或许一切运行得比预期还要好，因此，现在想将新功能转移到主分支。

要将功能合并到主分支，必须切换到该分支，然后运行 git merge <otherbranch>。

```
<otherbranch>:
git checkout main            (active branch, will be changed)
git merge new_feature        (new_feature remains unchanged)
```

后续发生的情况取决于具体情况。

- “常规”合并

在初始情况下，如图 3.6 所示，Git 尝试合并来自 new_feature 分支的提交 C 和 D，同时也合并自状态 B 以来发生在主分支上的提交 E。如果除了 C 和 D 更改的代码部分外，E 中还修改了其他代码部分，Git 可以自行处理这些更改。

所做的更改将作为提交的一部分保存，并会自动打开一个编辑器，可以在其中根据需要自定义给定的提交信息，如下所示：

```
Merge branch 'new_feature'
# Please enter a commit message to explain why this merge
# is necessary, especially if it merges an updated upstream
# into a topic branch.
#
# Lines starting with '#' will be ignored, and an empty
# message aborts the commit.
```

若需中止合并过程（包括提交），可通过清空编辑器中的提交信息来实现。相反，若要避免编辑器带来的中断，可使用 -m 选项直接指定提交信息。

Git 默认使用 vi 编辑器，这对初学者可能不够友好。若需更改默认编辑器，请参考第 2.1 节的说明。

- 快速前进合并

当基础分支（如本例中的主分支）自分支拆分以来未发生变化时，合并过程变得特殊。此时，无需执行真正的合并操作，只需将基础分支的指针指向最后一个提交即可。

- 合并冲突

更为复杂的情况是 Git 无法自动合并分支间的更改。这通常是因为两个分支对同一代码行进行了不同的修改，例如，在提交 C 中将 maxvalue=20 更改为

maxvalue=10，而在提交 E 中更改为 maxvalue=30。此外，Git 在处理二进制文件时也可能遇到自动合并失败的情况。针对合并冲突，第 3.9 节将提供多种解决方案策略。

在合并过程成功完成后，系统中将存在三个 Git 指针指向同一提交：HEAD 指针、基础分支（本例中为 main）以及新增分支（new_feature）。

新增分支依然保持有效状态。通过执行 git checkout <branch> 命令，可以重新激活该分支，并继续在该分支上进行功能开发（例如，使用 git commit –a –m 'H' 命令，如图 3.7 所示）。若有必要，未来还可以将这些更改再次合并回主分支（通过 git merge 命令）。

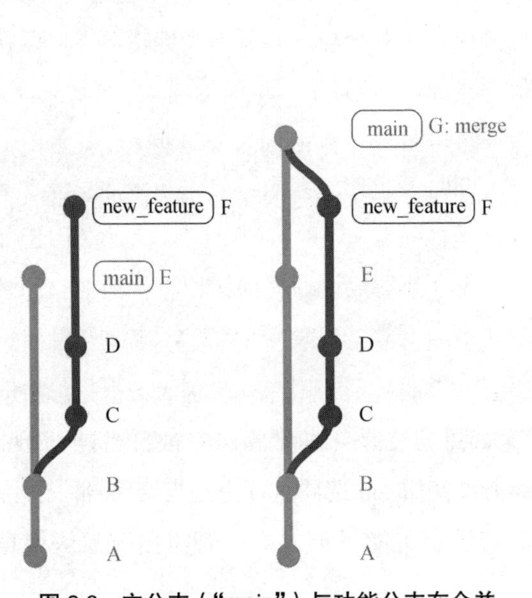

图 3.6 主分支（"main"）与功能分支在合并过程前后的并行开发

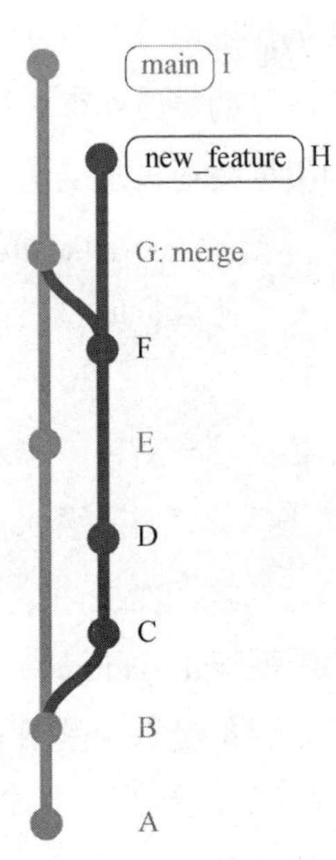

图 3.7 合并后，分支的继续使用

Git 的快速通道概念

当多个分支长时间并行使用时，这些分支可被视为开发过程中的"通道"。在此场景下，存在一个主通道和一个功能通道。根据 Git 工作流程的不同，还可以设想更多的通道，其中新功能会经过多个测试阶段，最终到达主通道并交付给客户。

但是，Git 本身缺乏直接可视化这些通道的工具。因此，市场上出现了专门的商业附加工具，如 https://gfc.io 和 https://www.gitkraken.com/git-client，以满足这一需求。

若需查看当前分支情况，可执行 git branch 命令。此命令将列出所有分支，并高亮显示当前活动的分支。通过添加 --merged 或 --no-merged 选项，可以进一步筛选输出，仅显示那些其最后一次提交已与当前分支合并（或尚未合并）的分支。

```
git branch [--merged / --no-merged]
```

当新功能开发完成后，可在执行合并操作后删除相应的分支。与其他分支合并的提交将被保留。

```
git merge -d new_feature
```

变基操作

如果频繁合并分支，git log --graph 的输出可能会变得杂乱无章，显示出许多短暂存在的微小分支，为避免这种情况，可以使用 git rebase 命令代替 git merge。关于变基操作及其优缺点，将在第 3.10 节中详细讨论。

单个文件的合并

git merge 命令默认会考虑一个提交中的所有文件，若仅需合并单个文件与另一分支的版本，可在进行一些准备工作后使用 git merge-file 命令。

3.6.2 主分支合并或功能分支合并

在之前的例子中，新功能需被整合到主分支中。若仅个人工作，此方式直接明了，但是在实际操作中，通常多个开发者会在不同分支上并行开发同一项目的不同功能。若每位开发者一有机会就修改主分支，结果将迅速陷入混乱。关于何时及如何将功能整合到中心主分支的决策，应由团队负责人负责。

作为团队成员，在开发新功能时，应尽可能与中心分支保持同步，应始终将主分支合并到功能分支中，即执行反向合并，如下所示：

```
git checkout new_feature     (active branch, will be changed)
git merge main               (main remains unchanged)
```

对功能分支的更改仅是为了确保未来（无论是通过合并命令还是拉取请求）与主分支的合并尽可能顺畅。

同一枚硬币的两面

无论从哪一侧开始合并过程，项目目录中的最终结果均相同，新功能分支的最后一次提交将与主分支的最后一次提交合并，合并过程从哪一侧启动并不重要！

- 若将功能分支与主分支合并（如第 3.5 节介绍性示例所示），则主分支将发生变化，而功能分支保持不变。
- 但若将主分支与功能分支合并（如本段前两行命令所示），则功能分支将发生变化，而主分支保持不变。

在任何情况下，合并之后均可继续使用这两个分支。因此，合并过程不会“关闭”任何分支。若不再需要某个分支，必须显式使用 git branch -d 命令删除它。

3.6.3 快速前进合并

假设在提交 B 之后创建了名为 new_feature 的新分支，并在该新分支上执行了提交 C 和 D。在此期间，原始分支（在此为 main）无需进行任何更改。

现在，若切换到主分支并执行 git merge new_feature，则无需执行真正的合并过程。可简单地将主分支的指针移动到提交 D（快速前进）。HEAD 自动指向当前分支的末尾，即提交 D。同样，new_feature 也指向此提交，如图 3.8 所示。

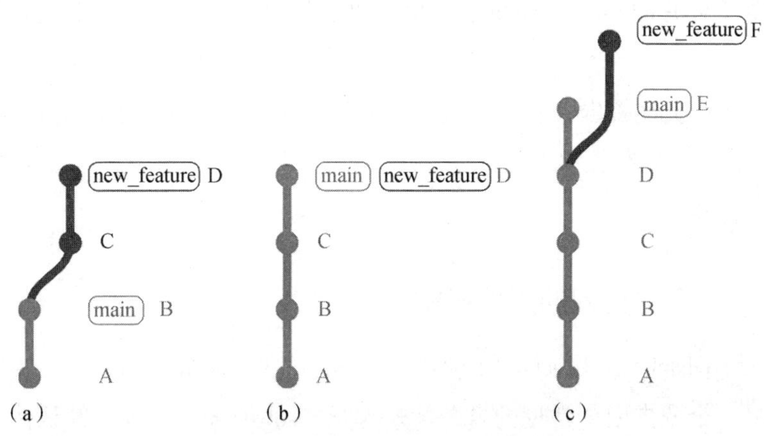

图 3.8 快速前进合并过程概览

在改变主指针时，无需对 Git 对象进行修改，因此合并过程中不会发生单独的提交。这意味着在合并时，无需输入提交信息。

快速前进合并的主要优势在于其操作的简便性和高效性，同时避免了在合并时必须指定提交信息。

但是，这种方法的一个缺点是之后可能难以追溯到提交 C 和 D 最初属于 new_feature 分支。若对此类不透明性有所顾虑，可在执行 git merge 时使用 --no-ff 选项。

值得注意的是，即使进行了快速前进合并，原有的两个分支仍会被保留。开发活动可以在两个分支上继续进行，如图 3.8（c）所示，主分支上可添加新的提交 E，new_feature 分支上可添加新的提交 F。

3.6.4 章鱼合并

当向 git merge 命令传递多个分支而非单一分支时，Git 会尝试将这些分支与当前分支合并。此过程称为“章鱼合并”，其语法为：

```
git merge branch1 branch2 branch3
```

本书并不推荐使用章鱼合并，因为即使是简单的两分支合并也可能引发诸多问题。随着涉及分支数量的增加，解决冲突和歧义的难度也会显著增加。

建议的做法是对每个分支分别执行简单的合并操作。与多个单独合并过程相比，章鱼合并的唯一优势在于（在一切顺利的情况下）只需生成一个合并提交。

尽管存在上述警告，但在实践中，章鱼合并确实有所应用。在 Linux 内核的 Git 仓库中，就存在多个章鱼合并实例，其中一个实例甚至涉及了多达 65 个分支的合并。

3.6.5 合并过程的内部机制

Git 使用不同的合并策略（或称为“方法”）来决定如何将一个分支的更改集成到另一个分支中。常见的合并策略包括 resolve、recursive（默认使用，但支持多种选项）、octopus 和 subtree。某些策略还会考虑分支分离时的具体提交点（如图 3.6 中所示的提交 B）。

通常，Git 会根据自身判断选择合适的合并策略。仅在极少数情况下，且对各种合并策略的复杂性有深入了解时，才应使用 -s <strategyname> 选项明确指定所需的合并策略。

3.6.6 Cherry-Picking

在 Git 中，Cherry-picking 机制允许开发者仅应用某个特定提交的更改，而不必立即合并整个分支。假设在 new_feature 分支上开发新功能时，客户报告了软件中的一个严重缺陷，此时，需要暂停当前工作，切换到 main 分支，并修复该缺陷，如下所示：

```
git checkout main
...
git commit -a -m 'fixed major bug xy'
  [main ad43e20] fixed major bug xy
```

在发布包含修复的新版本软件后，继续回到 new_feature 分支上工作。由于客户报告的缺陷同样存在于该分支中，但考虑到新功能尚未完成，无法直接合并到 main 分支。此外，main 分支上的某些其他更改也暂时不适用于 new_ feature 分支。

在此情境下，Cherry-picking 成为了一个理想的选择，允许开发者仅将修复缺陷的特定提交应用到 new_feature 分支，而无需合并整个 main 分支的更改，如图 3.9 所示。

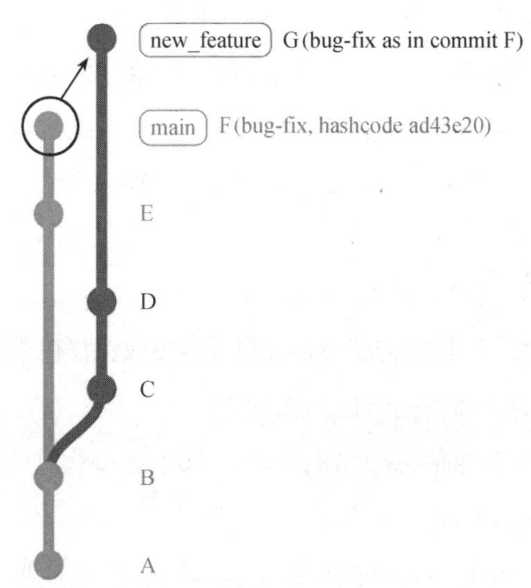

图 3.9　仅从主分支到特性分支挑选提交 F 的更改

解决此问题的方法是使用 git cherry-pick 命令。此命令将某个提交中的更改应用到当前分支，但仅应用这些更改。这一特性引人注目，因为 Git 中的提交并不存储更改，而是捕获项目的完整快照。因此，git cherry-pick 必须将目标提交与其父提交进行比较，确定所做的更改，然后应用这些更改。

```
git checkout new_feature
git cherry-pick ad43e20
```

git cherry-pick 仅当自上次提交以来工作目录中未发生更改时才能应用。通过提交哈希码指定要修复的提交的特定版本，可通过 git log 查找该哈希码（如有需要）。在执行此操作之前，应使用 git checkout 切换到原始应用修复的分支——在本例中为主分支。如果修复与特性分支中的代码发生冲突，git cherry-pick 可能会引发冲突，类似于 git merge。

3.7 暂存

使用 git stash，可以在不提交的情况下保存工作目录中的最近更改。可能会问："这有什么意义？"毕竟，只有提交才能永久保存更改。暂存在需要中断当前工作并临时切换到另一个分支以快速进行修复时非常有用。

除了 git checkout <branch> 之外，git stash 之后不能执行多种其他命令，因为 Git 检测到工作目录中有更改，并且不想覆盖这些更改。

3.7.1 缓存和恢复更改

git stash 将恢复到上次提交的状态，并将所有更改保存在暂存区域，如下所示：

```
git stash
  Saved working directory and index state WIP
  on main: bde1c92 last commit message
```

稍后，可以使用 git stash pop 恢复更改。自上次提交或检出以来，工作目录不得有任何更改。

```
git stash pop
  On branch main
  ...
  Dropped refs/stash@{0}
```

如果在 git stash 和 git stash pop 之间工作目录发生了变化，则在应用缓存的更改时可能会出现合并冲突。

3.7.2 暂存在实践中的应用

一个有效的暂存用例是在错误分支工作时，由于疏忽未执行 git checkout <otherbranch>。若编辑的文件在两个分支（当前分支与目标分支）间存在内容差异，Git 将发出警告，指出检出操作将覆盖当前更改。

此时，可通过以下步骤解决：首先，git stash 命令用于暂存当前分支的更改；然后，git checkout <otherbranch> 命令切换至正确的分支；最后，git stash pop 命令在目标分支上重新应用之前暂存的更改。整个过程可迅速完成。

再考虑另一场景：执行 git pull --rebase 操作要求自上次提交以来，项目目录中无未提交更改；然而，有时需要查看远程仓库中的最新更改，同时又不希望将最近的几处更改单独提交。在此情况下，可借助以下命令实现：

```
git stash
git pull --rebase
git stash pop
```

3.7.3 管理多项更改

可通过多次运行 git stash 命令保存多组更改。使用 git stash pop 命令时，将按相反的顺序将更改处理回工作区（即最后保存的更改将首先被应用，即后进先出原则）。随着暂存栈的增大，跟踪所有更改的难度也将增加。

如有需要，git stash list 命令将显示所有缓存的暂存列表，并包含有关执行 git stash 时当前有效提交的信息。

```
git stash list
  stash@{0}: WIP on main: bde1c92  added database connection
                                       logic
  stash@{1}: WIP on main: 78234c9 version bump
```

** 使用 git stash show -p stash@{<n>}（如需）可显示暂存的详细信息。git stash drop 命令用于删除不再需要的暂存。git stash clear 则用于删除所有暂存。

对程序内部而言，暂存是以提交的形式（但与当前分支分离）存储在仓库中的。.git/refs/stash 文件包含对这些提交对象的引用。

3.8 远程仓库

本章至此，我们一直在探讨 Git 的纯粹本地使用方式，即不访问外部（远程）仓库，这种场景虽有可能但较为罕见，因为，Git 的核心理念是与使用各自仓库的其他开发人员协作。我们想再进一步探讨网络操作中的复杂性和特殊情况之前，先解释 Git 的本地基本操作。

与许多其他版本控制程序不同，Git 在设计时就考虑到了去中心化组织的需求。开发人员 Anna 可以通过 Git 直接与开发人员 Ben 进行通信，而 Ben 也可以与程序员 Clara 进行通信。因此，这三个人都可以将自己的机器配置为 Git 服务器。在适当的访问权限或 SSH 密钥的支持下，任何人都可以与他人共享提交并合并分支等。

尽管这个概念很强大，但大多数开发人员发现配置自己的 Git 服务器（尽管工作量不大）仍然困难。对于团队协作而言，一个所有团队成员都可以访问的中央管理服务器要方便得多。

GitHub 是首批认识到这一潜在市场的公司之一，并因此开发了一个 Web 界面，以免费和商业两种方式提供相应服务。微软对这一概念非常感兴趣，以至于在 2018 年愿意斥资 75 亿美元收购 GitHub。

3.8.1 初始化工作

让我们简要总结将本地仓库连接到远程仓库的两种最常见方法。

- 如果远程仓库已存在，可以克隆它。git clone 负责设置 .git/config 文件，以便后续 git pull 和 git push 操作无需任何额外参数即可工作。以下命令适用于使用 SSH 密钥的 GitHub，但类似命令适用于任何其他 Git 平台。当然，也可以使用 HTTPS 而不是 SSH 进行身份验证。有关此主题的更多详细信息，请参阅第 2.4 节。

```
git clone git@github.com:<account>/<reponame>.git
cd <reponame>
```

- 如果项目首先是在本地启动的，但稍后应转移到最初为空的远程仓库，则可以使用以下命令。

```
mkdir <reponame>
cd <reponame>
git init
...
git commit -a -m 'commit message'
git remote add origin git@github.com:<account>/<reponame>.git
git push -u
```

```
...
Branch 'main' set up to track remote branch 'main'
from 'origin'.
```

在此情况下，git remote add origin 将远程仓库 origin 添加到本地仓库。git push –u 将该仓库设置为默认仓库。

根据所使用的远程仓库，git push –u 将显示一个链接到 Git 平台上的页面，我们可以在该页面上发起拉取请求（GitHub）或合并请求（GitLab），您也可以在稍后直接在外部仓库的 Web 界面中发起请求。

在以下部分中，我们假设开发人员 Anna 和开发人员 Ben 能够在各自的机器上访问外部仓库。两者都已通过 git clone 新近下载了当前仓库，或通过 git pull 进行了更新。远程仓库以及 Anna 和 Ben 的仓库均处于同一级别。

为简化起见，我们假设他们也避免使用分支。因此，Anna 和 Ben 都在主分支上工作。

3.8.2 推送与拉取

Anna 和 Ben 克隆远程仓库后，都开始编辑代码中的不同细节。在一天中，Anna 提交了 A1，而 Ben 提交了 B1 和 B2。目前，这些提交仅存在于他们各自的本地仓库中。下午，Anna 决定结束一天的工作，并在第二次提交后将更改上传到远程仓库，如下所示：

```
A$ git commit -a -m 'A2'
A$ git push
```

Ben 工作得更久一些，进行了最后一次提交，然后也尝试上传更改，如下所示：

```
B$ git commit -a -m 'B3'
B$ git push
  ! [rejected]        main -> main (fetch first)
  error: failed to push some refs to ...
  Updates were rejected because the remote contains work that
  you do not have locally. This is usually caused by another
  repository  pushing to the same ref. You may want to first
```

```
    integrate the remote changes (e.g., 'git pull ...') before
    pushing again. See the 'Note about fast-forwards' in
    'git push --help' for details.
```

该过程失败了。错误消息虽然冗长，但确实准确说明了问题的原因：git push 仅允许在远程仓库中执行快速合并（fast-forward merge）。而这种快速合并只有在 git push 仅包含增量更改时才可能实现。因此，在允许 git push 之前，必须先将 Ben 的仓库更新到远程仓库的状态（git pull）。一个好习惯是总是在 git push 之前运行 git pull。

git pull 会下载远程仓库中可用的提交，并将代码与 Ben 的更改合并。在运行 git pull 时，会打开一个编辑器，允许 Ben 修改合并过程的提交信息。通常，他会简单地接受给定的文本并退出编辑器。如果一切顺利，合并过程可以毫无问题地执行。然而，有时会发生冲突，这时需要由 Ben 解决，Ben 的提交序列如图 3.10 所示。

```
B$ git pull
  From .../<reponame>
  1268f76..2018bcd  main -> origin/main
  ...
B$ git push
```

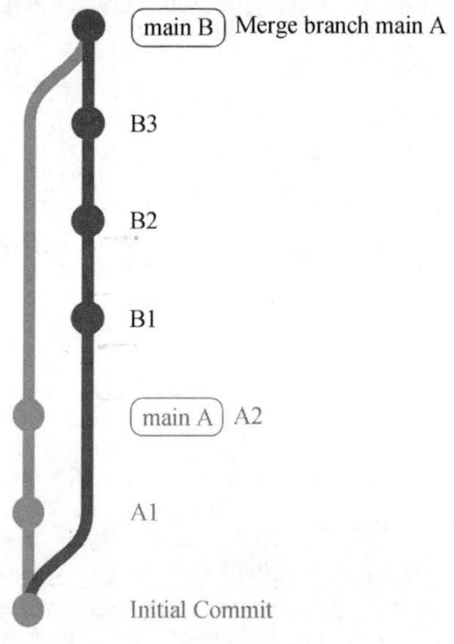

图 3.10　Ben 的提交序列

变基（Rebasing）

当多人在共同分支上工作时，git pull 合并过程会频繁发生，这不仅令人烦恼，还会导致混乱的提交序列。在此情境下，解决方案是使用 git pull --rebase。

第二天早上，Anna 以 git pull 开始一天的工作，这意味着要将她的本地仓库更新到最新状态。除非另一位开发人员已进行了更改，否则此步骤仅影响来自 Ben 的昨天的合并提交。该提交可以作为快速合并（fast-forward merge）执行。

```
A$ git pull
  From .../<reponame>
  2018bcd..c0d793e  main -> origin/main
  Fast-forward ...
```

Ben 也首先运行了 git pull。由于自晚上使用以来没有人上传任何更改，因此仅显示消息“Already up to date”，如下所示：

```
B$ git pull
  Already up to date.
```

现在，所有三个仓库都包含相同的提交，且这三个仓库的 HEAD 也都指向这个提交。

3.8.3 远程分支

很少有多个开发者直接写入主分支的情况，但也存在例外，例如，我在一个 Git 仓库中管理这本书的手稿文件，相关作者都直接使用了主分支，由于我们事先分配好了章节和节，所以在工作中几乎从未出现过冲突，因此我们无需使用分支。

对于软件项目，更合适的方法是使用一个共同的开发分支，该分支的提交在经过全面测试后才转移到主分支，或者为每个新功能使用单独的分支。

例如，Anna 开始在新功能（feature1）上工作，如下所示：

```
A$ git checkout -b feature1
```

```
A$ ...
A$ git commit -a -m 'A1'
A$ ...
A$ git commit -a -m 'A2'
A$ ...
A$ git commit -a -m 'A3'
```

一个简单的 git push 已不起作用，如下所示：

```
A$ git push
  fatal: The current branch feature1 has no upstream branch.
  To push the current branch and set the remote as upstream,
  use: ...
```

Git 命令报错，指出远程仓库中不存在 feature1。因此，首次使用 --set-upstream 选项（可简写为 -u）时，必须明确指定远程仓库也应包含 feature1。

此步骤会在 .git/config 文件中添加三行配置，如下所示：

```
# new in .git/config file
...
[branch "feature1"]
    remote = origin
    merge = refs/heads/feature1
```

自此之后，Anna 可直接使用 git push 将新的提交上传至远程仓库。

私有分支

重要的是要认识到，没有人强制要求分支与远程仓库同步。若未对某分支执行 git push 操作，也未将这些提交与其他（公共）分支合并，则这些提交将保留在本地仓库中。这种情况下，分支被视为私有，这在尝试新事物时尤为有用。

值得注意的是，与远程仓库相关联的自动备份功能在这种情况下不再适用。通常，执行 git commit 和 git push 后，工作成果会在 Git 服务器上备份。随后，当其他团队成员执行 git pull 时，这些代码也会同步到他们的机器上。类似地，若笔记本电脑遗失，虽然会遭受经济损失，但工作成果至少可以恢复。不过，这一保障不适用于私有分支。

当 Ben 下次执行 git pull 时，命令将下载所有新提交，并提示远程仓库中存在一个新分支，如下所示：

```
B$ git pull
  ...
  [new branch]        feature1    -> origin/feature1
```

然而，Ben 目前对此分支不感兴趣，相反，他为自己创建了新的 feature2 分支，如下所示：

```
B$ git checkout -b feature2
B$ ...
B$ git commit -a -m 'B1'
B$ ...
B$ git commit -a -m 'B2'
B$ git push --set-upstream origin feature2
```

假设 Anna 向 Ben 发送电子邮件，请求他测试功能 1 的代码。Ben 切换到 feature1 分支（由于之前执行了 git pull，提交已存在），他发现并修复了一个小错误，然后提交并推送了更改，如图 3.10 所示。

```
B$ git pull
B$ git checkout feature1
   Switched to a new branch 'feature1'
   Branch 'feature1' set up to track remote branch 'feature1'
   from 'origin'.
B$ ...
B$ git commit -a -m 'B3, bugfix for feature1'
B$ git push
```

对所有分支执行拉取，仅对活动分支执行推送

git pull 基本上下载所有新的提交，但仅对当前活动的分支执行合并过程。如果之后切换到另一个分支，Git 会建议再次运行 git pull。通过这一步，Git 会检查远程仓库中是否存在额外的提交，并启动待处理的合并过程。在幕后，git pull 实际上是按顺序执行两个命令的组合：git fetch 下载新的提交，而 git merge 为当前提交启动合并过程。

另一方面，git push 总是仅考虑活动分支。因此，如果你在主分支（main）、

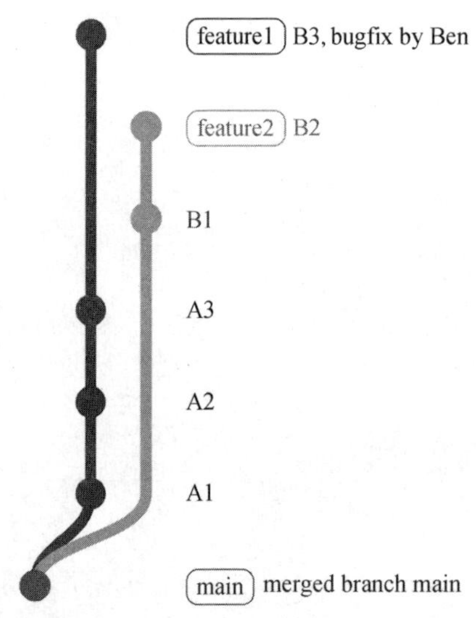

图 3.11　使用特性分支

feature1 和 feature7 上都进行了提交，但当前活动分支是主分支，那么 git push 只会将主分支的提交传输到远程仓库。因此，你必须对每个保存了更改的分支显式运行 git push。或者，使用 git push --all origin 可以达到相同的目的。

3.8.4　内部细节

在 Git 术语中，任何被推送到或从远程仓库拉取的分支随后都被视为跟踪分支（有时更准确地称为远程跟踪分支），因此，Git 会跟踪这些分支在本地和远程仓库中的状态。.git/refs 目录包含指向最新提交（本地和外部）的指针，如下所示：

```
tree .git/refs/

  .git/refs/
     heads
        feature1
        feature2
        main
     remotes
        origin
            feature1
```

```
            feature2
            HEAD
            main
```

git branch -vv 命令（即使用两次 -v 或 --verbose 选项）会列出本地分支、与之关联的跟踪分支（在方括号中显示），以及每个分支的最新提交信息。这个命令对于了解当前分支的状态、它们与远程分支的同步情况以及最近的更改非常有用。

```
A$ ...  (more changes to feature1)
A$ git commit -a -m 'A5'
A$ git branch -vv
   * feature1 3f47639 [origin/feature1: ahead 1] A5
     feature2 e25c407 [origin/feature3]           B1
     main     c0d793e [origin/main]               Merge branch ...
```

执行 git status 命令时，系统会检查提交是否同步，如果不同步，则会提示用户执行 git push 或 git pull。

```
A$ git status
      On branch feature1
      Your branch is ahead of 'origin/feature1' by 1 commit.
      (use "git push" to publish your local commits)
A$ git push
```

请注意，git status 仅考虑本地数据，并不“查询”远程仓库。在这方面，“跟踪”这一术语有些误导性。为了确定自上次执行 git pull 命令以来远程仓库中是否发生了更改，必须在执行 git status 之前显式运行 git fetch 或 git remote update（在功能上，这两个命令大致相同）。在以下示例中，我们可以在 Ben 的机器上运行 git status，该机器认为 feature1 分支是最新的，但在执行 git fetch 后，会发现该分支并非最新。

```
B$ git status
   On branch feature1
   Your branch is up to date with 'origin/feature1'.
B$ git fetch
   ...
B$ git status
```

```
Your branch is behind 'origin/feature1' by 1 commit, and can
be fast-forwarded. (use git pull to update your local branch)
```

请记住，git status 仅查看当前活动的本地分支。要确定其他分支的情况，必须先切换到不同的分支。

3.8.5 多个远程仓库

在 Git 中，通常假设存在一个名为 origin 的远程仓库，但 Git 也支持配置多个远程仓库。通过 git remote add 命令，可以轻松地向配置中添加另一个远程仓库。以下示例中，假设第一个远程仓库（origin）位于 GitHub 上，若欲将项目同时托管在 GitLab 上（例如，因 GitLab 具有 GitHub 所不具备的功能，或考虑平台迁移），则可在配置中添加 GitLab 作为第二个远程仓库。添加时，请避免使用 origin 作为远程名称（因其已被占用），而应指定另一名称（如示例中的 gitlab）。

git push 命令默认将更改推送到配置的默认远程仓库（即 origin），若欲将所有分支推送到新添加的 GitLab 仓库，可执行以下语句：

```
git remote add gitlab git@gitlab.com:<accout>/<repo>.git
git push gitlab --all
```

若同时指定 -u 或 --set-upstream 选项，Git 将尝试将新仓库设置为推送分支的默认上游仓库，但在此场景下，若不希望将 GitLab 仓库设为默认，可省略 -u 选项。

之后，提交新更改并执行 git push 时，Git 将默认推送到 origin 远程仓库。若需显式地将更改推送到 GitLab 仓库，则需在 git push 命令中明确指定仓库名称，如下所示：

```
git push          ('normal' push to origin)
git push gitlab   (explicit push to gitlab)
```

.git/config 文件负责记录项目中配置的远程仓库信息，包括它们的名称、URL 以及各分支默认使用的远程仓库，从而指导 Git 在执行推送或拉取操作时与正确的远程仓库进行交互。

```
# in .git/config
...
[remote "origin"]
    url = git@github.com:<account>/<repo>.git
    fetch = +refs/heads/*:refs/remotes/origin/*
[remote "gitlab"]
    url = git@gitlab.com:<account>/<repo>.git
    fetch = +refs/heads/*:refs/remotes/gitlab/*
[branch "main]
    remote = origin
    merge = refs/heads/main
[branch "feature1"]
    remote = origin
    merge = refs/heads/feature1
[branch "feature2"]
    remote = origin
    merge = refs/heads/feature2
```

基本上，可以为不同分支使用不同的默认仓库。如有需要，甚至可以为推送和拉取操作配置不同的默认设置。

3.8.6 工作流程

假设多个团队成员有权在共享仓库中执行推送操作，这种访问权限要求所有相关人员保持高度自律。每个团队成员不仅可以更改自己的分支，还可以更改主分支。若不慎操作，可能会引发灾难性后果，或至少导致大量混乱和不满。

因此，所有团队成员应就谁可以使用哪些分支达成一致。或者，可以设置 Git，以便只有选定的开发人员拥有对主仓库的写入权限。开发团队的其余成员必须使用他们自己的仓库，并只能以拉取请求的形式提交新功能。我们将在第 8 章中介绍这些工作流程和其他工作技术。

3.9 解决合并冲突

Git 用户的噩梦莫过于收到“合并失败”的消息，此时，Git 无法独立合并两个提交，因此必须自行分析和解决问题。这种情况往往在最不合适的时刻发生，比如你即将离开办公室，想在最后一次提交后快速进行拉取 / 推送操作，以将工作保存在远程仓库中。

顾名思义，合并冲突是由合并过程触发的。由于 Git 也将合并代码应用于其他命令，因此合并冲突可能发生在各种命令中，如 git pull、git stash pop 或 git rebase，这三个是“最常见”的候选命令。

在本节中，我们将解释合并冲突发生的原因，并提供解决它们的建议。同时，我们还将指出一个更大的问题，即有时 Git 并未发现冲突，并顺利执行了合并操作，但下一次测试时，代码无法工作，所有开发人员互相指责。当代码的两个独立部分被修改后不再兼容时，就可能出现此类问题。

频繁合并过程减少冲突

对于 Git 而言，无论是在两个分支中各执行数十次提交后再进行合并，还是每两到三次提交就定期发起合并，都没有区别。在每种情况下，Git 都只会比较两个分支的最新提交和共同基础（即两个分支的第一个父提交）。

然而，如果确实发生了冲突，受影响的文件或代码位置越少，代码越新，解决问题就越容易。开发人员可以立即了解更改的原因，并更快地确定哪个更改是正确的。

因此，除非有其他原因不这么做，否则应定期运行 git merge 或 git pull。

3.9.1　代码中的冲突

合并冲突最常见的原因是不同分支或不同开发人员对同一代码进行了更改。假设在源文件（code.py）中存在以下语句：

```
# original code (main)
maxvalue = 20
```

开发者 Anna 以如下方式更改了该行：

```
# in the branch of Anna (branch1)
maxvalue = 30
```

同时，Ben 发现更小的 maxvalue 也足够用，可以节省内存，因此编写了以下代码：

```
# in the branch of Ben (branch2)
maxvalue = 10
```

从 branch2 开始合并 branch1 的尝试失败，因为 Git 无法确定这两个更改中哪一个更好或“更正确”。

```
git checkout branch2
git merge branch1
  Auto-merging code.py
  CONFLICT (content): Merge conflict in code.py
  Automatic merge failed; fix conflicts and then commit
  the result.
```

首先，需要明确项目目录的当前状态。Git 已经修改了那些可以无问题地进行更改的文件，并将它们标记为待提交状态。存在冲突的文件也已被修改，但现在它们包含了带有特殊标记的代码的两个版本。

```
git status
  On branch branch2
  You have unmerged paths.
    (fix conflicts and run "git commit")
    (use "git merge --abort" to abort the merge)

  Unmerged paths:
    (use "git add <file>..." to mark resolution)
    both modified:    code.py
```

Git 期望用户通过编辑器编辑 code.py 文件，手动解决冲突，然后将其标记为待提交，并最终执行提交操作。在编辑器中，相关代码段将包含以下形式的冲突标记：

```
<<<<<<< HEAD
maxvalue = 10
```

```
=======
maxvalue = 30
>>>>>>> branch1
```

在此情况下，第一个变体（位于 <<< 和 === 之间）通常代表当前分支（或在拉取合并冲突时为本地代码）的代码，而 === 和 >>> 之间则跟随的是外部分支（或在拉取时来自远程仓库）的代码。根据编辑器的不同，这两个版本的代码可能会以不同颜色高亮显示，并可能提供快速选择其中一个变体的功能。

接下来，需要删除冲突标记，并决定采用哪个代码变体。通常，还应在代码中留下注释，说明代码的来源或修改原因，如下所示：

```
# maxvalue set as proposed by Anna
# (merge conflict Jan 2022)
maxvalue = 30
```

将修改后的文件添加到提交列表中，并执行提交操作，以完成合并过程，如下所示：

```
git add code.py
git commit -m 'merge branch1 into branch2'
```

在实际操作中，较大的合并过程可能涉及多个文件和代码段，因此解决所有冲突可能会相当繁琐。

3.9.2 合并工具

对于复杂的合并冲突，可以使用合并工具来辅助解决。这些工具能够同时显示冲突文件的多个版本，让用户更容易做出选择。例如，使用 git mergetool 命令并指定一个合并工具（如 meld），如下所示：

```
git mergetool --tool meld
  Merging: f2settings.py

  Normal merge conflict for 'f2settings.py':
    {local}: modified file
    {remote}: modified file
```

```
git commit
```

git mergetool 将启动指定的外部程序（本例中为 meld），该程序将冲突文件的三个版本（本地版本、远程版本和共同基础版本）并列显示，帮助用户更直观地解决冲突。解决完冲突后，需要执行 git commit 命令来完成合并过程，如图 3.12 所示。

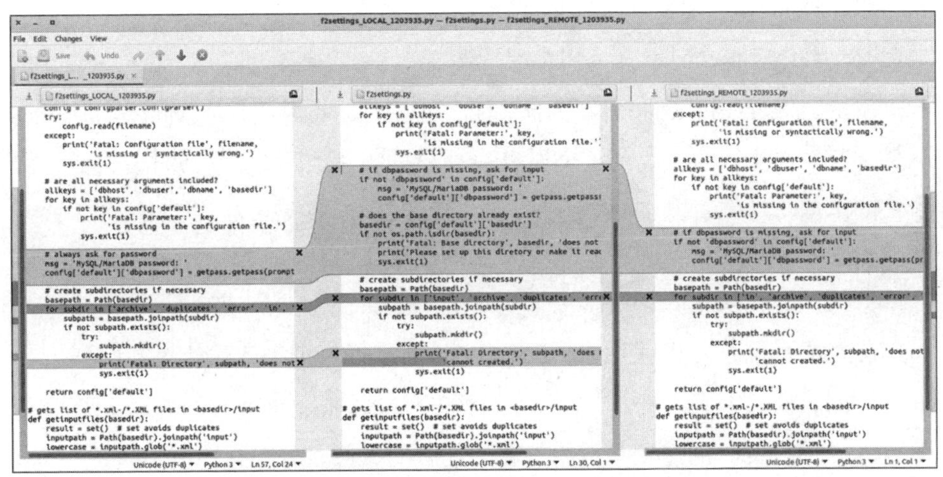

图 3.12 “meld”合并工具与 PHP 文件的三个变体

某些合并工具不显示父版本。每种工具的操作也各不相同。目标是修改文件的本地版本，以确保包含正确的更改；之后，可以保存文件并退出程序，最后，必须使用 git commit 命令完成合并过程。

git mergetool 要求事先安装合适的外部工具。运行 git mergetool --tool-help 命令时，会显示哪些工具相关以及哪些已安装。meld 有很好的用户体验，可以从项目网站下载 Windows 版本，在许多发行版（例如 Ubuntu）上，可以使用`apt install meld 轻松安装 Linux 版本，macOS 虽未获得官方支持，但包管理系统 brew、Fink 和 MacPorts 中包含相应的包。在 Windows 上，TortoiseGit 的 tortoisemerge` 命令也是一个不错的选择。

git mergetool 旨在尽可能方便地帮助解决合并冲突。但我们需要事先声明，各种合并工具的操作并不简单，需要实践。在简单情况下，通常不使用显式合并工具也能更快地达到目标。

3.9.3 二进制文件冲突

对于文本文件，Git 可以确定文件两个或三个版本之间的差异。但这种比较不适用于二进制文件（即图像、Word 文档、PDF、ZIP 文件等）。因为如果二进制文件在两个分支中的内容不同，Git 无法判断哪个是“更好”的文件，因此就无法将一个二进制文件的部分内容集成到另一个文件中，所以二进制文件只能整体考虑。

```
git checkout branch1
git merge branch2
    warning: Cannot merge binary files: image.png
    (HEAD vs. branch1)
    CONFLICT (content): Merge conflict in image.png
    Automatic merge failed; fix conflicts and then commit
    the result.
```

在此情况下，可以使用 git checkout 明确选择当前 / 自有分支的版本（--ours，即 branch1）或另一 / 外来分支的版本（--theirs，即 branch2）。双连字符用于将 git checkout 的选项和引用与紧随其后的文件名分隔开。

使用 git commit -a 可以完成提交，其中 -a 选项是必需的，以确保通过 git checkout 修改的文件被包含在内。这里故意未指定 -m 选项，因为该选项会启动编辑器（如 git merge 的常规操作），以便可以更改合并过程的默认提交信息。

```
git checkout --ours -- image.png      (use 'own' version)
git commit -a                          (perform commit)
git checkout --theirs -- image.png    (use 'foreign' version)
git commit -a                          (perform commit)
```

变基中“Ours”和“Theirs”的相反含义

在变基过程中发生合并冲突时（见第 3.10 节），checkout 选项 --ours 和 --theirs 的含义是相反的。

这种看似荒谬的行为源于变基过程中以外来提交为基础，并据此调整自有提交的事实。因此，合并过程以相反的方向进行。

3.9.4 合并中止和撤销

已开始但因冲突而中断的合并过程，可以通过以下命令轻松取消：

```
git merge --abort
```

此时，项目将恢复到合并过程开始前的状态。如果合并冲突是在 git pull 过程中发生的，则新提交已下载，即 git fetch 已完成，只有与拉取操作相关的合并过程仍待处理。当然，git merge --abort 并不能解决所有问题，但可以减少问题。

如果取消合并已为时过晚，可以使用 git reset 回退到合并过程之前的最后一个提交。为此，需将最后一个提交的哈希码传递给命令。通常，可以使用 HEAD~ 代替哈希码，此表示法指代当前提交的前一个提交。

```
git reset --hard <lasthash> resp. HEAD~
```

空格问题

默认情况下，Git 在比较代码文件时也会考虑空格（即空白字符和制表符）。如果两位开发者在代码缩进的最佳实践上存在分歧，可能会导致显著的合并问题。

一方面，可以通过实施明确的规则（例如“不得修改他人文件的缩进！”）来解决此问题；另一方面，可以使用命令 git merge -X ignore-all-space，该命令允许 Git 在比较代码文件时忽略空格和制表符（man git-diff 文档提供了其他空格选项）。

3.9.5 与内容相关的合并冲突

代码中的语法错误通常比逻辑错误更容易修复，后者虽然语法正确但返回错误结果。Git 合并时也类似，如果 Git 报告了冲突，通常可以通过少量实践或与其他成员协商后迅速解决。更令人烦恼的是，当 Git 未检测到冲突，但合并后代码不再正常工作的情况，这怎么可能发生？

设想 Ben 在文件 B 中编写了函数 myfunc，并在几处调用了它。他发现函数的设计不理想，于是改变了前两个参数的顺序，并添加了一个可选的第三个参数；然后，他相应地调整了代码中调用 myfunc 的地方；通过快速搜索，他确认目前没有其他人在使用他的函数，即不会因此出现问题。提交、拉取 / 推送，工作结束。

同日，Anna 也对代码进行了修改。早上拉取更新后，她发现了 myfunc 并用它极大地简化了文件 A 中的代码，此时，myfunc 仍处于原始状态。她也在当天结束时提交了更改，进行了拉取和推送。Git 没有识别出任何问题。Ben 只修改了文件 B，Anna 只修改了 A，代码可以毫无困难地合并。

次日，两位团队成员都遭遇了挫折，在首次尝试运行程序时（使用的是现在双方文件 A 和 B 的最新版本），就出现了错误。

在描述的场景中，更正是微不足道的，更糟糕的是，当错误不那么明显，只在特定情况下罕见出现，并且一个月后才被发现，或者当代码中两个看似无关的更改相互作用引发安全问题时。

如何避免此类问题？只有通过一致地使用自动化（单元）测试。因为 Git 在合并过程中应用的是形式规则，但它完全“不理解”所储存的代码。

3.9.6 合并文件

.git/HEAD 文件包含对当前分支头文件的引用，在因冲突而失败的合并过程中，.git 目录包含了一组带有状态信息的其他文件。

- MERGE_HEAD 包含要合并的分支的哈希码。在章鱼式合并中，该文件包含所有分支的哈希码。
- 通常，MERGE_MODE 是空的，只有在运行 git merge --no-ff 时，该文件才会包含适当的信息。
- MERGE_MSG 包含预期的提交消息（COMMIT_EDITMSG 文件也包含上次提交消息的文本，与合并过程无关）。
- ORIG_HEAD 包含活动分支的哈希码。

一旦完成或取消提交，合并文件将再次消失（ORIG_HEAD 会被保留）。

3.10 变基

当多人在同一个分支上工作时，提交序列经常被合并过程打断。使用 git log --oneline --graph 命令查看时，会显示一种结构，其中来自一个开发者的短暂提交分支不断出现和消失。类似的结构也会在开发人员短时间创建自己的开发分支并定期将其连接到主分支时出现。基本上，这种不断变化并非结构性问题，而是表面上的美观问题。Git 不介意这些短暂的分叉，但对于人类而言，跟踪如此复杂的提交序列并将重要提交与不重要的提交区分开来可能相当困难。

git rebase 命令可以在这些情况下提供帮助。git rebase 可以作为 git merge 的替代，或者以 git pull --rebase 的形式与拉取操作结合使用。在这种情况下，执行的是 git rebase 而不是拉取过程中所需的 git merge。

> **注意**
>
> 如果提交已经上传，切勿使用 git rebase 来修改公共分支（即与远程仓库同步的分支）的提交历史。主分支在这方面是完全禁止的。如果不慎使用变基，将迅速使自己在团队中不受欢迎。

3.10.1 示例

考虑以下场景：我们的 develop 分支通过远程仓库由多名开发者共享，现在开始处理一个新特性，并为此创建一个私有的特性分支；然后，执行 F1 和 F2 共两次提交；与此同时，develop 分支上发生了更改，提交了 D1 和 D2，如图 3.13（a）所示。

新功能将在遥远的未来被整合到开发分支中。虽然尚未完成开发，但为了尽可能接近开发分支并因此避免未来的合并问题，应将开发分支中的最新更改转移到特性分支。为此，有以下两个选项。

使用以下命令：

```
git checkout feature      (feature will be extended)
git merge develop         (develop remains unchanged)
```

现在，如图 3.13（b）所示，提交 D1 和 D2 与初始场景的分支合并。在此过程中，会在初始场景的特性分支中添加一个合并提交。或者，使用以下命令：

```
git checkout feature      (feature will be rebuilt + extended)
git rebase develop        (develop remains unchanged)
```

在这种情况下，我们假设提交 D1 和 D2 已经存在于初始场景的特性分支中。Git 会将提交（F1 和 F2）变基，使它们看起来像是在 D2 之后做出的更改，如图 3.13（c）所示。这种方法具有不需要单独的合并提交，因此使提交序列看起来"更整洁"的优势。

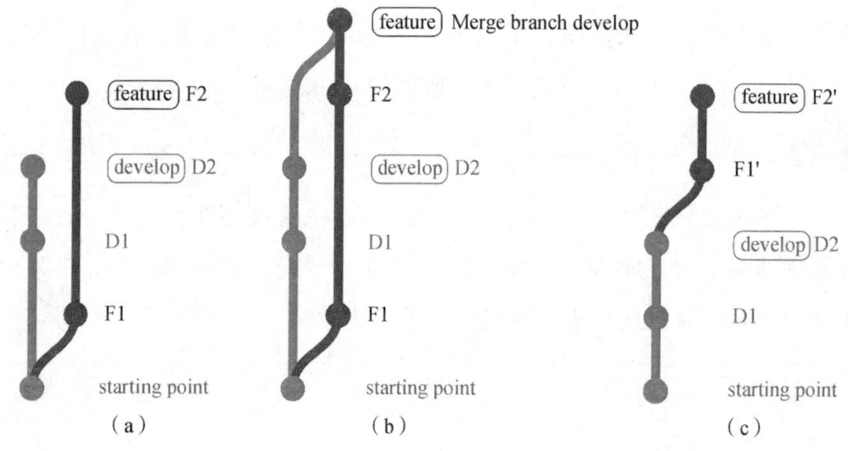

图 3.13　初始场景，合并后的特性分支，以及变基后的特性分支

无论运行 git merge 还是 git rebase，两个分支都保持可用以进行进一步的提交。

3.10.2　概念

作为一般规则，每个 Git 提交都是不可变的。在事实发生后更改提交并非初衷，并且由于与每个提交关联哈希码，这实际上也是不可能的；但是，没有人可以阻止基于现有提交创建新提交（具有新的哈希码），然后忘记旧提交，这正是变基过程中发生的事情。

在变基过程中，Git 会获取 D1 和 D2 提交并假装它们是特性分支的一部分，这在技术上不是问题，因为提交本身没有变化。在特性分支中，F1 和 F2 现在将首先被撤销，然后创建两个新提交（F1' 和 F2'）来重新打包 F1 和 F2 的原始更改，但看起来这些更改是基于提交 D2 做出的。

因此，F1' 和 F2' 是完全新的提交。尽管元数据（即提交消息、时间和作者）是从原始提交中获取的，但文件的状态不同，当然哈希码也不同。由于提交消息保持不变，在 git log 中并不显明 F1 和 F2 已更改，只有检查哈希码才能清楚地看到变化。如图 3.13 所示，我们在提交名称后添加了“ ' ”字符以便清晰区分。

变基方法的优点是无需合并提交，只需执行一个快速前向合并，无需自己的提交即可。

3.10.3 变基期间的合并冲突

如果 Git 在重建过程中发现任何冲突，我们就必须手动解决它们（请参阅第 3.9 节），将更改保存在提交中，然后使用 git rebase --continue 继续变基过程。

在解决冲突时，请注意 --ours 和 --theirs 检出选项的效果与普通合并过程中相反。在我们的示例中，--ours 将表示开发分支，而 --theirs 将表示我们自己的特性分支。这一事实违背了所有人的逻辑，但可以通过我们概述的变基工作方式得到合理解释，其中自己的提交被重建为新的提交，以匹配“外部”分支的现有提交。在内部，合并过程以相反的方向发生。

3.10.4 副作用

变基（rebase）后，commit log --graph 的结果将看起来更加整洁，但是有两个副作用需要注意。

F1' 和 F2' 这样的提交从未以这种形式存在过。Git 变基创建了组合了来自不同提交数据的人工提交。Git 在这方面相当聪明，但有时事情会出错。在某个时刻，作为 F1' 提交的开发者可能需要解释为什么在 F1' 中存在一个原本在 F1 中根本不存在的错误。是否还能引用原始的 F1 提交尚不清楚。在运行 git rebase 时，该提交暂时被保留。但是，由于没有任何分支再引用该提交，原始提交迟早会成为垃圾收集的目标。

每个提交都存储了作者日期和提交日期两个时间戳，通常情况下，这两个时间戳是相同的。在变基时，新创建的提交的提交日期会被更新为当前日期，而作者日期保持不变。除非使用 --author-date-order 选项，否则 git log 通常考虑提交日期。我们将在 4.1 节中介绍排序提交的这一话题及其他微妙之处。

3.10.5 变基的拉取（Pull）

变基最常见的用途可能是与 git pull 结合使用。额外的 --rebase 选项确保不会发生合并过程，而是通过 git rebase 将提交适配到新的上游提交，如下所示：

```
git pull --rebase
```

二进制文件冲突

如果在带变基的拉取过程中遇到二进制文件冲突，并且您想使用 git checkout --ours 或 --theirs 来修复它，前面提到的这些选项的反转也将适用。--ours 表示远程仓库的提交，而 --theirs 表示您自己的提交。

除了 --rebase，我们还可以向 git pull 传递 --ff-only 选项。只有当更改可以直接导入时（即，如果快速前进合并是可能的，而不需要显式合并提交），此拉取操作才会发生。

从 Git 版本 2.27（自 2020 年中期以来可用）开始，git pull 每次执行命令时都会显示一个警告，除非明确指定了所需的拉取行为。我们可以通过指定 --ff-only（快速前进或错误）、--no-rebase（快速前进或合并提交）或 --rebase 选项之一来避免此警告，或者，可以在配置中通过以下任一命令使所需行为永久化。

```
git config [--global] pull.ff only          (FF or error)
git config [--global] pull.rebase false     (FF or merge)
git config [--global] pull.rebase true      (always rebasing)
```

当多个开发者在公共分支上工作且彼此高度信任时，特别推荐将变基作为默认行为。相应地，Visual Studio Code (VS Code) 编辑器也提供了类似选项。在

“Settings”中搜索“git rebase”，然后启用“Git: Rebase when Sync”选项。现在，每次单击“Sync”按钮时，都将执行带变基的拉取。

3.10.6 特殊变基情况和撤销

运行 git rebase -i <other> 而不是 git rebase <other> 可进入编辑器，其中总结了要执行的操作；然后，可以修改命令，例如设置新提交的提交消息（编辑）或将两个旧提交合并为一个新提交（压缩），其中一个好的做法是首先在测试项目中尝试此过程。

可以使用 git rebase <hash> 从特定点开始变基。哈希码必须指向变基过程应开始的第一个提交之前的提交。如前所述，不要对已推送到共享仓库的提交应用 git rebase。

git rebase --onto <newbase> <other> 命令将 other 分支转移到远离主分支的新位置。在 Stack Overflow 上可以找到使用此选项的示例。

若需撤销变基操作，只需使用最后一次原始提交的哈希码运行 git reset --hard <hash>（在之前的示例中，我们将使用提交 F2 的哈希码），可以通过 git reflog 确定哈希码。

3.10.7 合并提交

若主要关注点是保持提交历史的整洁，可以考虑使用 git merge --squash <other>; git commit 替代 git rebase <other>。在此上下文中，other 分支的所有提交将被合并成一个新的大型提交，该提交被视为一个“普通”提交，其唯一父提交是活动分支的前一个提交。但是，与合并提交不同，它不会引用 other 分支的任何父提交。最终，不会执行变基操作，因此 other 的原始提交保持不变。

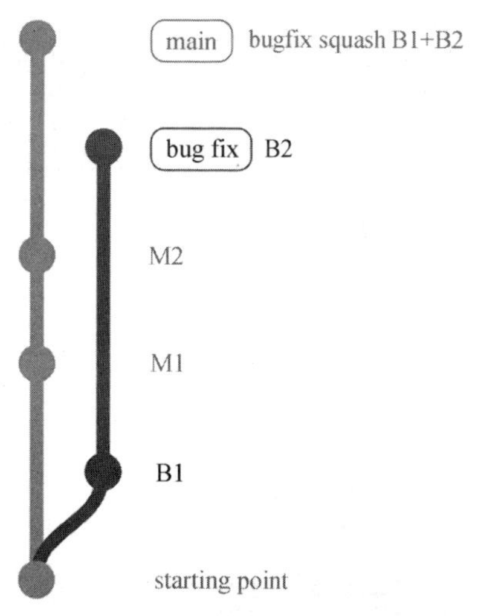

图 3.14 通过合并提交将修复分支的 B1 和 B2 提交转移到主分支

如图 3.14 所示，我们有一个主分支和一个修复分支，两个提交 B1 和 B2 通过以下命令被合并到主分支中。

```
git checkout main
git merge --squash bugfix
```

git merge --squash 命令在处理由多个提交组成的修复时非常有用，可以将它们合并到开发或主分支中，而只创建一个提交，但是，合并提交的缺点是主分支历史中会丢失修复提交的细节。提交序列本身并不会显示合并过程的存在。

3.11 标签

默认情况下，可通过哈希码访问提交和其他 Git 对象，例如，命令 git show 991f2 显示哈希码以 991f2 开头的对象的详细信息（如果多个对象的哈希码以相同的 5 个十六进制字符开头，Git 会提示该代码不唯一，此时您只需指定 6 或 7 位数字）。

尽管哈希码具有诸多优势，但这种寻址方式并不好。因此，Git 提供了为特别重要的提交打标签（字面意思是“标记”）的选项，此功能常用于标记产品达到某个版本号的提交。

```
git commit -m 'final work for version 1.0 done'
git tag v1.0
```

标签名不能包含空格，对各种特殊字符也有限制（参见 man git-check-ref-format）。

3.11.1 列出标签

使用标签时，可以通过 git tag 或等效的 git tag --list 命令列出所有标签。以下示例由于使用了 tail 命令，因此仅显示最后五个标签。

```
git tag | tail 5
  v0.8
  v0.9.beta
```

```
v0.9.rc1
v0.9.rc2
v1.0
```

正确排序标签

git tag 默认按字母顺序返回标签。由于是按字符逐一比较，因此 v0.12 会排在 v0.7 之前。如果希望版本号标签能自动以正确顺序显示，则需要设计适当的术语。例如，如果预计会有超过 10 个版本号，可以为版本号提供两位数（v0.01, v0.02 等）。

还可以使用 git tag --sort=xxx 根据各种标准对标签进行排序，例如通过提交日期 --sort=committerdate，但每次都需要指定此选项可能会相当繁琐。

通常，还需要在标签列表中显示提交日期。这里有两个选项，一个选项是将 --format 选项传递给 git tag -l。%09 对应制表符，--format 的语法由 git-for-each-ref 文档说明。

```
git tag -l --format='%(committerdate) %09 %(refname)' | tail -5
  Wed Mar 10 10:45:46 2021     refs/tags/iprot_v3.7.5
  Tue May 18 21:00:40 2021     refs/tags/iprot_v3.8.0
  Tue May 18 22:25:46 2021     refs/tags/iprot_v3.8.1
  Mon Jun 28 15:03:05 2021     refs/tags/iprot_v3.8.2
  Sun Dec 5  10:16:02 2021     refs/tags/iprot_v3.9.0
```

另一种变体是使用 git log，通过 --simplify-by-decoration 排除所有没有标签或其他附加信息的提交，然后，使用 --pretty 选项（请参阅 git-log 的手册页以了解其语法）进行格式化。头部过滤器将筛选出最近的五个提交，如下所示：

```
git log --simplify-by-decoration --pretty='format:%ai %d' | \
                                                      head -5
  2022-01-21 07:51:21  (HEAD -> main)
  2022-01-11 10:50:36  (origin/main, origin/develop)
  2021-12-20 08:31:17  (develop)
```

```
2021-12-05 10:16:02  (tag: iprot_v3.9.0)
2021-06-28 15:03:05  (tag: iprot_v3.8.2)
```

3.11.2 轻量级标签与带注释标签

Git 使用两种类型的标签。

- 使用 git tag <tagname> 命令可以创建一个轻量级标签，它是对当前活动分支上最后一次提交的引用。在内部，这类标签以 .git/refs/tags 目录下的小文本文件形式存储为引用，每个文件的名称与标签文本相对应。文件内容包含提交的哈希码。
- git tag –a <tagname> 命令创建带注释标签。除了标签文本外，此标签还存储了各种附加信息（如标签的创建时间和创建者）。此外，可以通过 –m 选项存储第二个详细消息文本（如果使用 –m，则可以省略 –a）。

在 Git 内部，带注释标签是单独的对象。.git/refs/tags/<tagname> 然后引用标签对象而不是提交。标签对象包含日期、时间、标签消息和对当前有效提交的引用。

应该何时使用每种类型的标签呢？这个选择完全取决于带注释标签的附加数据是否重要。不要被“轻量级”这一称谓误导！即使使用带注释标签，管理开销也极小，无需担心使用带注释标签时会损失效率。

支持使用带注释标签的一个论点是如果使用带有 ––follow–tags 选项的 git push，带注释标签将自动与提交一起提交到远程仓库，但是，轻量级标签需要单独的命令来同步。

3.11.3 同步标签

Git 将标签视为私有信息。因此，不带选项的 git push 会将提交推送到远程仓库，但不会推送标签。要将标签上传到远程仓库，有以下三个选项。

- git push origin <tagname> 仅传输指定的标签。该命令适用于轻量级和带注释标签。我们必须指定 origin 或另一个远程标识符，否则 Git 会将标签名称解释为远程标识符。
- git push ––tags 传输活动分支的所有标签。此命令也考虑轻量级和带注释标签，但其不会传输提交。要同时推送提交和标签，还需要两个命令：git push 和 git push --tags。

- git push --follow-tags 将提交和关联的标签一起提交到远程仓库。虽然这种方法似乎是同时提交和标记的理想方式，但该选项仅考虑带注释标签，而不考虑轻量级标签。

通过 git config --global push.followTags true 可以将此选项设置为 git push 的默认行为（仅限制于带注释标签）。

标签与发布

一旦标签被提交到 Git 平台的仓库，它们也将在平台上显示。但请注意，一些平台区分标签和发布。发布不是 Git 术语，而是平台特有的方式，用于标记您项目的特别重要版本，并在必要时使它们可供下载。

3.11.4 后续设置标签

默认情况下，git tag 适用于当前提交。但是，如果忘记了设置标签，这个遗漏也不是问题。使用提交日志来找到相关提交，并将哈希码的前几位传递给 git tag。在下面的列表中，由于空间限制，哈希码和提交消息被大大截断。

```
git log --oneline
  1409ad45... (HEAD -> main, tag: iprot_v3.6.1 ...) Merge ...
  b916b955... (origin/develop) bump version
  53ab1904... minor bugfix (PDF tuning)
  612410cd... Merge branch 'develop' into 'main'
  aa1b2195... add release-notes blog link
  99ad895c... Merge branch 'develop' into 'main'
  cf22c207... bump version
  ...

git tag 'iprot_v3.6.0' 612410cd
```

在此示例中，612410... 提交遗漏了为 3.6.0 版本设置标签，直到进行小修复创建了 3.6.1 版本的标签，该问题才被发现。

3.11.5 删除标签

执行 git tag --delete <tagname> 命令以删除本地仓库中的指定标签。若标签之前已被推送到远程仓库，它将保留在那里。若要同时删除远程仓库中的标签，需执行 git push origin --delete <tagname> 命令，必要时将 origin 替换为远程仓库的名称。

3.11.6 修改或更正标签（重新标记）

要更改本地标签的名称，需为相应提交创建一个新标签，并删除旧标签。注意注解标签的正确语法，直接指定旧标签（old）会导致新标签引用旧标签，需确保新标签指向与旧标签相同的提交。对于简单标签和注解标签，分别使用以下命令：

```
git tag <new> <old>          (for simple tags)
git tag <new> <old>^{}       (for annotated tags)
git tag --delete <old>
```

若错误的标签也已被推送到远程仓库，须通过以下命令同步更改：

```
git push origin <new>
git push origin --delete <old>
```

若其他团队成员已从远程仓库下载错误的标签（通过 git pull），则无法直接干预其本地仓库，但可以请求团队成员运行 git pull --prune --tags 命令以更新标签信息。

3.11.7 签名标签

签名标签是注解标签的特殊形式，包含验证信息以确保其他开发人员确认标签由特定人员（而非他人）创建。为进行验证，其他开发人员需获取 GNU Privacy Guard（GnuPG）公钥。因此，签名标签适用于公司使用 GnuPG 密钥且所有开发人员能够处理它们的场景。

在创建签名标签前，请确保拥有 GnuPG 密钥，使用 gpg --list-keys 命令可列出机器上的所有已知密钥。

```
gpg --list-keys
  pub   rsa3072 2021-05-07 [SC] [expires: 2023-05-07]
        351AB58F1E800FA0EFFDBD1464AAA3485BCC01AD
  uid           [ultimate] Michael Kofler
                <MichaelKofler@users.noreply.github.com>
  sub   rsa3072 2021-05-07 [E] [expires: 2023-05-07]
  ...
```

使用 gpg --gen-key 命令可以按需生成新的密钥。Git 通常会搜索 GnuPG 密钥环，寻找与 Git 电子邮件地址相匹配的密钥，也可以使用 git config 明确指定所需的密钥，如下所示：

```
git config user.signingkey 351AB58F1E800FA0EFFDBD1464AAA3485BC
C01AD
```

若要使设置不仅适用于当前项目，还适用于计算机上的所有 Git 仓库，则还需添加 --global 选项。

要创建签名标签，应使用 git tag 命令的 -s 选项而不是 -a 选项。如果密钥受到密码保护，系统会提示输入密码，如下所示：

```
git tag -s 'v2.0.0' -m 'finally: version 2.0 with feature xy'
```

签名提交

同样地，也可以对提交进行签名，只需向 git commit 命令传递额外的 -S 选项即可。

3.12 提交引用

对于某些 Git 命令，参数引用 Git 仓库中的提交或其他对象。在此上下文中，Git 的术语称为修订（revision），即 Git 仓库中对象的状态或版本。

引用特定提交或更一般地指定特定修订的最简单方法是使用对象的哈希码。如果需要，可以使用 git log --oneline 快速确定最新提交的哈希码。通常，只需命名十六进制对象的前几个字符即可，但必须至少指定 4 个字符。更常见的是指定前 7 位数字。

计算机处理哈希码比人类更容易，因此 Git 提供了许多其他选项来指向对象的特定修订。其中一种方法是标签，在上一节中已经介绍过。

在以下部分中，我们将展示引用提交的其他方法。在开始深入探讨细节之前，让我们先考虑以下几个示例。

- HEAD@{4} 表示最后一次提交之前发生四次本地操作的提交，{date} 表示法引用 reflog，操作包括拉取、推送和检出命令，以及提交。
- develop@{2 weeks ago} 表示至少两周前 develop 分支的最后状态，此表示法也引用 reflog。
- HEAD~2 表示当前提交的前一个提交。在这种情况下，评估的是提交对象的父信息，而不是 reflog。
- @^2 表示当前提交的第二个父提交（在合并过程中，一个提交可以有多个父提交），@ 是 HEAD 的简写。

建议运行 man gitrevisions 或阅读 Git 文档以获取更多变体和修订语法的特殊情况描述，但我们认为它们对日常 Git 实践不太相关。

3.12.1 参考名称

参考名称是在 .git/refs 中用于表示本地或远程分支的名称，如 main 或 refs/remote/origin/develop，此外，HEAD 也被允许用来表示当前分支的最新提交。根据上下文（例如在合并过程中），FETCH_HEAD、MERGE_HEAD、ORIG_HEAD 和 CHERRY_PICK_HEAD 也是有效的名称。单独使用 @ 字符是 HEAD 的简写。

在以下命令中，前两个命令是等价的，如果当前激活的是 main 分支，则第三个命令也是如此，如下所示：

```
git show @
git show HEAD
git show main
git show refs/heads/feature_xy
git show refs/remotes/origin/develop
```

提示

为了尝试修订语法，可以考虑向 git show 命令传递 --oneline 和 --no-patch 选项。这种方法会将提交的输出缩短为一行。为了使示例更加清晰，我们没有一直指定这些选项。

3.12.2 refname@{date} 和 refname@{n}

使用 refname@{date}，可以在引用名称中添加时间。可以使用时间来表示在相关分支中时间规格之前的第一个对象。因此，HEAD@{2 weeks ago} 是比两周更旧的最年轻（最新）的对象。如果在引用日志中没有这么旧的对象，Git 将使用最旧的可用对象并显示警告。对于相对于 HEAD 的时间规格，允许使用短记法 @{date}。

请记住，必须将包含空格的表达式用引号括起来。在 Bash 中，可以使用单引号和双引号（即 ' ' 和 " "）；在 cmd.exe 中，只能使用双引号。或者，可以使用点代替空格，如 HEAD@{2.weeks.ago}；在这种情况下，不需要引号。

```
git show HEAD@{yesterday}
git show '@{1 day ago}'                    (equivalent)
git show 'develop@{2 hours ago}'
git show 'main@{2 months 3 weeks ago}'
```

符号 refname@{n} 表示在 n 个操作之前的对象状态。请注意，使用此语法时，操作不仅包括提交，还包括 git checkout 或 git reset 命令。因此，HEAD@{2} 可能是倒数第二个提交，但也可能不是。可以使用 HEAD^ 或 HEAD~2 来获取倒数第二个提交，有关此语法变体的详细信息请参见 3.13 节。

引用日志作为前提

引用日志记录了改变本地仓库分支头部的 Git 操作（对于远程仓库，拉取和推送命令也会被记录）。可以通过 git reflog（对于 HEAD）或 git reflog --all 来显示记录在引用日志中的操作。请注意，由于空间限制，偶尔会从引用日志中删除旧条目。

> 符号 refname@{date} 和 refname@{n} 仅适用于引用日志中已知的 Git 对象。对于刚使用 git clone 下载的仓库，最初不存在引用日志。任何尝试访问旧提交（如 @{2 days ago} 或 develop@{1 week ago}）的操作都将导致错误消息。
>
> 对于标签，refname@{date} 和 refname@{n} 语法不适用（将显示 unknown revision or path 错误消息）。

3.12.3 访问旧版本

从 rev 提交开始，可以使用 rev~n 或 rev^n 以及各种语法变体来访问其前导提交。可以通过使用 @ 缩写、HEAD 关键字或之前描述的分支名称来指定修订。与引用名称不同，标签也可以用作起点。

让我们从使用波浪线字符的语法开始：

- rev~ 表示指定修订的父提交；
- rev~1 与 rev~ 等效；
- rev~2 表示祖先；
- rev~3、rev~4 等表示更早的祖先。

使用波浪线语法时，每次只能寻址第一个父提交，当提交有多个父提交时（例如，在合并过程之后），使用脱字符语法（带有 ^ 字符），让我们考虑以下示例：

- rev~ 和 rev^ 都表示修订的父提交，但 rev~ 特指第一个父提交（在合并操作中通常是当前分支）；rev^ 同样表示第一个父提交，这种用法有时会被比作生物学上的“母亲”；
- rev^1 等价于 rev^.；
- rev^2 表示第二个父提交（例如，在合并操作中，它代表被合并进来的分支）；
- rev^3, rev^4 等依次表示在合并命令中指定的同级别父提交的其他祖先。这种类比到生物学关系上会变得复杂，但是，章鱼合并（octopus merge）可以用于一次性合并多个分支。

多次使用脱字符，脱字符（^）可以被多次指定，此时遵循以下规则：

- rev^ = rev~;
- rev^^ = rev~2;
- rev^^^ = rev~3。

cmd.exe 中的问题

在 cmd.exe 中，^ 是一个特殊字符，为了正确识别此字符，必须将其重复或放在引号内。推荐使用引号方法，因为重复字符容易引起混淆。例如，在 cmd.exe 中 HEAD^^ 会被解析为 Bash 中的 HEAD^。

3.12.4 示例

图 3.15 所示的提交历史作为以下示例的起点。这些命令展示了波浪线（~）和脱字符（^）语法的使用。为了专注于哈希码，我们对 git show 的结果进行了大幅简化。在执行这些命令时，主分支处于激活状态，因此 HEAD 和 main 是等价的。

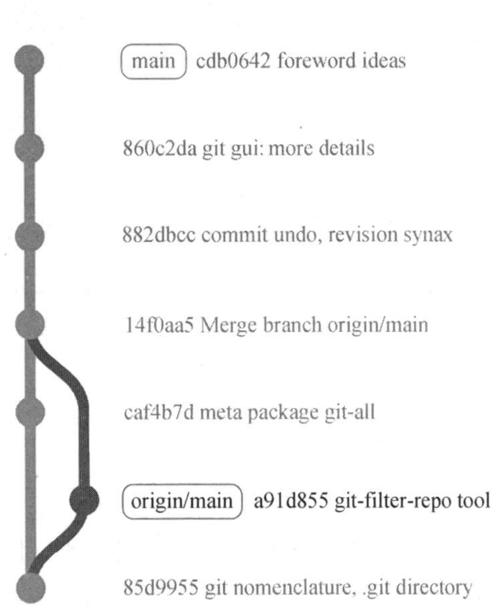

图 3.15　编写本书时创建的一些提交

```
git show HEAD
  cdb0642  foreword ideas

git show HEAD~
  860c2da  git gui: more details

git show @~          (equivalent)
  860c2da  git gui: more details
git show main~     (equivalent)
  860c2da  git gui: more details

git show @^          (equivalent, there is only one predecessor)
  860c2da  git gui: more details

git show @~2
  882dbcc  commit undo, revision syntax

git show @~3
  14f0aa5  Merge branch ...

git show 14f0aa5^     (first parent, active branch)
  caf4b7d  meta package git-all

git show 14f0aa5^2    (second parent, added branch)
  a91d855  git-filter-repo tool
```

3.12.5 文件引用

若引用指向提交或树对象，则迄今描述的所有语法形式均可通过 :< 文件 > 进行扩展。例如，git show 3cb2907:file1 显示在提交 3cb2907 时 file1 文件的状态。

3.13 Git 内部细节

本节继续 3.12 节的内容。在简要概述 Git 数据库的工作原理后，让我们深入探讨更多细节以结束本章。

3.13.1 对象包

对于大型仓库，成千上万的文件最终会存储在对象目录中，这种情况效率低下，尤其是在通过网络连接传输仓库时。因此，Git 提供了将对象合并为一个文件的选项，在此过程中还消除了冗余。生成的对象包（.pack）和相关索引文件（.idx）最终存储在 .git/objects/pack 目录中。

git gc 命令（用于垃圾回收）负责此类清理操作，可以手动调用它，但 git gc 也会不时自动运行。有关包格式的背景信息，请参阅 git pack-objects 或 git gc 命令的手册页。

从 Git 托管平台（如 GitHub 或 GitLab）克隆项目时，始终会以打包格式获取仓库。之后的提交则再次以“正常”方式存储（在格式为 .git/object/xx/yyyy 的文件中，其中 xxyyyy 共同组成哈希码）。整个对象数据库则由一个包和几个单独的文件组成。

3.13.2 SHA-1 哈希码

在 Git 中，哈希码无处不在，这些数字与校验和相似，但其内部计算方式不同。Git 中的哈希码执行两项任务，它们提供对 Git 数据库中对象的快速访问，并且可以验证对象是否已更改。

为了计算哈希码，Git 使用了相当旧的 SHA-1 算法。在安全专家眼中，该算法早已被视为过时，SHA-2 和 SHA-3 是两种可用的后继算法，因为它们的最大优势（简化而言）是几乎不可能以特定方式操纵文件以得到相同的哈希码（尽管内容不同）；SHA-1 在这方面可以受到欺骗，因此对于与安全相关的任务而言已过时。

自开发初期起，在开发者圈子中就一直争论使用 SHA-1 作为哈希算法的选择。林纳斯 · 托瓦兹（Linus Torvalds）最初认为针对 SHA-1 碰撞的利用攻击相对难以实施。2018 年，Git 开发社区决定让 Git 长期使用 SHA-2（确切地说是 SHA-256）。自 2020 年 10 月起提供了实验性实现（Git 版本 2.29）。以下命令创建了一个使用 SHA-256 代码的新 Git 仓库：

```
git init --object-format=sha256
```

在现有仓库中不能在 SHA-1 和 SHA-256 之间切换。撰写本文时，尚未设定 SHA-256 将何时默认为哈希算法的时间表。

3.13.3 .git/index 文件

对于许多 Git 初学者来说，Git 对暂存区的处理是一个谜。在 3.3 节中，我们从用户的角度描述了暂存区的概念。在内部，Git 通过 .git/index 文件记住项目目录中哪些文件处于暂存区的哪个状态。索引文件采用二进制格式，其结构记录在以下链接中查看：

- https://mincong.io/2018/04/28/git-index；
- https://stackoverflow.com/questions/4084921；
- https://github.com/git/git/blob/master/Documentation/technical/index-format.txt。

3.13.4 管理 Git 数据库的命令

本书主要聚焦于操作 Git 所需的 git 命令（如 git add、git commit 等）。大多数 Git 用户都会认可这些基础命令已经足够使用。若希望探索或评估 Git 数据库的内部细节，则需要关注那些负责底层“管道”操作的命令（即，它们为所有其他命令提供基础）。

本书篇幅有限，无法详细阐述管道命令或提供完整参考，但以下几点可作为起点。

- git cat-file <hashcode>：显示由哈希码指定的 Git 对象的详细信息。使用 -p 选项可显示对象内容；使用 -t 选项可显示对象类型。与此命令功能部分相似的变体是 git show。
- git gc：触发 Git 数据库中的垃圾回收。此过程会移除不再存在引用且因此（可能）不再需要的 Git 对象。
- git hash-object <file>：计算文件的哈希码。
- git ls-files：根据选项，显示受版本控制的文件，并可通过各种条件进行过滤。

- git ls-tree：显示 Git 树对象的内容。
- git pack-objects：创建 Git 对象的包（.git/objects/pack/*）。
- git rev-list：类似于 git log 列出提交，但仅返回它们的哈希码。此命令允许其他命令或脚本进一步处理这些数据。
- git rev-parse：评估对 Git 对象的引用（例如 HEAD~，作为一个可想象的简单示例），并返回关联的哈希码。
- git update-index：将项目目录中的文件添加到暂存区（索引）。

第 4 章　Git 仓库中的数据分析

本章讨论如何在仓库中搜索特定数据，哪些文件受版本控制，文件最后一次修改是在哪些提交中，过程中进行了哪些更改，特定术语出现在哪些提交的消息中。

本章涵盖以下内容：

使用 git log、git reflog、git tag 和 git shortlog 搜索提交；

使用 git show、git diff、git grep 和 git blame 搜索文件；

使用 git bisect 搜索错误；

使用 git shortlog、gitstats 和 GitGraph.js 生成统计信息和可视化图表。

与第 3 章一样，本章将重点放在使用 git 命令上，并简要讨论其他工具。但是，许多开发环境、编辑器、Git 平台的 Web 界面以及像 GitKraken 这样的专业（通常是商业）程序，在浏览 Git 仓库时更为便捷。

通常情况下，一旦理解了 Git 的内部工作原理和命令级别的可用功能，使用这些工具就会更加容易。此外，与 git 命令的范围相比，每个工具的功能都有限!

4.1　搜索提交

搜索提交（git log）命令显示从当前提交开始的之前提交。之所以能够这样做，是因为每个提交都存储了对父提交的引用，相应地，合并提交至少有两个父提交。

默认情况下，git log 会显示每个提交的所有元数据（日期、作者、分支等）以及相应的提交消息。如果提交数量超过终端窗口的显示范围，可以使用光标键滚动浏览提交序列，按（Q）键结束显示。

Linux 内核：一个实践场

对于刚开始使用 Git 的用户，可能还没有自己的 Git 仓库可供实践。不妨试试 Linux 内核！截至 2022 年初，它已有近百万次来自无数开发者的提交和超过 700 个标记版本，这不仅是一个绝佳的实践场，也能展示 Git 在处理大型仓库时的出色速度，如图 4.1 所示。唯一的缺点是需要超过 5GB 硬盘空间。可以使用以下命令克隆 Linux 内核：

```
git clone https://github.com/torvalds/linux.git
```

图 4.1　终端窗口中的 Linux 内核提交记录

内部机制上，git log 的输出会通过分页器路由，通常使用 less 命令。less 的常用键盘快捷键同样适用。如表 4.1 所列。搜索功能（通过 / 启动）尤其有用。

表 4.1 less 命令的快捷键

快捷键	功能	快捷键	功能
光标键	滚动文本	（N）	重复上一次搜索（向前）
（G）	跳转到文本开头	（Shift）+（N）	重复上一次搜索（向后）
（Shift）+（G）	跳转到文本末尾	（Q）	结束 less
（/）abc（Enter）	向前搜索	（H）	显示在线帮助
（?）abc（Enter）	向后搜索		

如果 Git 错误地显示了国际字符或表情符号，说明 git 与文本显示命令 less 之间的交互出现了问题。--no-pager 选项提供了一个临时解决方案，而以下命令则提供了永久解决方案：

```
git config --global core.pager 'less --raw-control-chars'
```

4.1.1 清除日志

通常，git log 显示的细节比实际需要的更多，而其他信息可能缺失。以下选项提供了补救措施：

-graph 以 ASCII 风格可视化分支；

-oneline 将元数据和提交信息合并到一行。

同时，日志可能缺少你正在寻找的信息：

-all 还显示其他分支的提交；

-decorate 还显示标签；

-name-only 列出修改过的文件；

-name-status 列出每个文件的变化类型（例如，M 表示修改，D 表示删除，A 表示添加）；

-pretty=online|short|medium|full|fuller|... 为元数据和提交信息提供预定义的输出格式；

–numstat 列出每个文件更改的行数；

–stat 以条形图显示每个文件的变化范围。

一个好方法是尝试每个选项的效果，某些选项可以与其他选项组合使用。图 4.2 再次展示了 Linux 内核的提交记录，这次使用了 --graph 和 --oneline 选项。git log 语法的更详细描述将在第 12.1.19 小节中介绍。

```
git log --graph --oneline
| * | 1c1b3098ae1e rtc: pcf85063: add i2c_device_id name matching support
| * | f601aa793066 rtc: rs5c372: Add RTC_VL_READ, RTC_VL_CLR ioctls
* | |   c2c94b3b187d Merge tag 'drm-next-2022-01-21' of git://anongit.freedesktop.org/drm/drm
|\ \ \
| * \ \   ccf34586758c Merge tag 'amd-drm-fixes-5.17-2022-01-19' of https://gitlab.freedesktop.org/agd5f/linux into drm-next
| |\ \ \
| | * | | 4722f463896c drm/radeon: fix error handling in radeon_driver_open_kms
| | * | | 9a458402fb69 drm/amd/amdgpu: fixing read wrong pf2vf data in SRIOV
| | * | | 520d9cd26761 drm/amdgpu: apply vcn harvest quirk
| | * | | c4849f88164b drm/amd/display: Revert W/A for hard hangs on DCN20/DCN21
| | * | | d82ce3cd30aa drm/amdgpu: drop flags check for CHIP_IP_DISCOVERY
| | * | | 3993a799fc97 drm/amdgpu: Fix rejecting Tahiti GPUs
| | * | | e8309d50e978 drm/amdgpu: don't do resets on APUs which don't support it
| | * | | 0ffb1fd1582a drm/amdgpu: invert the logic in amdgpu_device_should_recover_gpu()
| | * | | 4175c32be5ef drm/amdgpu: Enable recovery on yellow carp
| * | | |   410482b51afe Merge tag 'drm-intel-next-fixes-2022-01-20' of git://anongit.freedesktop.org/drm/drm-intel into drm-next
| |\ \ \ \
| | | |/ / /
| | |/| | |
| | * | | e26602be4869 drm/i915/display/adlp: Implement new step in the TC voltage swing prog sequence
| | * | | ef3ac0156406 drm/i915/display/ehl: Update voltage swing table
* | | | |   39e77c484bcd Merge tag 'clk-fixes-for-linus' of git://git.kernel.org/pub/scm/linux/kernel/git/clk/linux
|\ \ \ \ \
| * | | | | b4966a7dc072 clk: mediatek: relicense mt7986 clock driver to GPL-2.0
| * | | | | 818d9150f2b2 clk: visconti: Fix uninitialized variable in printk
| * | | | | 49a8f2bc8d88 clk: si5341: Fix clock HW provider cleanup
* | | | | |   4141a5e69458 Merge tag 'pci-v5.17-fixes-1' of git://git.kernel.org/pub/scm/linux/kernel/git/helgaas/pci
|\ \ \ \ \ \
| * | | | | | 9c494ca4d3a5 x86/gpu: Reserve stolen memory for first integrated Intel GPU
```

图 4.2　带有分支可视化的紧凑提交显示

4.1.2　自定义格式化（美化语法）

若不满意默认格式，可通过 --pretty=format‘<fmt>’选项自行格式化提交输出。在此情况下，<fmt> 由类似于 printf 的代码组成。man git-log 中记录了无数其他代码。日期和时间的输出格式还可通过 --date=iso|local|short| 选项进一步调整。

以下示例中，仅应显示 7 个字符的提交代码、开发者姓名的前 20 个字符以及提交信息的首行。

```
git log --pretty=format:'%h %<(20)%an %s'
  35870e2  Michael Kofler       bugfix y
  ebdb53f  Bernd Öggl           added validation
  9ae3fb8  Michael Kofler       feature x
```

若要以红色显示作者姓名，需按以下方式修改格式字符串：

```
git log --pretty=format:'%h %>(20)%Cred%an%Creset %s'
```

各字符串的含义如表 4.2 所列。

表 4.2　列出了在 Git 提交日志格式化中最常用的代码及其对应含义

代码	含义
%H	完整的哈希码
%h	7 位哈希码
%ad	作者日期
%cd	提交日期
%an	开发者的姓名（作者）
%ae	开发者的电子邮件地址
%s	提交信息的首行（主题）
%b	提交信息的其余部分（正文）
%n	换行
%<(20)	下一列左对齐，保留 20 个字符的宽度
%>(20)	下一列右对齐，保留 20 个字符的宽度
%Cred	从此处开始以红色显示输出
%Cgreen	从此处开始以绿色显示输出
%C...	其他各种颜色
%Creset	重置颜色设置

4.1.3　搜索提交信息

使用 --grep ‘pattern’ 选项，git log 仅显示其消息中包含搜索词的提交。此搜索区分大小写，若需忽略大小写，应额外指定 -i 选项。

以下命令搜索所有提交（不仅仅是当前分支上的提交）中的“CVE”搜索词，不区分大小写。

```
git log --all -i --grep CVE
```

遗憾的是，找到的搜索词并未以颜色高亮显示。要实现此目标，可以先运行不带 --grep 选项的 git log，然后使用 grep 命令过滤结果文本，最后通过 less

传递。但是，这种方法效率不高，且在显示提交时提供的选项较少。grep 的 -5 选项使找到的行上方和下方的五行也被显示，less 的 -R 选项是必要的，以便正确处理 grep 传递的颜色代码。

```
git log --all | grep -i -5 --color=always CVE | less -R
```

4.1.4 搜索修改特定文件的提交

通常，我们可能不关注所有提交，而只关注修改了特定文件或特定目录中任何文件的提交。对于这种情况，我们必须将文件或目录名传递给 git log。如果标签、分支等存在同名情况，则必须使用 -- 前缀。

以下命令筛选出 Linux 内核提交中修改了 ext4 驱动程序文件（位于 fs/ext4 目录）的提交。由于使用了 --stat 选项，因此同时还会显示已更改文件的名称和更改范围。

```
git log --oneline --stat -- fs/ext4
  959f75845129 ext4: fix fiemap size checks for bitmap files
   fs/ext4/extents.c | 31 +++++++++++++++++++++++++++++++
   fs/ext4/ioctl.c   | 33 ++-------------------------------
   2 files changed, 33 insertions(+), 31 deletions(-)
   ...
  54d3adbc29f0 ext4: save all error info in save_error_info()
                  and drop ext4_set_errno()
   fs/ext4/balloc.c          |  7 +++----
   fs/ext4/block_validity.c  | 18 +++++++-----------
   fs/ext4/ext4.h            | 54 +++++++++++++++++++++++++++++
                                  ++++++------------------
   fs/ext4/ext4_jbd2.c       | 13 ++++---------
   ...
```

跟踪重命名文件

当文件名发生更改时，git log -- <file> 会遇到问题。在这种情况下，必须使用额外的 --follow 选项，如 git log --follow -- <file>。

4.1.5 搜索特定开发者的提交

可以使用 --author <name> 或 --author <email> 选项来筛选出特定开发者的提交。与 --grep 类似，<name> 和 <email> 被解释为模式。

在以下示例中，我们将继续使用 Linux 内核的文件系统代码，并搜索 Theodore Ts'o 所做的提交。名字中的撇号不会使搜索变得更简单，我们将简单地使用句点（.）代替（根据正则表达式的语法，句点被解释为任何字符的占位符）。

```
git log --oneline  --author 'Theodore Ts.o'
```

第二个示例搜索包含 ibm.com 的电子邮件地址，如下所示：

```
git log   --author 'ibm\.com'
```

4.1.6 限制提交范围（范围语法）

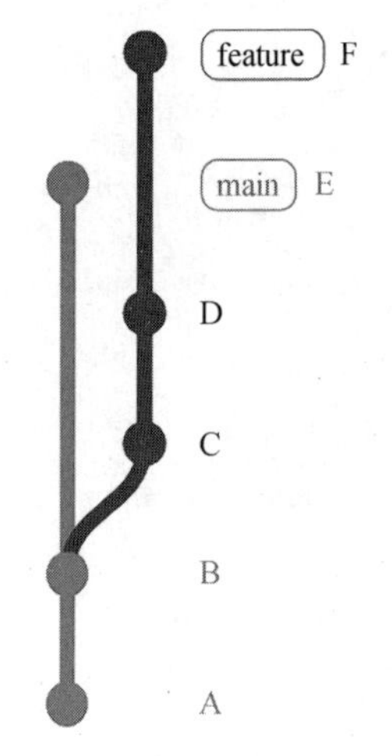

图 4.3 两个分支中的提交

通常，git log [<branch>] 会返回当前或指定分支的所有提交，直到提交序列的开始，即仓库的第一个提交但是，这种行为并不总是有用。通常，我们只对特定分支或几个分支的提交感兴趣，而不是整个共同基础。在这种情况下，可以使用范围语法 <branch1>..<branch2> 或 <branch1>...<branch2>。除了分支名称外，还可以使用哈希码或其他修订信息（见第 3.12 节）。

以下示例的起点是图 4.3 中所示的提交序列，其中提交信息简单地标记为 A、B、C 等。当前，主分支处于活动状态，如果不使用范围语法，则会显示从初始提交 A 开始的所有提交。

```
git checkout main
git log --oneline
  ebdb53f (HEAD -> main) E
```

```
  c9bb505 B
  45c6cd4 A

git log --oneline feature
  35870e2 (feature) F
  9ae3fb8 D
  b115d39 C
  c9bb505 B
  45c6cd4 A
```

git log main..feature 仅显示 feature 分支中尚未与 main 分支合并的提交，共同基础（在此情况下为提交 A 和 B）被排除在外。除了 main..feature 之外，实际上存在两种替代表示法，它们在语法上更为清晰，但在实践中很少出现。

```
git log --oneline main..feature
git log --oneline feature --not main   (equivalent)
git log --oneline feature ^main        (also equivalent)
  35870e2 (feature) F
  9ae3fb8 D
  b115d39 C
```

使用三个点的 git log main...feature 命令与第一个命令（git log main..feature）类似，但它额外考虑了自两个分支分离以来在 main 分支上所做的提交，如果交换分支名称，也会得到相同的结果。

```
git log --oneline main...feature
git log --oneline feature...main       (equivalent)
  35870e2 (feature) F
  ebdb53f (HEAD -> main) E
  9ae3fb8 D
  b115d39 C
```

4.1.7 时间范围内限制提交

与基于逻辑标准限制提交范围的范围语法不同，还可以使用选项来限制 git log 提供的提交在时间上的范围，以下是相关选项：

--since <date> 或 --after <date> 仅显示指定日期 <date> 之后的提交；

--until <date> 或 --before <date> 仅显示指定日期 <date> 之前 / 直到

<date> 的提交。

例如，要查看 2022 年 1 月创建的提交，可以运行以下命令：

```
git log  --after 2022-01-01 --until 2022-01-31
```

4.1.8 提交排序

默认情况下，git log 按时间顺序对提交进行排序，首先显示最近的提交，但是，一旦添加了 --graph 选项，此行为就会改变，git log 会将相关提交捆绑在一起。如果我们希望即使使用 --graph 也按时间顺序对提交进行排序，可以使用额外的 --date-order 选项，相反，我们可以通过使用 --topo-order 选项（无需 --graph）按分支对提交进行分组。

以下示例再次参考了之前图 4.3 中所示的图表，但是，分支是通过合并连接的。

```
git checkout main
git merge feature
```

通常，git log 严格按时间顺序对提交进行排序。--pretty 选项允许以一行显示包括提交日期的信息。为了改善概览，我们对原始版本进行了一些重新格式化，并移除了星期和年份。

```
git log --pretty=format:"%h %cd %s" --date=local

  52003e9  Jan 13 07:06:25     Merge branch 'feature'
  35870e2  Jan 10 10:32:56     F
  ebdb53f  Jan 10 10:32:38     E
  9ae3fb8  Jan 10 10:32:04     D
  b115d39  Jan 10 10:30:36     C
  c9bb505  Jan 10 10:29:24     B
  45c6cd4  Jan 10 10:29:16     A
```

--graph 选项会将提交 C、D 和 F。

```
git log --pretty=format:"%h %cd %s" --date=local --graph

  *    52003e9  Jan 13 07:06:25    Merge branch 'feature'
```

```
  |\
  | *  35870e2  Jan 10 10:32:56    F
  | *  9ae3fb8  Jan 10 10:32:04    D
  | *  b115d39  Jan 10 10:30:36    C
  * |  ebdb53f  Jan 10 10:32:38    E
  |/
  *    c9bb505  Jan 10 10:29:24    B
  *    45c6cd4  Jan 10 10:29:16    A
```

--date-order 选项会在考虑分支表示的同时，恢复提交的原始时间顺序。

```
git log --pretty=format:"%h %cd %s" --date=local --graph \
       --date-order
  *    52003e9  Jan 13 07:06:25    Merge branch 'feature'
  |\
  | *  35870e2  Jan 10 10:32:56    F
  * |  ebdb53f  Jan 10 10:32:38    E
  | *  9ae3fb8  Jan 10 10:32:04    D
  | *  b115d39  Jan 10 10:30:36    C
  |/
  *    c9bb505  Jan 10 10:29:24    B
  *    45c6cd4  Jan 10 10:29:16    A
```

作者日期与提交日期

每个提交都会存储两个时间戳：作者日期和提交日期，通常，这两个时间是一致的，但是，对于通过变基（rebase）修改的提交，这一规则并不适用。在这种情况下，作者日期表示原始提交的创建时间，而提交日期则指的是变基操作的时间。

在排序提交时考虑作者日期，必须使用 --author-date-order 选项，这样，提交将按照 --topo-order 的方式分组，但在分支内（现在由于变基而减少或没有），作者日期将作为排序标准。

4.1.9 标记提交（git tag）

git tag 命令返回所有标签的列表。使用 git tag <pattern> 可以限制结果，仅显示与搜索模式匹配的标签。确定所需标签后，可以使用 git log <tagname> 查看导致该版本发布的提交。

也可以使用 git log --simplify-by-decoration 仅显示包含标签或由分支引用的提交，但是，在大型仓库中，这种方法相对较慢。

通常，git log 不显示标签。如果需要这些额外信息，必须向 git log 传递 --decorate 选项。如果仍希望获得紧凑的显示，可以像之前一样将 --decorate 与 --oneline 结合使用。

4.1.10 引用日志（git reflog）

在谈论提交序列（即提交日志）时，也必须提到引用日志（reflog）。reflog 包含所有本地执行的、改变了全局 HEAD 或分支头的命令，git reflog 命令列出这些操作及其对应的提交哈希码。

```
git reflog

  ebdb53f (HEAD -> main) HEAD@{0}: checkout: moving from
                                   feature to main
  35870e2 (feature) HEAD@{1}: commit: F
  9ae3fb8 HEAD@{2}: checkout: moving from main to feature
  ebdb53f (HEAD -> main) HEAD@{3}: commit: E
  c9bb505 HEAD@{4}: checkout: moving from feature to main
  9ae3fb8 HEAD@{5}: commit: D
```

如果查看 reflog 返回的内容，可使用 --walk-reflog 选项来运行 git log，如下所示：

```
git log --walk-reflogs

  commit ebdb53f0db624c6dd4d754940903c3be905a9be (HEAD -> main)
  Reflog: HEAD@{0} (Michael Kofler <...>)
  Reflog message: checkout: moving from feature to main
  Author: Michael Kofler <...>
  Date:   Mon Jan 10 10:32:38 2022 +0200
      E

  commit 35870e24fb49bb77622e17f5844cfaeb515c0a00 (feature)
  Reflog: HEAD@{1} (Michael Kofler <...>)
```

```
Reflog message: commit: F
Author: Michael Kofler <...>
Date:   Mon Jan 10 10:32:56 2022 +0200

    F
```

除了 --walk-reflog，还可以使用 --reflog 选项。在这种情况下，每个提交将仅显示一次。使用 --walk-reflog 时，相同的提交可能会多次出现，例如，每次使用 git checkout 切换分支时。

4.2 搜索文件

在第 4.1 节中，我们专注于搜索仓库的元数据。在本节中，我们关注的是内容，即某个文件在早期的内容是什么？从那时起发生了哪些变化？谁负责这些更改？包括 git show、git diff 和 git blame 在内的众多命令可以帮助回答这些问题以及其他问题。

4.2.1 查看文件的旧版本（git show）

我们在第 3.4 节中介绍了 git show <revision>:<file> 命令，此命令输出 <revision> 提交当前时 <file> 文件的状态。因此，如果使用 v2.0 标签标记了程序版本 2.0，并希望知道当时的 index.php 文件是什么样的，可以运行以下命令：

```
git show v2.0:index.php
```

当然，也可以将输出重定向到另一个文件，以便可以并行地拥有两个版本（当前版本和旧版本），使用以下命令：

```
git show v2.0:index.php > old_index.php
```

4.2.2 查看文件之间的差异（git diff）

要确定文件的当前版本和旧版本之间发生了哪些更改，应使用 git diff。让我们考虑 index.php 文件自版本 2.0 以来发生了哪些变化。输出由多个以 @@ 开头的块组成，这些块指示位置。为了定位，几行代码有助于设置上下文。此信息之后是更改的行，前面是“-”或“+”，具体取决于行是被删除还是被添加。在终端中，删除的行以红色高亮显示，添加的行以绿色显示，但这在本书中无法显示。

```
git diff v2.0 index.php
  diff --git a/index.php b/index.php
  index a41783c..d1e3af2 100644
  --- a/index.php
  +++ b/index.php
  @@ -10,9 +10,9 @@ try {
       exit();
   }
  -try {
  -    $ctl->checkAccess();
  -} catch (Exception $e) {
  +if ($ctl->checkAccess() === TRUE) {
  +    $ctl->showRequestedPage();
  +} else {
       if ($ctl->isJSONRequest()) {
         $data = new stdClass();
         $data->error = true;
  @@ -29,4 +29,3 @@ try {
         exit();
       }
   }
  -$ctl->showRequestedPage();
```

如果只对更改的范围感兴趣，可以额外传递 --compact-summary 选项。

```
git diff --compact-summary v2.0 index.php
 index.php | 7 +++----
 1 file changed, 3 insertions(+), 4 deletions(-)
```

git diff <revision1>..<revision2> <file> 命令显示两个旧版本之间的更改。

```
git diff --compact-summary v1.0..v2.0 index.php
```

对于 git diff 命令，用户可以传递提交的哈希码、分支名称或其他引用，而不仅仅是标签或版本。值得注意的是，HEAD@{2.weeks.ago} 这种时间标记方式仅适用于本地提交的记录（即 reflog 中的操作），除此之外，没有其他选项可以直接为比较提交设置时间。用户可能需要先使用 git log 查找特定时间的提交，然后将其哈希码传递给 git diff。

三点范围语法

当比较的是分支时，git diff <rev1>...<rev2> 的用法特别有用。在此情况下，git diff 首先确定两个分支的最后一个共同基点，然后显示与最后一个共同提交相比，<rev2> 中发生了哪些更改。与 <rev1>..<rev2> 不同，自共同基点以来在 <rev1> 中发生的更改将被忽略。

4.2.3 查看提交间的差异

如果不在 git diff 中指定文件，Git 将展示自指定版本以来或两个版本 / 提交之间所有更改的文件。若仅需概览，--compact-summary 选项非常实用。

在发生大量更改时，可能无法为每行更改输出“+”或“-”标记。此时，将在“|”后指定更改行的总数。加号（+）和减号（-）的数量是相对于更改行数最多的文件而言的，字符条越长，表示更改范围越广。

```
git diff --compact-summary v1.0..v2.0 index.php

  css/autocompleteList.css                    |   225 +-
  css/editproject.css (new)                   |    13 +
  css/edituser.css                            |    99 +-
  css/iprot.css                               |   648 ++++-
  css/iprot/jquery-ui-1.8.13.custom.css       |     2 +-
  css/mobile.css (new)                        |    17 +
  ...
  269 files changed, 22819 insertions(+), 12792 deletions(-)
```

在少数场景下，可能需要查看所有变更，此时，以下两个选项可帮助精确限制结果：

- 使用 -G <pattern> 指定搜索模式（正则表达式）。git diff 将返回变更内容包含该搜索表达式的文本文件，且严格区分大小写。
- --diff-filter=A|C|D|M|R 过滤出已添加、复制、删除、修改或重命名的文件。

例如，以下命令返回版本 1.0 到 2.0 之间被修改且代码中包含“PDF”文本的文件。

```
git diff  -G PDF --diff-filter=M --compact-summary v1.0..v2.0
```

自上次提交以来的变更

在提交更改之前，建议通过 git diff --staged 查看所有待提交文件的变更概览。

若尚未执行 git add 或计划使用 git commit -a，则 git diff（无需额外参数）将显示所有最近的变更，但不包括尚未纳入版本控制的新文件。

4.2.4 文件搜索（git grep）

在大型项目的众多文件中，若需查找特定函数或类对象的创建位置，可使用 git grep <pattern>。默认情况下，此命令搜索项目目录中的所有文件，并列出精确匹配搜索表达式的行。若需忽略大小写，可添加 -i 选项。

```
git grep SKAction
  ios-pacman/Maze.swift:   let setGlitter = SKAction.setTextur...
  ios-pacman/Maze.swift:   let setStandard  = SKAction.setText...
  ios-pacman/Maze.swift:   let waitShort = SKAction.wait(forDu...
  ...
```

通过使用 --count 选项可以获得更紧凑的搜索结果。在这种情况下，git grep 仅显示搜索表达式在每个文件中出现的次数。

```
  ios-pacman/CGOperators.swift:6
  ios-pacman/Global.swift:1
  ios-pacman/Maze.swift:4
  ...
```

指定文件或目录以限制搜索范围。以下命令在 css 目录中的文件中搜索关键词 margin。由于使用了 -n 选项，因此还会为每个匹配项提供行号。

```
git grep -n margin css/
  css/config.json:100:    "@form-group-margin-bottom": "15px",
  css/config.json:144:    "@navbar-margin-bottom": "@line-heig...
  css/editglobal.css:25:  margin-top: 1px;
  css/editglobal.css:29:  margin-top: 0px;
  ...
```

当然，通过在文件名或目录前指定所需的版本修订，也可以搜索代码的旧版本。如果搜索表达式包含特殊字符或空格，则必须将其置于单引号内。例如，以下示例在程序的 2.0 版本中搜索修改 person 表的 UPDATE 命令。

```
git grep 'UPDATE person' v2.0
  v2.0:lib/delete.php:          $sql = "UPDATE person SET sta...
  v2.0:lib/person.php:          $sql = sprintf("UPDATE person...
  v2.0:lib/personengruppe.php: $sql = sprintf("UPDATE person...
  ...
```

当不确定在哪个提交中查找，或处理的是临时更改后又被从代码库中移除的情况时，git grep 的使用会变得困难。在这些情况下，可使用 git rev-list v1.0..v2.0 来生成指定时间段内所有提交的哈希码列表，随后可通过 git grep 处理此列表。

例如，可以使用 git grep 来统计 lib/chapter.php 文件不同版本中 SQL 关键字 UPDATE 出现的次数。与 git log 类似，最新的提交会首先被考虑。-- 字符用于分隔由 git rev-list 生成的哈希码列表和文件名。

```
git grep -c 'UPDATE'  $(git rev-list v1.0..v2.0) -- user.php
  262d67fed686cda939092e7b0cb337bbc1e2dbe9:user.php:5
  96d0a06d389784ec93f252a097185ee3678a2c1c:user.php:5
  c07c2f0ce5682bea898ba3a65a15bf5230dd23dc:user.php:4
  ...
```

4.2.5 确定代码的作者（git blame）

在利用之前描述的命令找到实际关注的文件后，接下来的问题当然是谁负责该文件中的代码？为此，git blame <file> 是一个很好的工具。无需任何其他选项，此命令会逐行显示目标文件，并为每一行提供关键信息，包括修改该行的提交、作者以及日期，如图 4.4 所示。

```
git blame kernel/signal.c
457c899653991 (Thomas Gleixner          2019-05-19 13:08:55 +0100    1) // SPDX-License-Identifier: GPL-2.0-only
^1da177e4c3f4 (Linus Torvalds           2005-04-16 15:20:36 -0700    2) /*
^1da177e4c3f4 (Linus Torvalds           2005-04-16 15:20:36 -0700    3)  *  linux/kernel/signal.c
^1da177e4c3f4 (Linus Torvalds           2005-04-16 15:20:36 -0700    4)  *
^1da177e4c3f4 (Linus Torvalds           2005-04-16 15:20:36 -0700    5)  *  Copyright (C) 1991, 1992  Linus Torvalds
^1da177e4c3f4 (Linus Torvalds           2005-04-16 15:20:36 -0700    6)  *
^1da177e4c3f4 (Linus Torvalds           2005-04-16 15:20:36 -0700    7)  *  1997-11-02  Modified for POSIX.1b signals by Richard Henderson
^1da177e4c3f4 (Linus Torvalds           2005-04-16 15:20:36 -0700    8)  *
^1da177e4c3f4 (Linus Torvalds           2005-04-16 15:20:36 -0700    9)  *  2003-06-02  Jim Houston - Concurrent Computer Corp.
^1da177e4c3f4 (Linus Torvalds           2005-04-16 15:20:36 -0700   10)  *          Changes to use preallocated sigqueue structures
^1da177e4c3f4 (Linus Torvalds           2005-04-16 15:20:36 -0700   11)  *          to allow signals to be sent reliably.
^1da177e4c3f4 (Linus Torvalds           2005-04-16 15:20:36 -0700   12)  */
^1da177e4c3f4 (Linus Torvalds           2005-04-16 15:20:36 -0700   13)
^1da177e4c3f4 (Linus Torvalds           2005-04-16 15:20:36 -0700   14) #include <linux/slab.h>
9984de1a5a8a9 (Paul Gortmaker           2011-05-23 14:51:41 -0400   15) #include <linux/export.h>
^1da177e4c3f4 (Linus Torvalds           2005-04-16 15:20:36 -0700   16) #include <linux/init.h>
589ee62844e04 (Ingo Molnar              2017-02-04 00:16:44 +0100   17) #include <linux/sched/mm.h>
8703e8a465b1e (Ingo Molnar              2017-02-08 18:51:30 +0100   18) #include <linux/sched/user.h>
b17b01533b719 (Ingo Molnar              2017-02-08 18:51:35 +0100   19) #include <linux/sched/debug.h>
299300258d1bc (Ingo Molnar              2017-02-08 18:51:36 +0100   20) #include <linux/sched/task.h>
68db0cf106786 (Ingo Molnar              2017-02-08 18:51:37 +0100   21) #include <linux/sched/task_stack.h>
32ef5517c2980 (Ingo Molnar              2017-02-05 11:48:36 +0100   22) #include <linux/sched/cputime.h>
3eb39f47934f9 (Christian Brauner        2018-11-19 00:51:56 +0100   23) #include <linux/file.h>
^1da177e4c3f4 (Linus Torvalds           2005-04-16 15:20:36 -0700   24) #include <linux/fs.h>
3eb39f47934f9 (Christian Brauner        2018-11-19 00:51:56 +0100   25) #include <linux/proc_fs.h>
^1da177e4c3f4 (Linus Torvalds           2005-04-16 15:20:36 -0700   26) #include <linux/tty.h>
^1da177e4c3f4 (Linus Torvalds           2005-04-16 15:20:36 -0700   27) #include <linux/binfmts.h>
179899fd5dc78 (Alex Kelly               2012-10-04 17:15:24 -0700   28) #include <linux/coredump.h>
^1da177e4c3f4 (Linus Torvalds           2005-04-16 15:20:36 -0700   29) #include <linux/security.h>
:
```

图 4.4　Linux 内核文件“signal.c”的作者

使用 –L 100,200 选项可以仅关注第 100 行至第 200 行的信息。以下两个选项在解读输出结果时非常有用。

- --color-lines：以蓝色高亮显示来自同一提交的续行。
- --color-by-age：以红色标记最近更改的代码（前一个月内的更改），以白色标记较新但非最新的代码（前一年内的更改）。

GitLab、GitHub 等网站提供了对 git blame 使用的更直观展示。此外，用户可以在这些平台上通过简单点击直接查看相关提交。

边界提交

若本地仓库不包含所有提交，则个别哈希码前会加上 ^ 字符（称为脱字符），如 ^1da177e4c3f4。该字符指示了边界提交，即仓库中可用的最后一个提交。

4.3　搜索错误

在发现程序中某个功能出现错误，但难以定位其根源，其原因可能是由于多个文件的更改导致了这一问题。

已知该错误在之前并未出现。通过 git checkout v1.5 可暂时回退到版本 1.5 并进行测试，此时一切正常，但从该版本起，已进行了 357 次提交。git rev-list 是 git log 的简化版，主要返回相关提交的哈希码而非提交信息。利用 --count 选项，git rev-list 可以计算两个版本之间的提交数。

```
git rev-list v1.5..HEAD --count
  357
```

为了确定错误的首次引入点，需要搜索到包含错误的第一个提交，这往往是一项复杂的任务。

幸运的是，搜索错误（git bisect）提供了支持。使用 git bisect 命令时，首先指定最后一个已知的“好”提交和“坏”提交，例如，标记为 v1.5 的提交和当前提交（HEAD），随后，git bisect 会在提交范围的中间进行检出，从而将搜索区域一分为二，此时，HEAD 将处于分离状态，即不指向任何分支的末端，而是指向过去某个特定的提交。

```
git bisect start
git bisect bad HEAD
git bisect good v1.5
  Bisecting: 178 revisions left to test after this
    (roughly 8 steps)
  [e84fd83319c1280bcef38400299fd55925ea25e6] Merge branch ...
```

现在，将测试此提交是否仍导致错误发生。测试的具体执行方式完全取决于代码类型。可能需要编译程序进行测试，而对于 Web 应用程序，在浏览器中测试通常就足够了。根据测试结果，必须使用 git bisect bad 或 git bisect good 来报告结果，如下所示：

```
git bisect bad
  Bisecting: 89 revisions left to test after this
    (roughly 7 steps)
  [cea22541893ded6e6e9f6a9d40bf6d0c2ec806d8] bugfix xy ...
```

根据回答，git bisect 将确定是在提交区域的上半部分还是下半部分继续搜索。该命令将在剩余搜索区域的中间再次执行检出操作，从而将搜索区域缩小到大约四分之一。

随后，必须重复测试以确定错误是否仍然存在，并将此信息传递给 Git。继续此过程，直到 git bisect 最终报告，如下所示：

```
git bisect good
  4127d9d06ecbae0d4d9babaaa8aacebc0c8853cb is the first bad
  commit ...
```

此消息会告知我们错误首次出现的具体历史点，虽然错误原因的搜索尚未完成，但实际上 git diff HEAD^（即与前一提交的更改摘要）应能指引我们找到正确的方向。

最后，通过 git bisect reset，可以退出 git bisect 并返回到搜索开始时所在的分支头部。现在，应尝试最终修复该错误。

```
git bisect reset
  Previous HEAD position was ef81d5c fix: getLink for csv ...
  Switched to branch 'develop'
```

4.4 统计与可视化

面对大型仓库，常因细节繁多而难以窥见全局，即难以看清分支的全貌。本节将介绍相关 Git 命令及其他工具助您看清分支。

4.4.1 简单的数字游戏（git shortlog）

获取初步概览的一个有用命令是 git shortlog，该命令最基础的形式会提供一个按字母顺序排列的提交者列表，包括每位提交者的提交次数以及每次提交的第一条消息。

通过不同选项，可以进一步精简输出。以下命令列出了自 2021 年初以来，Linux 内核开发者中提交次数最多的开发者（不计入合并提交），如下所示：

```
git shortlog --summary --numbered --email --no-merges \
             --since 2021-01-01

   967  Christoph Hellwig <hch@lst.de>
   737  Lee Jones <lee.jones@linaro.org>
   672  Andy Shevchenko <andriy.shevchenko@linux.intel.com>
   642  Mauro Carvalho Chehab <mchehab+huawei@kernel.org>
   625  Pavel Begunkov <asml.silence@gmail.com>
```

```
   606  Vladimir Oltean <vladimir.oltean@nxp.com>
   ...
```

可以使用 git rev-list 以下面的方式获取（所有分支上的）总提交数，如下所示：

```
git rev-list --all --count
  1071789
```

要找出当前分支中的文件数量，需要将 git ls-files 的输出传递给 wc（代表字数统计）命令，如下所示：

```
git ls-files | wc -l
  75014
```

类似地，可以找出分支和标签的数量，如下所示：

```
git branch -a | wc -l
  3

git tag | wc -l
  728
```

还可以使用 git diff --shortstat 来确定项目两个版本 / 分支 / 修订之间的更改数量，如下所示：

```
git diff --shortstat v5.5..v5.6
   11999 files changed
  680199 insertions(+)
  258909 deletions(-)
```

4.4.2 统计工具与脚本

互联网上充斥着众多脚本和程序，它们能从 Git 仓库中提取出比迄今所介绍的命令更为详尽的信息。在 Linux 上，一个流行且易于使用的工具是 Python 脚本 gitstats。安装后，需向该脚本传递仓库的路径，并指定一个目录以存储结果文件。从 index.html 文件开始，用户便可在网页浏览器中查看各种统计评估，同时，随附的图形界面设计较为简约。

```
sudo apt install gnuplot
git clone git://repo.or.cz/gitstats.git
mkdir result
gitstats/gitstats <path/to/repo> results/
google-chrome results/index.html
```

4.4.3 分支可视化

特别是在培训期间或向同事解释 Git 工作原理时，可能需要“整洁”地展示分布在多个分支上的众多提交，但是，git log --graph 的结果并不适合此目的。许多计算机上都安装有 gitk 程序，它能提供更好的表示方式，如图 4.5 所示。通常，用户可以从终端启动 gitk，以显示当前分支的提交序列。

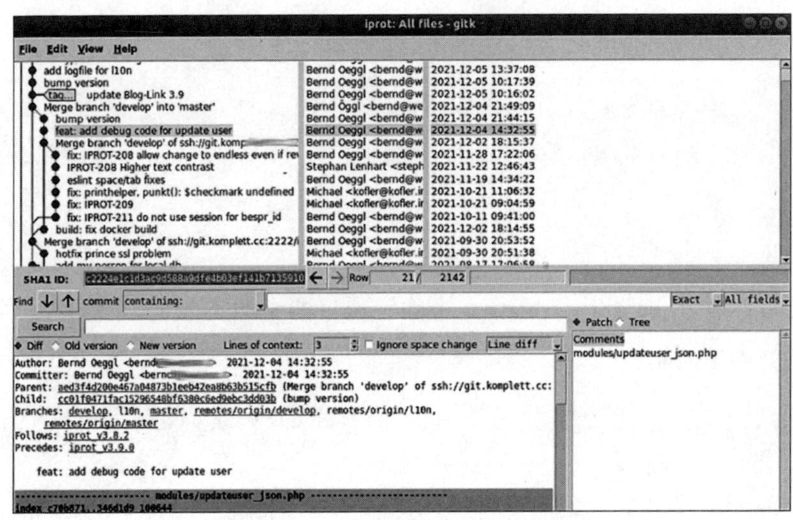

图 4.5 通过“gitk”可视化分支

为更清晰地展示分支情况，建议采用以下方法。

- 商业程序 GitKraken 不仅以吸引人的方式显示提交序列，还提供多项其他功能，辅助 Git 仓库的管理，其免费版本仅适用于公共仓库。
- 部分 Git 平台亦内置可视化功能。例如，GitLab 在“Repository · Graph”中清晰展示了提交历史，如图 4.6 所示。
- 在此方面体验较少的 GitHub 用户，可考虑商业项目 Git Flow Chart（GFC）。访问 https://gfc.io，可以可视化 GitHub 和 Bitbucket 上仓库的提

交序列。对于公共仓库，基本功能免费使用，若需为私有仓库使用 GFC 或结合 GitHub 团队功能，则需支付月费。

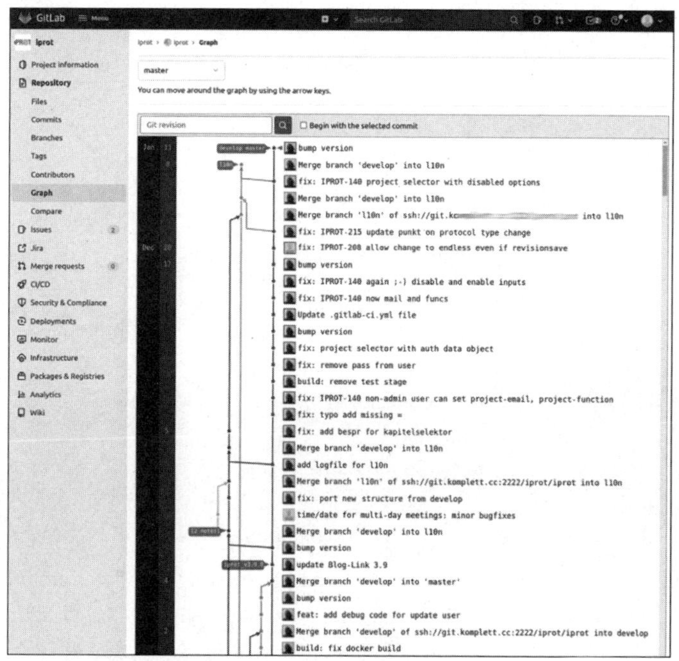

图 4.6　GitLab 中分支的表示方法

4.4.4　GitGraph.js

本书的一个特点是所有展示多个分支提交序列的图示均保持一致的外观，这种一致性并非偶然。借助开源库 GitGraph.js 及几行自定义 JavaScript 代码，即可满足多种可视化需求。随后，可在网页浏览器中查看结果。GitGraph.js 项目网站通过演示文稿概述了一些基本工作技巧。

但是，GitGraph.js 无法从仓库中绘制真实提交，因此，必须使用适当的 JavaScript 语句来构建提交结构，这需要一定的工作量。

回到图 4.3 中先前展示的代码图。graphContainer 指向 HTML 代码中应显示图表的位置，mytemplate 包含一些选项，用于显示提交时不包含作者和哈希码，但包含带有名称的分支。createGitGraph 创建提交序列，目前为空，随后，使用 branch 和 commit 添加提交和分支。

```
commit.
<!doctype html>
<html><head>
<script src="https://cdn.jsdelivr.net/npm/@gitgraph/js">
</script>
</head>
<body>
<div id="graph"></div>
<script>
const graphContainer = document.getElementById("graph");
const mytemplate =  GitgraphJS.templateExtend(
   GitgraphJS.TemplateName.Metro, {
        commit: {  message: { displayAuthor: false,
                              displayHash: false    } },
        branch: {  label:   { display: true } }
      });
const gitgraph = GitgraphJS.createGitgraph(
  graphContainer,
  { author: " ", template: mytemplate } );
const main  = gitgraph.branch("main).commit("A").commit("B")
const  develop  =  main.branch("feature").commit("C").
commit("D")
main.commit("E")
develop.commit("F")
</script>
</body></html>
```

第 5 章　GitHub

GitHub 始终以其清晰的界面展示着自身的功能，凭借卓越的性能和充足的资源赢得青睐。GitHub 提供的主要组件包括：

- Git 仓库；
- 通过分支和拉取请求实现的协作工作；
- GitHub Actions；
- 自动安全检查；
- 带有里程碑的票务系统（问题跟踪器）；
- 团队讨论论坛；
- Docker、Node Package Manager (npm) 及其他包格式的包管理；
- Wiki；
- GitHub Pages；
- Gists；
- GitHub 命令行界面（CLI）。

用户可选择免费账户或不同的付费模式，但为吸引更多用户，Github 免费版本的功能已经很强大。最近，私有仓库的限制已被取消，因此现在可以创建仅对选定用户可见的无限项目。付费账户的优势主要体现在存储容量、集成企业服务器进行身份验证（单点登录）的能力以及 GitHub 提供的支持上。

若将所有软件项目置于 GitHub 之上，则相当于为源代码提供了云解决方案，即无须在不同计算机或旧备份中搜索项目数据。但是，将 GitHub 仅仅视为另一种云存储服务则未免片面，本章将详细阐述其功能。

前提条件

本章假设读者已创建 GitHub 账户并熟悉网页界面的基本功能（参见第 2.2 节），基于这一基础，我们将直接探讨 GitHub 区别于纯 Git 仓库或其他 Git 平台的“特色”功能。

5.1 拉取请求

拉取请求（pull request）是 GitHub 最重要的功能之一，其基本目的是将合并过程规范化，可以满足开发者 A 为新功能编写代码后，请求开发者 B 审查该代码并将其合并到主开发分支（如 main 或 develop）中的需求。

从基本层面来看，这一过程完全可以脱离 GitHub 进行。例如，开发者 A 可以创建新分支（git checkout –b newfeature），编写代码，进行多次提交，将分支推送到远程仓库（git push），并通过电子邮件请求开发者 B 审查代码。开发者 B 随后下载该分支（git pull），测试代码，并最终执行 git merge 或要求开发者 A 进行前期改进。

GitHub 可能是首个通过网页界面优雅地映射这一过程的 Git 平台，其优势包括：

- 从拉取请求开始到完成（或拒绝）的通信过程对所有参与者均透明记录；
- 实施过程仅需最基础的 Git 知识，双方主要通过网页界面点击几个按钮即可完成操作；
- 基于分支的跨仓库拉取请求成为可能，这一功能使得非团队成员也能参与项目协作。

图 5.1 为在编写本书时，我们作者相互校对章节，在指定分支中保存更改，并通过拉取请求向另一位作者提交更改以供审查

5.1.1 团队中的拉取请求

当多个开发者有权访问 GitHub 仓库时，存在两种可能的场景。

1. 所有开发者拥有相同的权限，可以无限制地修改所有分支。在此场

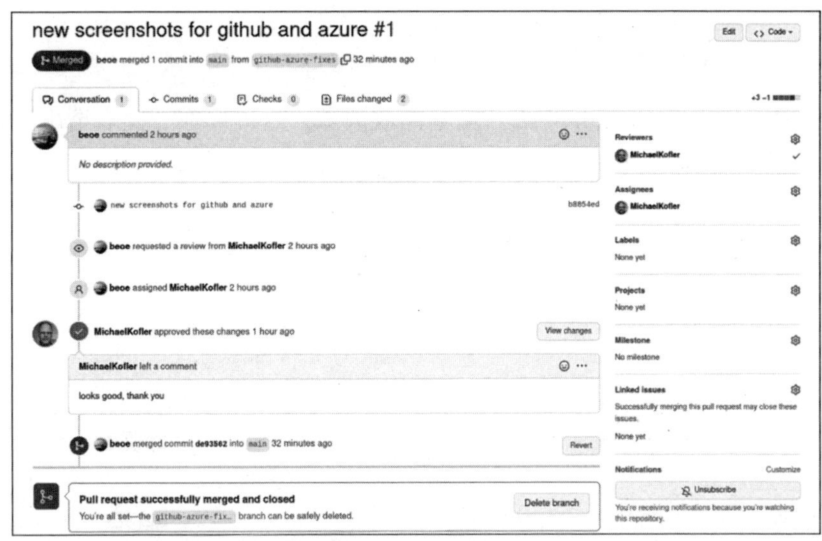

图 5.1　拉取请求

景中，拉取请求是可选的。每位开发者都可以将自己的更改合并到主分支（git merge）中，并上传到 GitHub 仓库。

2. 针对某些分支（例如主分支或开发分支）的规则限制了开发者允许执行的操作。例如，每个人都可以上传自己的分支，但不能将更改上传到如主分支或开发分支这样的中心分支。此类规则可以在 GitHub 仓库的“Settings · Branches”中进行设置，但该动能仅适用于公共项目或拥有付费 GitHub 账户的用户。

当此类限制适用时，拉取请求是开发者将新代码引入仓库中心（开发）分支的唯一途径。

在两种情况下，新功能的开发都在分支中进行。始终确保个人的分支与将来要合并的分支（以下示例中的主分支）保持同步；最后，在完成最后一次提交后，必须使用 git push 将其推送到远程仓库（即 GitHub）。仅在首次推送时需要指定 --set-upstream 选项。

```
git checkout -b new_feature
...
git commit -a -m 'working on new feature, xy done'
...
git merge main
...
```

```
git commit -a -m 'finished new feature'
git push  [--set-upstream origin pr_in_github]
```

然后，可以在 GitHub 网站上发起拉取请求，这可以在“拉取请求”对话框或显示项目所有分支的“所有分支”对话框中完成，如图 5.2 所示。

图 5.2　可在分支对话框中发起拉取请求

随后，需对拉取请求进行说明（如第 2.7.2 节所示），并指定团队中负责此请求的成员。若该团队成员批准了拉取请求，则相应的合并过程将直接在 GitHub 仓库中执行。当在本地运行 git pull 时，拉取请求中所做的更改也会显示在本地仓库中。

工作流程

第 8 章将介绍团队如何在不特定于 GitHub 或 GitLab 等平台的情况下，在共享 Git 仓库中协作的多种变体。届时，我们将再次从工作流程的角度而非技术角度探讨拉取请求的主题。

5.1.2　公共项目中的拉取请求

特别是在大型开源项目中，无法赋予所有开发者在仓库中进行更改的权限。这样做风险太大，因为可能会有人不小心（甚至故意）造成混乱。为了在这些情况下也能建立一种不复杂的协作方式，GitHub 通过分支（forks）扩展了拉取请求的功能。

第 2.7 节已描述了分支的基本流程，当要向他人的项目贡献代码时，首先必须创建该人仓库的分支，即在自己的 GitHub 账户中复制该仓库。

在软件开发中，分支项目有着悠久的传统。在开源项目中，有时因为开发团队对未来方向的意见不合，一组成员会带着源代码的副本进行独立开发。分支项目和原始项目通常会并行存在一段时间，然后各自独立发展，直到其中一个变体占据上风。

在某种程度上，GitHub 上的分支也遵循同样的原理，但相比单纯的复制，分支有一个巨大的优势：GitHub 分支仍与原始仓库保持链接，并可通过 git fetch 更新更改。因此，GitHub 分支的设计初衷是为了协作，而非独立开发。

分支

实际上，在分支过程中，仓库并非完全复制，这样做既耗时又占用大量内存。GitHub 可以在多个仓库间共享 Git 对象作为浅拷贝。

与团队协作类似，在发起拉取请求之前，必须确保代码库与原始项目保持同步。如果自分支以来原始项目已被修改，则这一同步要求将无法满足。此时，GitHub 会在网页界面中显示通知：“此分支落后 <origrepo>:main <n> 个提交”。

为了更新本机上的本地仓库，还需将原始项目的远程仓库添加至其中，一种常见做法是将此远程仓库称为上游仓库。

```
git remote add upstream \
  https://github.com/<origaccount>/<origrepo>.git
```

可以通过以下命令定期（特别是在准备拉取请求之前）将原始仓库中的任何新添加项添加到自己的仓库中。在拉取过程中，自己的代码与外部仓库中的最新更改之间可能会出现合并冲突。为了使拉取请求有机会成功，必须解决这些冲突。

```
git pull upstream main
```

git push 命令将更新后的仓库上传到个人账户的 GitHub 分支中。

随后，GitHub 界面将在仓库描述中显示文本“此分支领先 <origrepo>:main <n> 个提交”。这些 <n> 个提交是个人所做的更改。单击“New pull request”按钮后，将打开一个对话框，我们可以在其中发起拉取请求。通常，拉取请求只能在项目内部进行，但由于 GitHub 知道我们最初分叉了该项目，因此它能够在某种程度上识别个人的仓库与原始仓库之间的关系。

5.2 操作

为了执行操作，GitHub 提供了运行器。这些虚拟机（VM）配备了足够的资源和 SSD。根据自己的操作系统，有不同的选项来构建和测试软件。

运行器上安装的软件列表可能非常长。Docker 和 docker-compose 也在虚拟机上运行，这对于在容器中运行的软件尤其有用。

我们可能想知道 GitHub 是否真的为个人的操作提供免费且无限的计算时间，当然事实并非如此。对于私有仓库，每月免费提供 2 000 分钟和 500MB（2022 年春季），超出此使用量的部分需要付费。

另一种选择是使用自托管运行器，即个人提供的用于执行特定操作的计算机。我们需要在计算机上安装一个特殊的 GitHub 程序，并将其连接到 GitHub。可以通过在仓库的“Settings · Actions”下单击“Add Runner”来找到此设置的详细指南。由于 ARM 硬件平台也存在运行器，因此例如 Raspberry Pi 微型计算机可以执行此服务。因此，Arduino 团队也可以通过 GitHub Actions 触发对自己硬件的自动测试。

无论是在哪种类型的运行器上运行操作，都可以在 YAML Ain't Markup Language（YAML）格式的配置文件中定义各个步骤，接下来将介绍 YAML 语法。

5.2.1 YAML 语法

对于持续集成（CI）环境中的配置文件，除了其他用途外，YAML 文件格式已变得非常流行。现在让我们简要总结一下 YAML 的语法规则。

--- 表示引入一个新部分。

表示开始一个注释，一直延伸到行尾。

字符串可以表示为“abc”或‘abc’。但是，这些引号仅在特殊情况下（例如，如果字符串包含特殊字符或可以被解释为另一个 YAML 表达式）才是必需的。

使用 - 符号引入列表表达式，如下所示：

```
- red

- green

- blue
```

列表也可以被方括号包围，如下所示：

```
[red, green, blue]
```

关联列表（键值对）采用“键 : 值”的格式创建：

```
name: Howard Hollow

age: 37
```

此格式的节省空间变体使用大括号：

```
{name: Howard Hollow, age: 37}
```

| 引入一个保留换行符的文本块：

```
codeblock: |

  Line 1

  Line 2
```

> 引入一个忽略换行符但保留空行的文本块：

```
textblock: >

  Text that

  belongs together.
```

```
Here begins the

second paragraph.
```

所有这些元素可以相互嵌套，其结构通过缩进创建。请注意，YAML 中必须使用空格（而非制表符！）。在访问元素时，标识符（键）会被串联起来。

YAML 示例文件 (# sample.yaml)

```
# sample.yaml file
data:
  list:
    - item1
    - item2
  key1: >
    This text is assigned to the
    'data.key1' key.
  key2: |
    code line 1
    code line 2
```

为减少打字，可以从 GitHub Marketplace 选择现有操作并在个人的仓库中使用，这将在 5.2.2 小节通过一个简单示例进行演示。

5.2.2 Slack 通知

作为 GitHub Actions 的首个演示，让我们尝试向流行的即时通讯工具 Slack 自动发送通知。若倾向于向 Telegram 或 Matrix 网络发送通知而非 Slack，可简便地从 GitHub Marketplace 选择相应的操作。为此，我们创建了 git-compendium/slack-notification 仓库，并放置了一个 HTML 文件以展示其工作原理。

为在项目中启用操作，应点击项目网页界面中的“Actions”选项卡，或在 GitHub 仓库的根目录下创建 .github/workflows/ 文件夹结构。GitHub 网页界面中的编辑器在此情况下尤其适用，因为，它建议可能的条目，并且能立即标记语法错误，如图 5.3 所示。

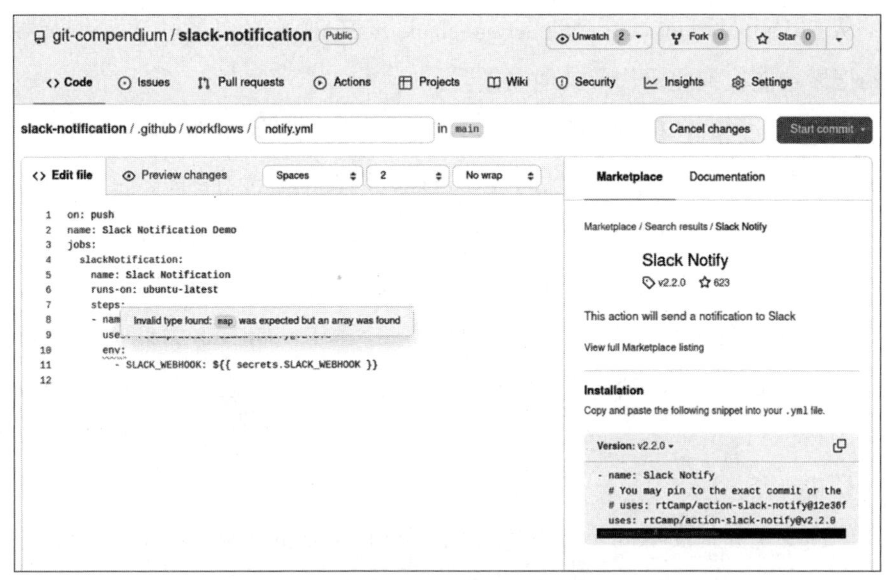

图 5.3　GitHub Actions 在 Web 界面中的错误

现定义 notify.yml 文件中的操作，内容如下所示：

```
# git-compendium/slack-notification/.github/workflows/notify.yml
on: push
name: Slack Notification Demo
jobs:
  slackNotification:
    name: Slack Notification
    runs-on: ubuntu-latest
    steps:
    - name: Slack Notification
      uses: rtCamp/action-slack-notify@v2.2.0
      env:
        SLACK_WEBHOOK: ${{ secrets.SLACK_WEBHOOK }}
```

此文件以 on: push 开头，意味着每次 git 推送都会触发操作。name 字段在 GitHub Actions 的 Web 界面概览中显示，应简明描述文件中的操作。随后的 jobs 部分可包含一个或多个作业，它们可并行或按依赖关系执行。

每个作业在运行器上执行，本例中为 GitHub 上最新的 Ubuntu Linux 版本（runs-on: ubuntu-latest）。运行器上执行一个或多个步骤，本例中仅有一个步骤，从 GitHub Marketplace 启动 action-slack-notify 操作。可通过 Web 编辑器右侧的搜索功能找到此操作及其他操作。

操作通过 SLACK_WEBHOOK 环境变量接收 Slack 的 Webhook URL，该 URL 用于指定 GitHub 发送消息的目标地址，以便消息能在 Slack 频道中显示。可在 Slack 的账户设置“Apps · Incoming Webhooks”下创建此 URL。

为确保仅授权应用可向 Slack 频道发送消息，Webhook URL 包含安全令牌，应保密且不应出现在 GitHub 的公共仓库中。GitHub 为此提供了名为“secrets”的秘密变量机制，其作用域限于特定仓库。可在仓库的“Settings · Secrets · Actions · Repository Secrets”中创建此类变量。一旦创建，即使创建者也无法查看其内容。

创建变量并提交 notify.yml 文件后，即可在指定的 Slack 频道中收到通知，如图 5.4 所示。

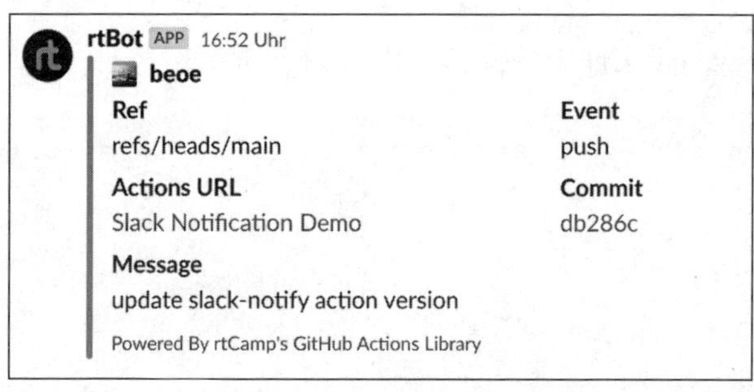

图 5.4 Slack 中 GitHub 推送的通知

5.2.3 持续集成流水线

尽管通知可被视为一项巧妙的附加功能，但我们现在将深入探讨 GitHub Actions 在严肃场景中的应用。持续集成（CI）是软件开发中一个蓬勃发展的领域，一般而言，CI 意味着应用程序的所有部分都将被整合并进行测试。理想情况下，这一流程是完全自动化的，并且频繁执行（最好在每次推送后）。GitHub Actions 天生就适合运行 CI 流水线。

在 CI 流水线中，通常会经过以下几个阶段。

- 构建：应用程序与其所有组件一起被打包。

- 测试：应用程序通过自动测试。
- 发布：如果测试成功，应用程序将被保存为新版本。
- 部署（可选）：应用程序可以选择性地推出。通常，自动部署过程仅针对 beta 和测试版本启动。

对于此示例，我们创建了一个名为 git–compendium/ci–first 的仓库，并在 start.yml 文件中定义了一个操作。第一步是检查该仓库中的 index.html 文件是否存在语法错误，我们将使用 prettier 程序来实现此目的，该程序会格式化 HTML 文件，并在出现错误时发出相应消息，如图 5.5 所示。

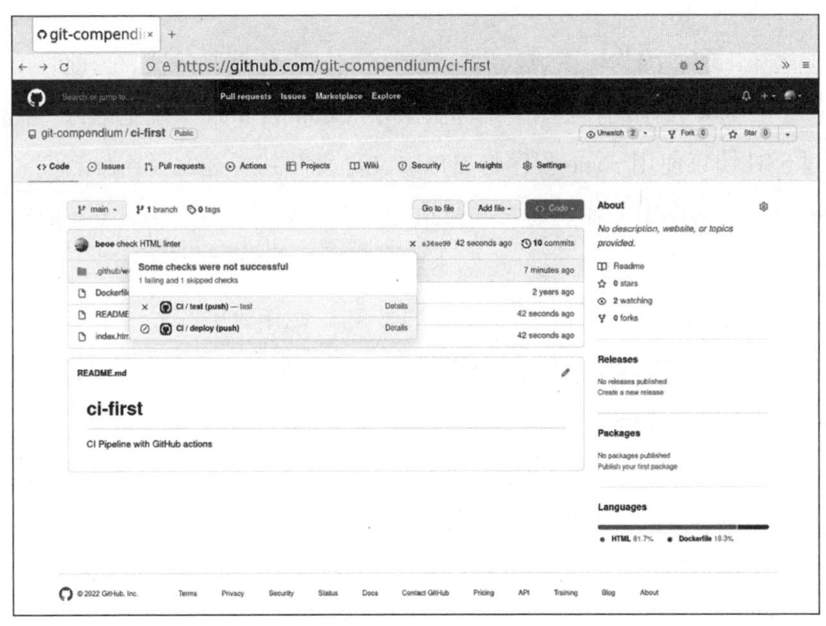

图 5.5　因 HTML 错误导致的 GitHub Action 失败

由于该程序是 Node.js 环境中的一个模块，因此可以使用 npx prettier 进行安装并立即运行。整个流程在新创建的目录中的 start.yml 文件中进行了记录。

```
# File: ci-first/.github/workflows/start.yml
name: CI
on:
  push:
```

```
    branches: [ main ]
jobs:
  test:
    runs-on: ubuntu-latest
    steps:
    - uses: actions/checkout@v2
    - name: Check syntax of html files
      run: npx prettier *.html
```

现在，通过在 index.html 文件中添加一个错误（例如，移除 <h1> 标签，从而使闭合的 </h1> 无效），提交更改并将其推送到 GitHub，来验证 prettier 是否有效。

但这还不够，因为测试成功后，还要将网站上传到服务器。为此，需要创建另一个名为 deploy 的作业，该作业也将在 Ubuntu Linux 系统上运行。我们希望通过 SSH 协议使用 rsync 程序将 HTML 文件复制到所选的服务器上。

由于一个动作中的作业通常并行执行，因此必须使用 needs: test 语句来指定第一个作业必须成功完成。短脚本在 Linux bash 解释器中执行，并跨多行记录，这允许在 YAML 语法中使用 run: | 语句；此作业中的另一个重要点是环境变量 SSH_KEY，该变量包含 SSH 私钥，即允许个人通过 SSH 访问要复制 HTML 文件的服务器的密钥。

对于部署工作流，理想情况下，我们应在服务器上设置一个单独的用户，例如命名为 deploy。该服务器上应存储 SSH 密钥的公钥部分，以便使用这些凭据登录。在示例中，用户只需在 /var/www/test 文件夹中具有写入权限，该文件夹用于复制 HTML 文件。

Bash 脚本首先检查 Ubuntu 运行器上是否已存在 ~/.ssh 文件夹，并在必要时创建该文件夹。然后，将私钥复制到该文件夹中的文件，并限制文件权限，以便只有当前用户可以读取该文件。最后，执行 rsync 命令。为了使 rsync 在不请求服务器真实性确认的情况下传递正确的 SSH 密钥，调用时传递了 –i ~/.ssh/key 和 –o StrictHostKeyChecking=no 参数。

```
# File: ci-first/.github/workflows/start.yml (continued)
  deploy:
    runs-on: ubuntu-latest
```

```
needs: test
steps:
- uses: actions/checkout@v2
- name: Deploy HTML with rsync
  shell: bash
  env:
    SSH_KEY: ${{ secrets.SSHKEY }}
  run: |
    if [ ! -d ~/.ssh ]; then mkdir ~/.ssh; fi
    echo "$SSH_KEY" > ~/.ssh/key
    chmod 600 ~/.ssh/key
    rsync -rv --exclude=.git \
      -e "ssh -i ~/.ssh/key -o StrictHostKeyChecking=no" \
      $GITHUB_WORKSPACE/ deploy@server.com:/var/www/test/
```

在脚本中，SSH_KEY 环境变量中的 SSH 密钥机密源自 GitHub 变量。可以通过“Settings · Secrets”创建名为“SSHKEY”的机密，并将 SSH 密钥的机密部分复制到文本框中，如图 5.6 所示。

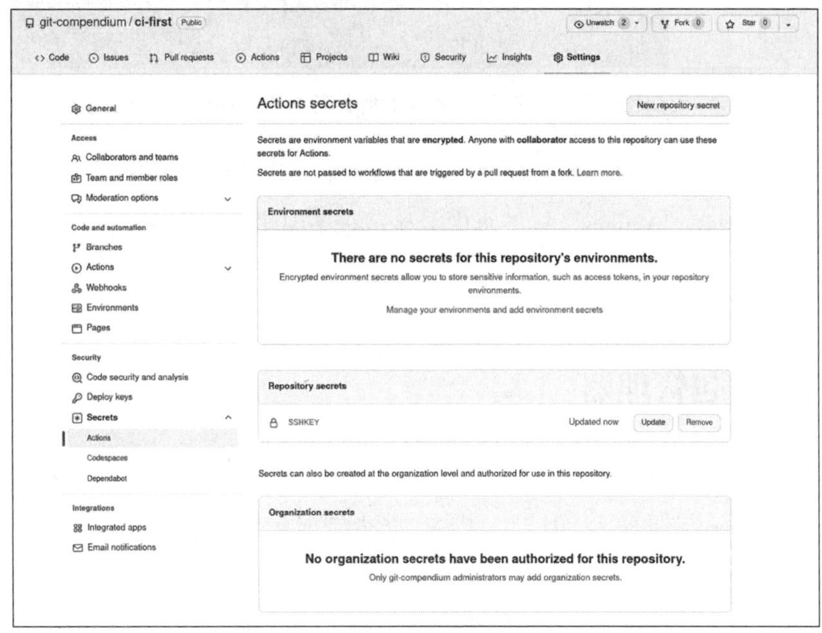

图 5.6 “ci-first”仓库中的 GitHub Secrets

本文所展示的工作流程诚然是高效持续集成（CI）/ 持续部署（CD）流程

的一个简化表示，即便是对于简单的网络应用程序而言，优化和打包代码现已成为普遍实践。部署过程往往不直接通过 SSH 进行，而是采用 Docker 容器进行交付，此流程将在后续章节中详述。

为解决复杂操作中的问题，用户可在网页界面中追踪每一步骤，并在必要时发起重启。在“View raw logs”菜单中，可找到关于每个步骤的详细消息，如图 5.7 所示。

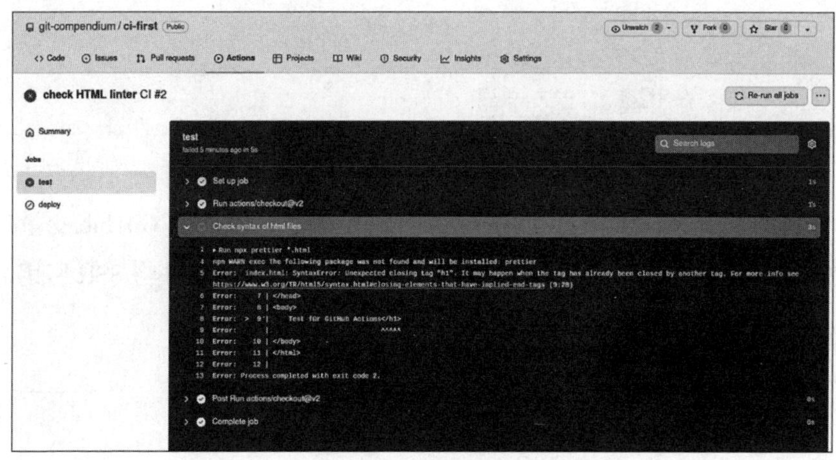

图 5.7　解决 GitHub Action 执行失败的问题

关于从其他仓库派生创建的仓库，GitHub 默认禁用其操作。尽管提供了配置文件，但在“Actions”标签页中会显示一条说明，指出这些操作需手动确认后才能执行。

5.3　包管理器

CI 技术通常以创建软件包为终点，不同的编程语言采用不同的打包格式，这些格式通常由包管理器（GitHub package）负责管理和更新。例如，Node.js 环境使用 npm，C# 则常用 NuGet，而在 Java 环境中，Maven 是当前的首选工具。容器技术进一步扩展了包的概念，将操作系统的必要部分与软件一同打包在容器镜像中。

为了在应用程序的构建过程中访问这些包，它们被存储在中心服务器上，包管理器会根据需要从这些服务器上加载它们。Docker 的包存储在 Docker Hub

上，而 npm 的包则存储在 NPM Registry 上。对于开发者而言，这意味着他们可能需要管理额外的账户，并持有这些服务器的访问凭证。

GitHub 致力于将软件开发的所有功能整合到一个平台上，因此已将支持通用包格式的仓库集成到每个 GitHub 仓库中。开发者可以直接将 Docker、npm、Maven、RubyGems 或 NuGet 包放置在包含其源代码的仓库中。依托 GitHub 强大的服务器基础设施，这种包集成方式既合理又高效，因为对于此类中心软件站点而言，可靠的互联网连接至关重要。

接下来，我们将演示如何使用 GitHub Actions 将简单的 Node.js 应用程序打包成 Docker 镜像，自动进行测试，并在测试成功后将其保存为 GitHub Docker 包管理器中的新版本。

5.3.1 示例

为此示例创建的仓库名为 git-compendium/ci-docker，其中包含了用于简单在线图像数据库的 Node.js 和 HTML 代码。test/ 文件夹中包含了一个端到端测试脚本，用于全面验证应用程序的功能。测试脚本使用了 Node.js 库 testcafe 来实现自动化测试。

```
# File: ci-docker/test/e2e.js
import { Selector } from 'testcafe';

fixture 'Webpage'
  .page('http://localhost:3001/')

test('Header 1 on main page', async t => {
  const h1 = Selector('h1');
  await t
    .expect(h1.exists).ok()
    .expect(h1.textContent).eql('Simple picture db');
})

test('Upload picture with exif date check', async t => {
  const pics = Selector('#pics>li')
  const picDate = Selector('#pics>li>span')
  await t
```

```
      .setFilesToUpload('input[type="file"]', [
        'demo.jpg'
      ])
      .expect(pics.count).eql(1)
      .expect(picDate.textContent).eql('Sat Feb 12 2022')
})

test('Delete picture', async t => {
  const pics = Selector('#pics>li')
  await t
    .click('#pics>li>button')
    .expect(pics.count).eql(0)
})
```

三项测试中的第一项相对简单：搜索第一个类别标题（h1），检查该元素是否存在于页面上，然后将文本与“Simple picture db”字符串进行比较；第二项测试更为有趣，涉及上传 demo.jpg 图片，该图片也位于测试文件夹中，因此无需指定路径，为了使测试成功，上传后列表项的数量必须恰好为一个，且图片上的日期条目必须为 2022 年 2 月 12 日，此日期从相机生成的元数据中以可交换图像文件格式（Exif）读取；在最后一项测试中，单击图片旁边的删除按钮，之后列表项的数量必须再次归零。

若本地启动 Web 应用程序（npm start），则可在请求测试人员执行之前，在本地计算机上运行这些测试，届时，将看到 Firefox 浏览器打开并按顺序执行测试，如图 5.8 所示。

```
❯ npx testcafe firefox test/e2e.js
Running tests in:
- Firefox 97.0 / Linux 0.0

Webpage
✓ Header 1 on main page
✓ Upload picture with exif date check
✓ Delete picture


3 passed (1s)
~/work/git/ci-docker main ❯
```

图 5.8　控制台中的端到端测试输出

到目前为止，一切操作都相对简单，但运行在数据中心某虚拟机上的 GitHub Actions 如何通过这些指令控制浏览器？而理应进行测试的 Web 服务又运行在哪里呢？testcafe 可以启动无头模式的浏览器，因此无需连接屏幕即可运行测试。在 package.json 文件中，我们已添加针对测试的条目，如下所列：

```
  "scripts": {
    "test": "testcafe firefox:headless test/e2e.js"
    ...
  },
```

在用于 Ubuntu 的运行器上，Firefox 浏览器已预先安装。在后续部分，我们将展示如何在运行器上的 http://localhost:3001 启动 Web 服务。

GitHub Actions 将执行以下步骤：

- 检出源代码；
- 为生产用途创建 Docker 镜像，将其标记为测试镜像，并上传至 GitHub Docker 仓库；
- 启动 Docker 镜像，并使用所展示的端到端测试进行测试；
- 若测试成功，则将 Docker 镜像标记为最新版本，并再次上传至 GitHub Docker 仓库。

此方法的优势在于为生产创建的 Docker 镜像会经过测试，并在成功完成后保持不变地进行部署。我们从 GitHub Actions 开始，如下所示：

```
# File: ci-docker/.github/workflows/main.yml
name: CI/CD with docker
on:
  push:
    branches: [ main ]
env:
  API_IMG_TEST: "ghcr.io/git-compendium/ci-docker/api:test"
  API_IMG_STABLE: "ghcr.io/git-compendium/ci-docker/api:latest"
```

在此情况下，唯一的新元素是在顶层创建了两个环境变量 API_IMG_TEST 和 API_IMG_STABLE。它们除了包含 GitHub Docker 仓库的服务器名称和指向仓库的路径外，还包含了镜像名称（api）和版本（分别用 latest 和 test 表示），二者之间以冒号分隔，每当向主分支推送时，将执行此操作。随后，创建并上传 Docker 测试镜像，然后执行测试，最后将 Docker 生产镜像（latest）打标签。为了防止作业并行运行，测试和发布作业各自包含了对前一个作业的 needs 声明。

```
# File: ci-docker/.github/workflows/main.yml (continued)
jobs:
  build:
    runs-on: ubuntu-latest
    steps:
      - uses: actions/checkout@v2
      - name: Build docker image
        run: docker build -t "${API_IMG_TEST}" .
      - name: Log in to registry
        run: |
          echo "${{ secrets.GITHUB_TOKEN }}" |\
            docker login ghcr.io -u ${{ github.actor }} \
            --password-stdin
      - name: Push docker image
        run: docker push "${API_IMG_TEST}"
  test:
    needs: build
    runs-on: ubuntu-latest
    services:
      api:
        image: ghcr.io/git-compendium/ci-docker/api:test
        ports:
          - 3001:3001
    steps:
      - uses: actions/checkout@v2
      - name: test running container
        run: |
          npm install
          npm test
  publish:
    runs-on: ubuntu-latest
    needs: test
    steps:
      - name: Log in to registry
        run: |
          echo "${{ secrets.GITHUB_TOKEN }}" |\
            docker login ghcr.io -u ${{ github.actor }} \
            --password-stdin
      - name: Tag docker image
        run: |
```

```
        docker pull "${API_IMG_TEST}"
        docker tag "${API_IMG_TEST}" "${API_IMG_STABLE}"
        docker push "${API_IMG_STABLE}"
```

在构建作业中，首先在当前 Ubuntu Linux 版本上检出源代码，然后使用 docker build 命令创建 Docker 测试镜像。为了将镜像上传到 GitHub Docker 仓库，需要先登录（docker login ghcr.io）。每个运行器上都会自动提供用于用户名（github.actor）和秘密令牌（secrets.GITHUB_TOKEN）的变量。

现在，我们将启动一个服务，该服务从 GitHub Docker 仓库加载 Docker 镜像，并将容器上的 3001 端口连接到运行器上的相同端口。

与服务启动并行的是检出源代码并使用 npm install 安装必要的模块（包括开发所需的模块）；然后，在运行器上使用 npm test 启动端到端测试。3001:3001 的端口映射使得 Web 服务可通过 http://localhost:3001 访问。请注意，我们的 Docker 镜像仅包含生产运行所需的必要文件，而不包含端到端测试的环境。

最终的发布作业不再需要源代码，只需再次登录到 GitHub Docker 仓库，下载成功测试的镜像，并将其标记为最新版本。最终推送将标签上传到仓库，替换之前标记为最新版本的镜像，如图 5.9 所示。

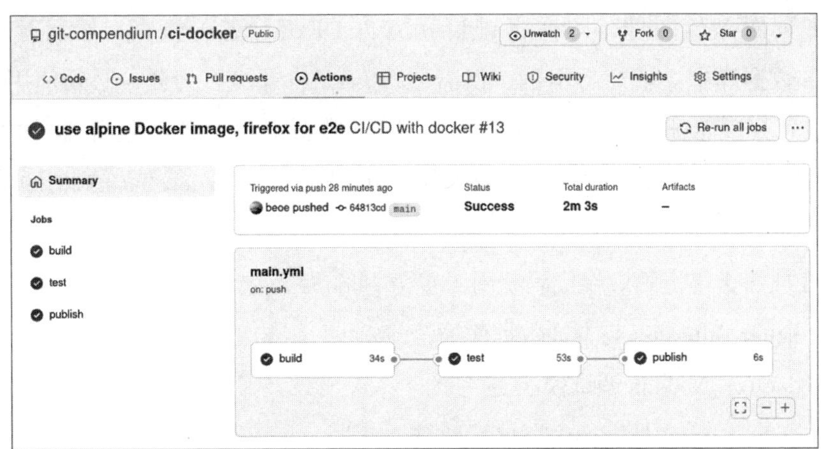

图 5.9 “ci–docker”仓库中成功的 GitHub 操作

5.4 自动安全扫描

软件开发中自动化的进步使得源代码中的问题检测几乎变得自动化，这种自动化在处理已知存在安全漏洞的包含库时尤为有效。此外，通过适当的工具，还可以自动发现遗留在源代码中的安全令牌或密码。GitHub 能够检查来自 20 个云服务提供商的令牌结构，并在发现时通知用户。

本部分将基于 Node.js 创建一个表示状态传输（REST）应用程序编程接口（API），并利用 GitHub 的安全特性。

5.4.1 Node.js 安全

特别是在 Node.js 环境中，小型、可重用模块的概念被广泛应用。模块之间的相互依赖往往意味着即使对于不是特别大的应用程序，也会使用超过 100 个模块。那些认真对待安全更新的人会很乐意使用一个系统，该系统会为所有在用的模块发送自动警告，这正是 GitHub 安全扫描器的用武之地。

我们将使用5.3 节中的小示例，该示例包括一个 REST 后端，它以 JavaScript 对象表示（JSON）格式与前端发送和接收数据。用户可以通过 HTML 页面上传图像，图像将进行元数据（Exif 标签）检查，然后存储在 SQLite 数据库中。要运行示例，仅需运行 Node.js 环境。为此，必须使用 npm install 命令安装相关的 Node.js 模块，并通过 npm start 启动服务器。之后，Web 服务器应在 3001 端口上运行，用户可以通过 http://localhost:3001 访问简单的网页。

处理图像解析的后端代码使用了多个 Node.js 模块，如下所列。

- better-sqlite3：与本地数据库通信。
- debug：Node.js 调试模块。
- exif-parser：从图像中读取元数据。
- express：简化 HTTP 通信。
- jimp：在数据库中放置预览图像。
- multer：从 HTTP POST 请求中提取文件。

• uuid：根据 RFC 4122 生成通用唯一标识符（UUIDs）。

对于开发，我们还使用了 nodemon 模块，该模块在源代码更改时可以自动重启后端，以及 testcafe 用于软件的端到端测试。由于这些模块本身又使用其他模块，因此在调用 npm install 后，安装的包从 9 个增加到 700 多个，npm 命令输出如下所示：

```
added 739 packages, and audited 740 packages in 4s
```

这些包中出现安全漏洞并不令人意外 Node.js 开发人员已经预料到了这种漏洞，这就是为什么 npm 命令中已包含一段时间的审核功能。使用 npm audit，可以扫描 Node.js 项目中的模块查找已知的安全问题，并且使用 npm audit fix 扩展时，这些问题甚至通常可以自动修复（前提是新版本不包含不兼容的更改）。

npm 无疑是一个有价值的工具，但它要求用户自行启动进程，而 GitHub 则会自动处理此过程，并通过电子邮件和 GitHub 通知中心发送警报，如图 5.10 所示。

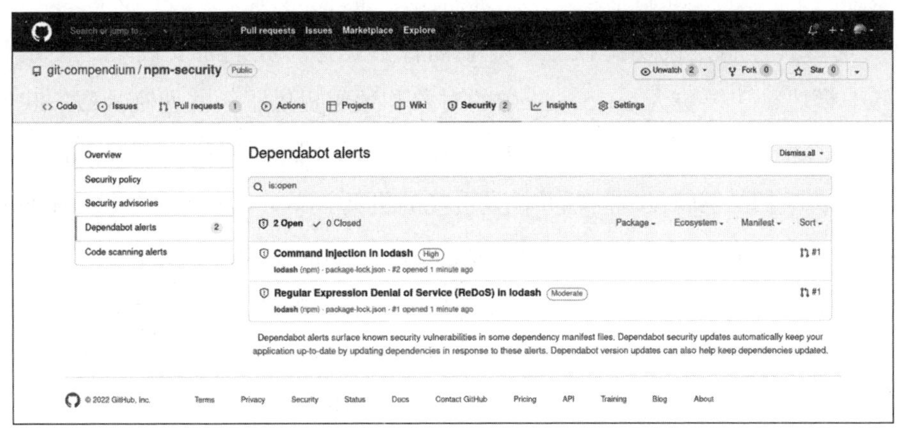

图 5.10　GitHub 仓库中的安全警告

GitHub 的功能远不止于此。若发现安全漏洞且存在标记为兼容的更新包，GitHub 将自动生成拉取请求（Pull Request）。为此，一个自动化运行的程序（也称为机器人）将在仓库中创建一个分支，在该分支上运行更新，并通过拉取请求将该分支推送到 GitHub，如图 5.11 所示。

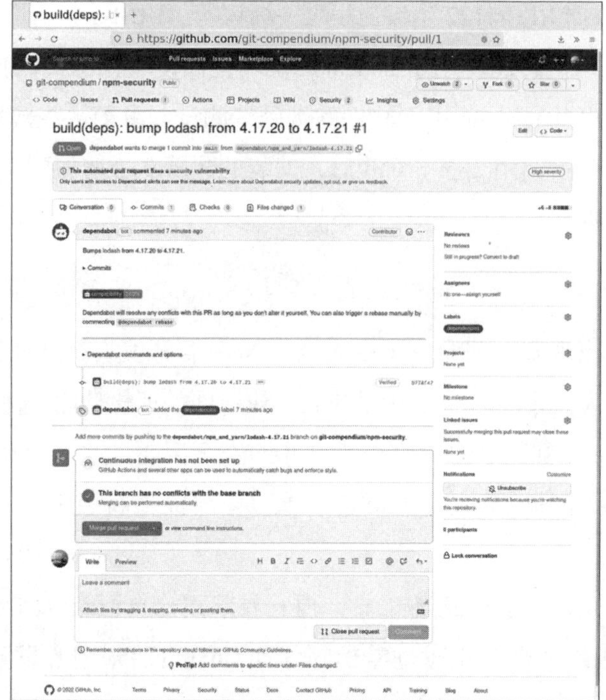

图 5.11　由于 Node.js 模块漏洞而自动生成的拉取请求

现以具体示例说明此概念。对于图像数据库，我们将安装广泛使用的 lodash 模块，该模块为 JavaScript 中的对象和数组提供了一些便利函数。我们所使用的 lodash 模块版本（4.17.20）存在一个可用于代码注入的安全漏洞。推送后，自动扫描器将发现问题并检查可能的更新。dependabot 用户（GitHub 的自动包更新程序）将创建 dependabot/npm_and_yarn/lodash-4.17.21 分支，并在该分支上执行模块更新。随后，将创建拉取请求，并发送两封电子邮件：一封包含安全问题的通知，另一封包含拉取请求。

此时，若在本地计算机上运行 git pull，GitHub 上新建的分支将被加载并在本地创建，如下所示：

```
git pull

  remote: Enumerating objects: 5, done.
  remote: Counting objects: 100% (5/5), done.
  remote: Compressing objects: 100% (3/3), done.
```

```
remote: Total 3 (delta 2), reused 0 (delta 0), pack-reused 0
Unpacking objects: 100% (3/3), 1000 bytes | 90.00 KiB/s, done.
From github.com:git-compendium/npm-security
 * [new branch]      dependabot/npm_and_yarn/lodash-4.17.21 ->
 origin/dependabot/npm_and_yarn/lodash-4.17.21
```

我们现在可以像平常一样拉取拉取请求（Pull Request），既可以通过网页界面，也可以通过将本地分支与本地主分支合并后再推送。若通过网页界面合并，dependabot 将清理并删除不再需要的分支。

dependabot 还有更多妙招，如在我们注意到 GitHub 发出的安全警告之前，我们可能已经继续在项目上工作并安装了额外的 Node.js 模块 moment，将新版本推送到 GitHub 后，我们在控制台收到了关于仓库中存在问题的消息，如下所示：

```
git push

  Counting objects: 7, done.
  ...
  remote: Resolving deltas: 100% (3/3), completed with 3 local...
  remote:
  remote: GitHub found 2 vulnerabilities on
  git-compendium/npm-security's default branch (1 high,
  1 moderate). To find out more, visit:
  remote:  https://github.com/git-compendium/npm-security/secu...
  ...
```

但现有的拉取请求将如何处理？在安装 moment 模块期间，负责模块管理的 package.json 和 package-lock.json 文件已发生更改。因此，修改相同文件的拉取请求无法再轻松合并。dependabot 也通过自动将 dependabot/npm_and_yarn/lodash-4.17.21 分支重新基于新的主分支来解决此问题。

5.5 GitHub 其他功能

5.5.1 协作

GitHub 平台的一大优点是它为开发人员提供了向项目贡献代码的简单流

程。即使没有深入的分支和合并知识，也可以通过清晰地拉取请求来修改和合并现有项目。如果项目经理批准了更改，则只需在网页界面中点击几下，新功能即可被采纳，贡献者的提交信息将被保留。

5.5.2 问题跟踪

在现代软件开发中，涉及多人协作时，问题跟踪或错误跟踪系统被视为绝对必要的工具，用户可以使用此系统报告错误，如图 5.12 所示。GitHub 中的问题可以贴上标签，并可以分配给里程碑。

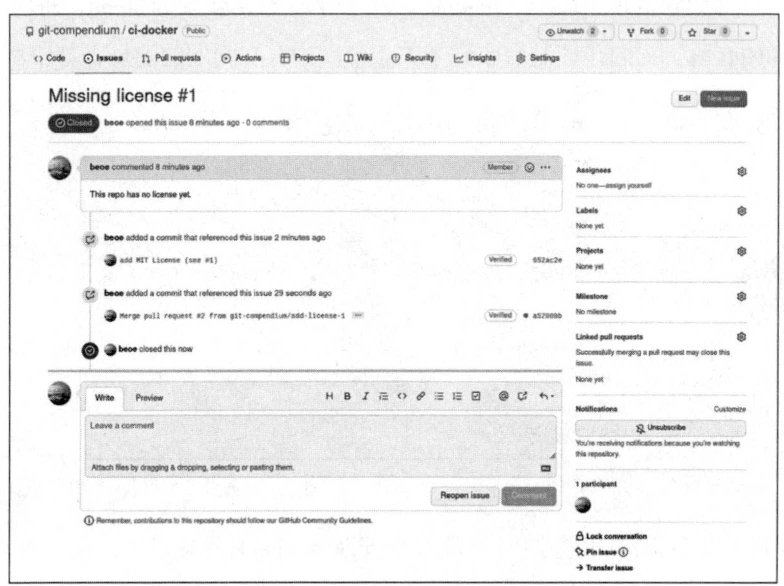

图 5.12　GitHub 问题编号 1，引用了缺失的许可证

这个特性的一个特点是可以通过提交信息的文本关键字引用问题。例如，假设你的信息如下：

```
add MIT License (see #1)
```

在 GitHub Web 界面中，你会看到提交信息中的一个链接。此外，GitHub 创建了一个编号为 2 的条目，表示该票已在提交中提到，同时，还将创建到该票的链接。

自 2016 年起，GitHub 只支持英语作为菜单和所有其他生成的文本的语言。我们可以用其他语言撰写提交信息，但 GitHub 的其他部分仍然是英语。因此，在较大的项目和公共项目中，通常的做法是用英语撰写提交信息。

5.5.3　讨论与团队

针对问题的评论机会经常被广泛使用，以至于 GitHub 的开发者们觉得平台需要一个专门的讨论区域。

GitHub Discussions 是一个相对较新的组件，它在团队层面运作。在 GitHub 中，可以在组织下创建团队，并提供嵌套结构的选项。例如，你可能有一个员工团队，其下又有其他团队，如 IT 人员和销售人员，每个团队都是员工的子团队。通过使用团队，你可以快速管理对各个 GitHub 仓库的访问权限。可以给整个团队只读访问权限或完全访问权限。

在讨论中，你可以简单地提及人员或其他团队（使用 @ 语法）。如果在对应的数字前加上 # 前缀，问题和拉取请求也会被关联起来。访问权限仅限于分配给团队的仓库和团队。

5.5.4　Wiki

Wiki 是传统的笔记本已在数字世界中找到其对应物。对于人们不在同一地区而在远程地点工作的项目，Wiki 可使每个人同时访问，并可作为分享常识的途径。此类电子文档成功的关键在于遵循一定的结构，但维基的操作也很简单，就像笔记本一样，可以快速记下一些东西。

在此背景下，Wiki 允许简单的格式化、相互链接以及并入图形（通常是技术文档的屏幕截图）。每个 GitHub 存储库都可以通过集成到界面中的 Wiki 进行注释和记录。此界面的一大优势在于用户无需搜索文档，只需点击“Wiki”选项卡即可找到所需信息。GitHub 不会将文件放置在用户的 Git 存储库中，而是为其创建自己的 Git 存储库，名称与 GitHub 存储库相同，但会加上“.wiki”扩展名。

直接在浏览器中使用此 Wiki 功能是最简单的方法。GitHub 提供了一个工具栏，用于简单的格式化、添加图像和链接。如果用户更喜欢在计算机上的编辑器中编辑 Wiki，可以在本地签出、修改、提交和推送相应的 Wiki Git

存储库。请注意，如果同时使用这两种工作流程，则可能会产生合并冲突的风险。

作为各种文本文档的格式，Markdown 已被广泛接受。默认情况下，GitHub 也建议以这种格式编写维基页面，但并不限于此。用户还可以使用 AsciiDoc、reStructuredText 或其他格式编写 Wiki，如图 5.13 所示。

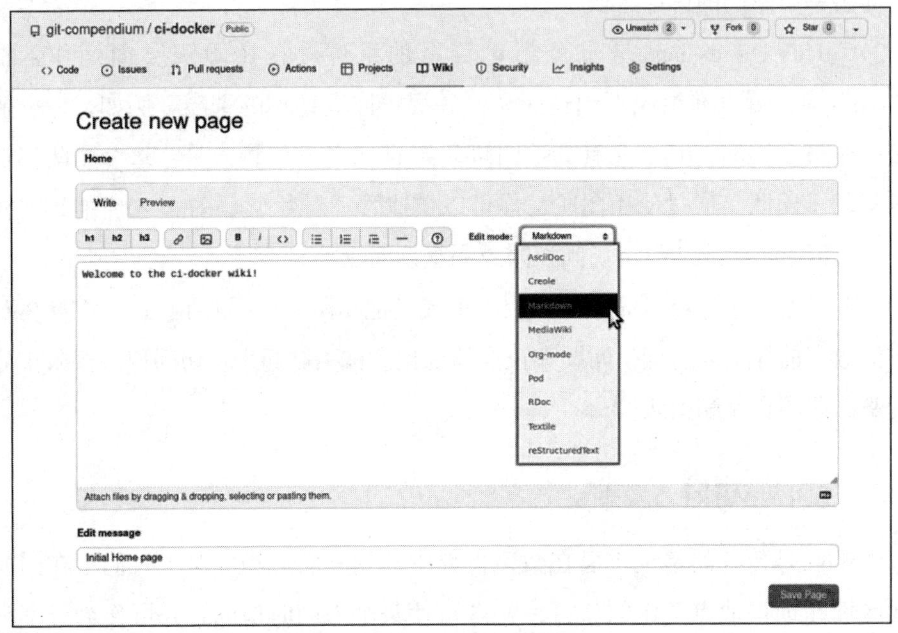

图 5.13　GitHub Wiki 页面的不同格式

Wiki 中的协作限制

特别是在公共的 GitHub 项目中，wiki 功能的一个根本性劣势变得显而易见，其中所包含的文档位于实际存储库之外。这种分离使得外部人员难以协助文档工作，因为常规流程（即先 fork，后 pull request）无法实现。

这时应考虑放弃使用 wiki，而只需在存储库的某个目录（通常为 doc 目录）中使用 Markdown 文件创建文档。

5.5.5　Gists

若将 wiki 视作笔记，那么 gists 便是程序代码片段和配置文件。根据文件类型进行彩色语法高亮显示，使阅读更加轻松，已登录的用户可以直接在 gist 下方发表评论或为 gist 点赞。另一项实用功能包括通过 JavaScript 代码片段嵌入 gist，这些代码片段可以从 Web 界面复制，如图 5.14 所示。

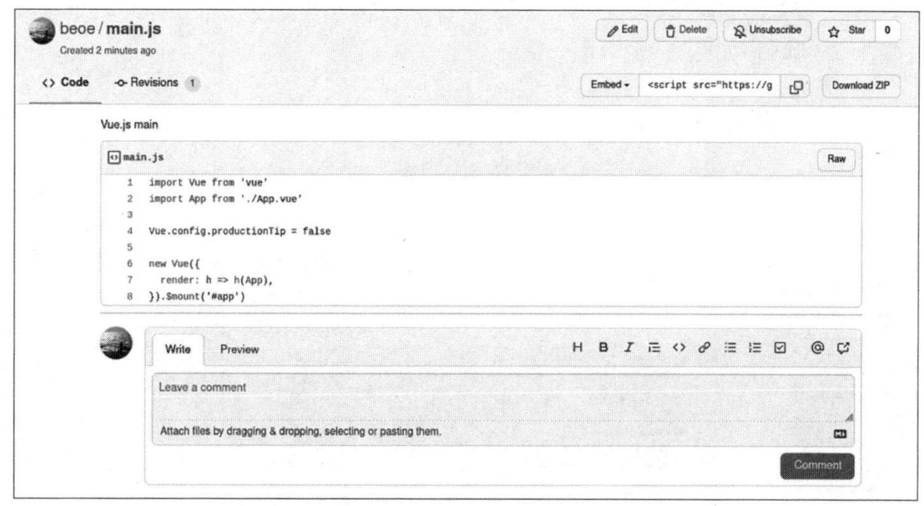

图 5.14　GitHub Gist 中的短 JavaScript 文件

5.5.6　GitHub Pages

前文提及的 wikis 是快速记录笔记的绝佳方式，但是其所生成的网页在布局和交互选项方面存在限制。

GitHub Pages 还允许用户在网络上向自己的 GitHub 账户发布整个网站。激活此模块相当简单，只需在账户中创建一个名为 username.github.io 的 GitHub 存储库，随后该存储库中的文件将很快可以在 https://username.github.io 进行访问。这里请确保 GitHub 用户名与存储库名称的拼写完全相同。

尤其对于软件开发者而言，其巨大优势在于该网站如同软件源代码一般，在一个 Git 存储库中进行管理。尽管可能没有可用的数据库，但基于 Vue.js、Angular 或 React 的前端网络应用仍可顺利运行，就如网络托管包常见的情况一样。

若倾向于使用更简便的方式为项目创建网站，可使用静态站点生成器。这些程序利用模板（主题）将 Markdown 转换为 HTML 文件，还可以创建导航元素或循环结构化数据（例如 CSV 或 JSON）。此类别中的知名代表有 Hugo、Hexo 和 Jekyll，后者在 GitHub 环境中尤为引人注目。实际上，在项目网站设置中，可选择一个 Jekyll 主题，该主题将通过 Jekyll 程序将所有 Markdown 文件转换为网站，如图 5.15 所示。

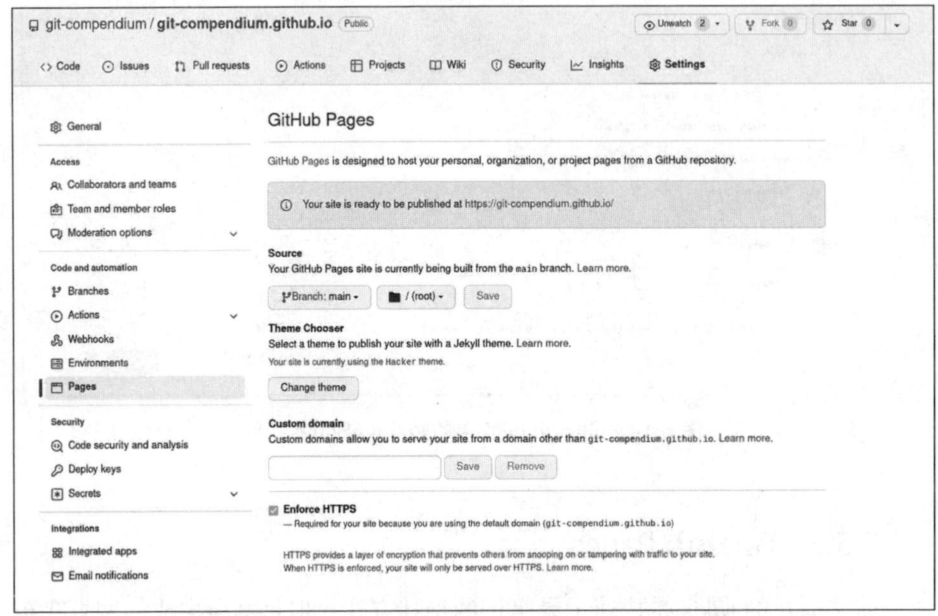

图 5.15　带有 Jekyll 主题的 GitHub Pages 设置

GitHub Pages 不仅限于单个存储库 username.github.io。可以在任何 GitHub 存储库中启用 GitHub Pages。可以在“设置”·“页面”下找到该设置，在此可以选择 HTML 或 Markdown 文件是在 docs 子文件夹中，还是在主存储库目录中。如果为 GitHub Pages 启用了除 username.github.io 之外的存储库，则文件将在 https://username.github.io/repositoryname 中提供。

自定义域名

GitHub 提供了将自定义域名与 GitHub Pages 相关联的选项。为此，必须相应地调整 DNS 提供商的域名系统 (DNS) 设置。

5.6 GitHub 命令行界面

本章已多次提及 GitHub 是一个用于管理 Git 存储库的网络平台，那么现在命令行界面（CLI）在此扮演何种角色呢？GitHub CLI 仍是一个新兴项目，它使用户能够从控制台执行 GitHub 上经常使用的操作。该 CLI 明显针对的是高级用户（即经常使用 GitHub 平台的用户）。

目前，用户可以使用 gh 命令来处理问题、拉取请求和存储库。如果在调用命令时位于从 GitHub 签出的存储库中，则所有命令都将针对该存储库执行；另外，用户也可以使用 -D <user/repo> 选项从任何目录中选择存储库。

"hub" 与 "gh"

除了 GitHubCLI，一个类似的项目叫做 hub，它起源于 GitHub 的早期阶段，提供了更多的功能，并相应地受到欢迎。但是，hub 的方法是将 git 命令集成到 hub 中。随着时间的推移，这种方法被证明是一个错误的决定，因为在 git 更新后，不断出现不兼容性问题，这只能用极大的努力来修复，所以 hub 已经很少使用。

5.6.1 安装

该程序的安装较为简单，该程序采用 Go 编程语言编写。我们可以从其 GitHub 页面 https://github.com/cli/cli/releases 下载适合平台的二进制文件，并将其复制到操作系统的搜索路径中，另外，常见的操作系统也提供了安装包供选择。

第一次使用 CLI 时，必须使用 gh auth logon 命令登录，并授予程序访问 GitHub 账户的权限，这可以通过 Web 浏览器方便地完成，如图 5.16 所示。在命令行上，你将会收到一个一次性代码，必须在 Web 浏览器中输入该代码，以便随后授权该程序。

完成安装和身份验证后，就可以使用一个简单的命令创建一个新的 GitHub 存储库，如下所示：

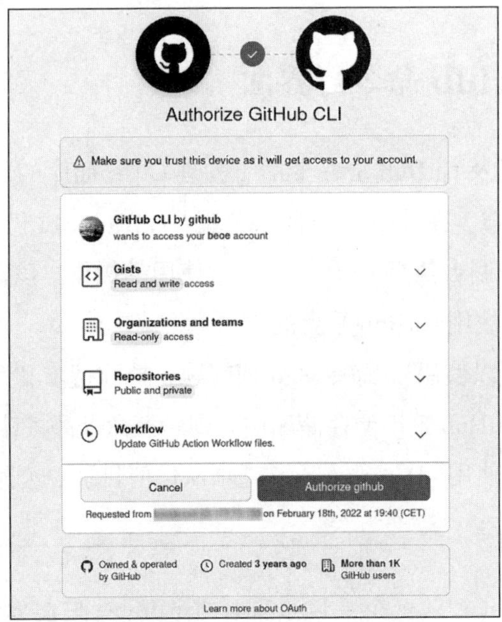

图 5.16　在 Web 浏览器中进行 GitHub CLI 身份验证

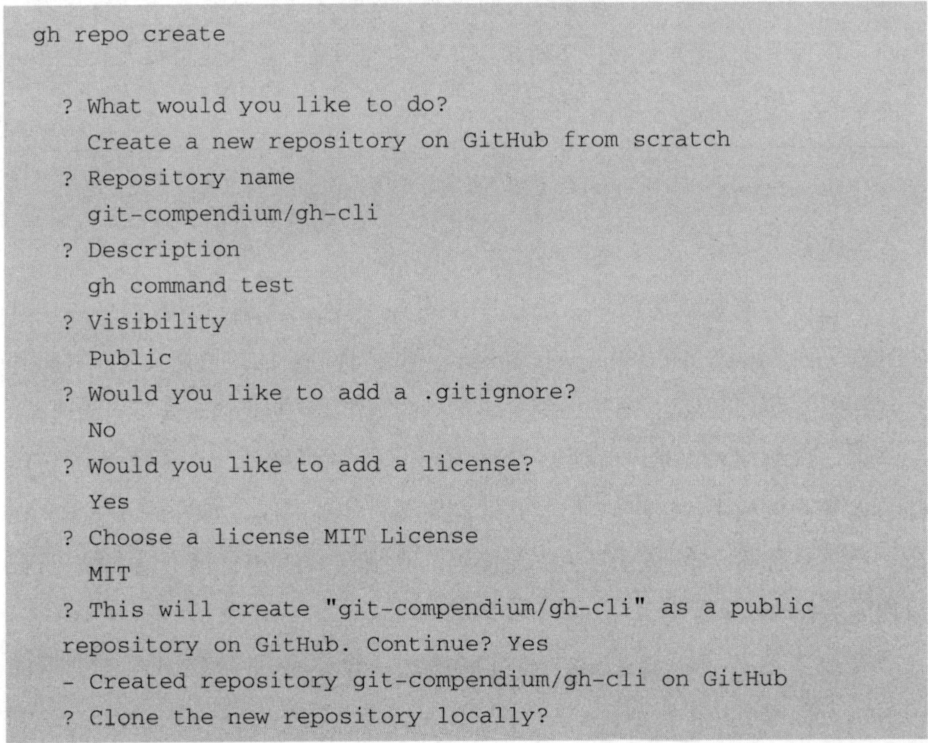

```
gh repo create

  ? What would you like to do?
    Create a new repository on GitHub from scratch
  ? Repository name
    git-compendium/gh-cli
  ? Description
    gh command test
  ? Visibility
    Public
  ? Would you like to add a .gitignore?
    No
  ? Would you like to add a license?
    Yes
  ? Choose a license MIT License
    MIT
  ? This will create "git-compendium/gh-cli" as a public
  repository on GitHub. Continue? Yes
  - Created repository git-compendium/gh-cli on GitHub
  ? Clone the new repository locally?
```

```
    Yes
  Cloning into 'gh-cli'...
...
  ...
```

在执行命令之前，交互式对话框会引导完成必要的规格设置也可以通过在命令行直接指定存储库名称并添加必要的 --public 开关来跳过此对话框。现在，请在此存储库中创建第一个提交。已商定在存储库中创建一个许可证文件，这一选择的优势在于，与空存储库不同，主分支已经被创建。

现在，使用以下命令为新存储库创建一个初始问题：

```
gh issue create -t "Create README.md" \
  -b "Add project description in markdown file"

  Creating issue in git-compendium/gh-cli
  https://github.com/git-compendium/gh-cli/issues/1
```

创建一个名为 add-readme 的新分支，并在其中创建请求的 README.md 文件，然后提交并推送该分支。接下来，使用 CLI 在此分支上创建一个拉取请求，使用以下命令：

```
gh pr create

  Creating pull request for add-readme into main in git-compen...

  ? Title fix: #1 add README
  ? Body <Received>
  ? What's next? Submit
  https://github.com/git-compendium/gh-cli/pull/2
```

标题来自提交消息，此处包含对问题（# 1）的引用。如果拉取请求无误，可以使用 git 命令将该分支合并到主分支中。

```
git merge add-readme     # on the main branch

  Updating 2cc0bfd..5aad2c3
  Fast-forward
   README.md | 3 +++
```

```
1 file changed, 3 insertions(+)
create mode 100644 README.md
```

当推送主分支时，GitHub 会检测到拉取请求已成功并自动关闭它，此外，提交信息将启动另一个流程。由于信息以 fix：#1 开头，因此关联的问题 1 也将自动关闭。在网络界面中，可以看到此问题的完整文档记录，包括问题、拉取请求和合并链接，如图 5.17 所示。

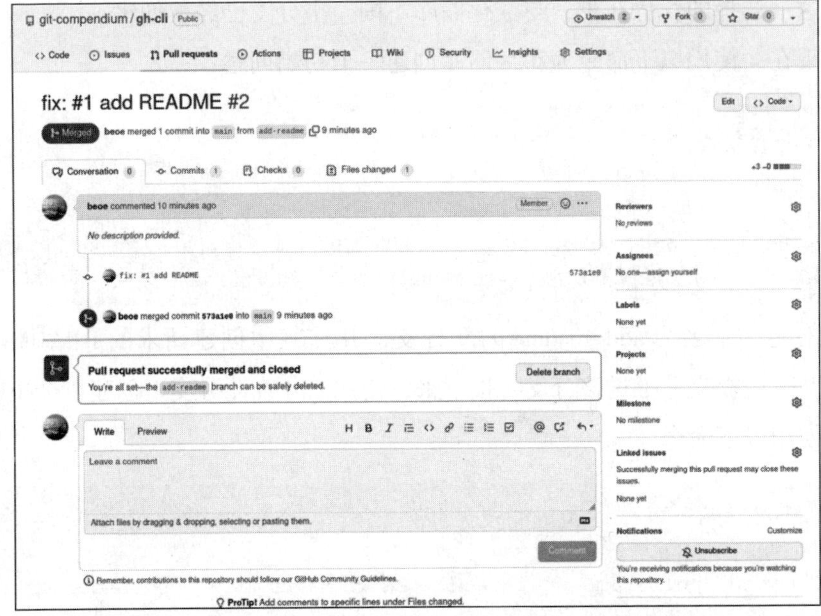

图 5.17　使用 GitHub CLI 成功进行 Pull Request

5.7　Codespaces

Codespaces 这一概念虽新，但其潜力不容小觑。

设想一下，周末来临，你正在心仪的滑雪胜地畅享滑雪之乐，不幸的是，同事的一通电话打乱了你的计划。他们指出，周五晚上所做的小改动可能并非明智之举，因为项目网站突然停止运行了。你甚至没有携带笔记本电脑，如果 bug 急需修复，你就得取消滑雪行程。即便能在滑雪胜地找到一台电脑，想要安装配备所有必要工具的开发环境也不太现实。

此时，GitHub Codespaces 便可发挥作用。这款工具能在网络浏览器中提供一个完整的开发环境，包括编辑器（VS Code），而且还可用手机操作，图 5.18 中的截图就来自某位作者的手机。当然，这种方式无法编写大量代码，但若是用于修改笔误，或运行简单的命令，如 git add、git commit 和 git push 等，还是非常方便的。

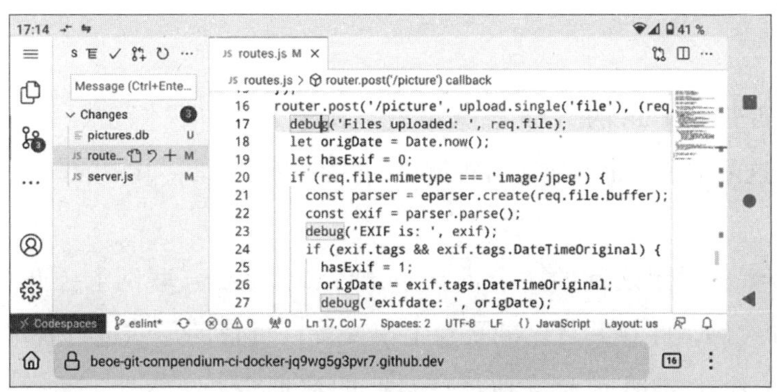

图 5.18　在安卓手机上使用 GitHub Codespaces

最初看似有点神奇的东西，在虚拟化和 Docker 容器的帮助下成为了可能。在 GitHub 上启动一个 codespace 可以为项目创建一个虚拟的 Linux 环境，在这个环境中，甚至可以访问一个真实的 shell（命令行）。

上文描述的滑雪之旅受挫场景可能并非此开发背后的主要动机。实际上，Codespaces 的重点是为所有团队成员提供一个统一且完整的开发环境。尤其对于使用不同编程语言或框架的复杂项目而言，这种统一的体验可以节省大量时间。

对于简单的 Node.js 示例，所需的模块会自动安装，并通过 npm start 启动程序。端口转发（通过 3001 端口）的实现方式甚至使得网站可通过 githubpreview.dev 子域上的有效 HTTPS 加密进行访问。

Dev Containers

本书不涉及代码空间配置的详细处理。如果对此使用案例感兴趣，我们建议查看 GitHub 帮助页面，以设置 Dev Containers，因为 GitHub 将其虚拟环境称为 Dev Containers。

第 6 章　GitLab

GitLab 是 GitHub 的直接竞争对手，在第 5 章中我们已经详细介绍了 GitHub。这两个平台都提供了各种有用的软件开发工具，其中的核心元素都是 Git 仓库。

两个竞争对手之间的一个重要差异是 GitLab 在互联网上公开维护应用程序的源代码，并在其自己的平台上以开源许可证的形式进行管理，因此，与 GitHub 不同，GitLab 允许项目在自己的数据中心（本地）运行 GitLab 服务器。

GitLab 的 Web 界面与 GitHub 的界面有很大不同。一个重要的区别是：在 GitLab 中，中心菜单位于左侧垂直排列（图 6.1），而在 GitHub 中，它位于主

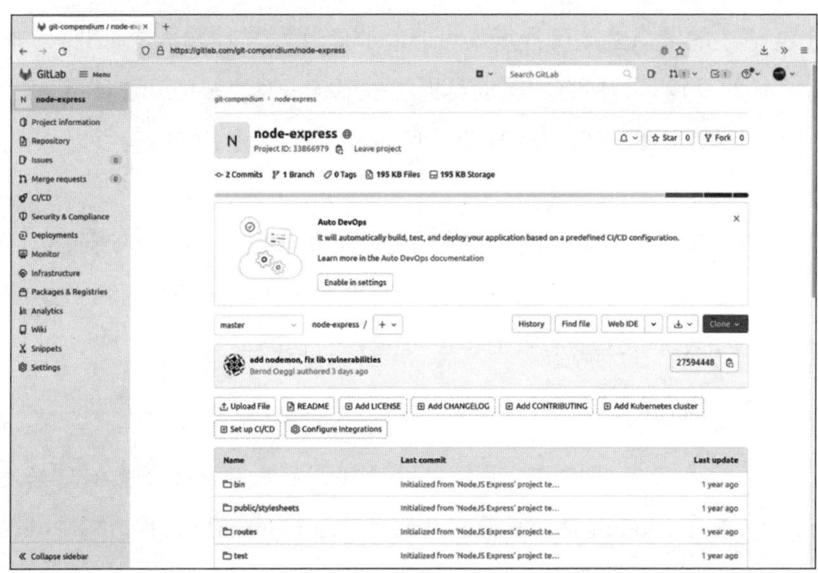

图 6.1　基于 Node.js Express 模板的 GitLab 首个项目

要内容上方水平排列。对于我们作为用户来说，这种竞争是有好处的，因为可以促使两个平台不断推出新功能，而且这些功能通常是免费的。

6.1 本地安装与云端

正如我们之前提到的，GitLab 和 GitHub 之间最大的区别可能就是可以自己安装 Git 项目管理平台的服务器，因此可以使用这个软件来开发商业或开源项目，而不用担心数据会落入他人手中。

GitLab 由以下几个组件组成，同时必须在一个或多个服务器上运行。

- 基于 Ruby on Rails 的 Web 应用程序；
- PostgreSQL 数据库服务器；
- SSH 服务器；
- Gitaly 服务器（一种准上游 Git 服务器）；
- Redis 数据库服务器；
- Nginx Web 服务器；

GitLab 提供了不同的安装方式，非常容易和快速，但是所有这些安装方式都是为 Linux 系统设计的，不支持在 Windows 上运行。

6.2 安装

本节将逐步介绍在个人的硬件上安装 GitLab 服务器的步骤。为了尽可能避免困难，我们建议使用专用服务器或适当的云实例，该实例仅用于 GitLab。我们可以租用一个符合硬件要求的虚拟服务器，每月只需几美元。在本节中，我们将描述使用操作系统的软件包管理器进行安装的推荐方法，同时也可以将 GitLab 作为 Docker 容器运行或从源代码编译。

我们测试服务器的（虚拟）硬件具有以下关键数据：

- 2（虚拟）CPU；
- 4GB RAM；
- 40GB SSD。

服务器必须可以通过互联网访问，并且应该有一个有效的域名系统（DNS）记录，因为传输是加密的。我们将使用 gitlab.git-compendium.info 进行此操作，操作系统是 Ubuntu 20.04，官方支持与 Debian、CentOS 和 openSUSE 一起提供 GitLab 软件包。

GitLab 还提供云中自托管 GitLab 实例的图像和安装说明。无论是通过 Microsoft Azure、Google 还是 Amazon 或现有的 Kubernetes 集群，GitLab 网站上的说明非常详细，可在 https://about.gitlab.com/install 中查阅相关信息。

首先，必须安装必要的附加包并配置 postfix 以允许该服务器发送电子邮件。GitLab 需要电子邮件功能进行通知，特别是用于重置密码。

```
sudo apt update
sudo apt install curl openssh-server ca-certificates postfix
```

我们将在 postfix 配置中使用 gitlab.git-compendium.info 作为系统邮件名称，这样发送的电子邮件会将 gitlab@gitlab.git-compendium.info 作为发件人；接下来，必须将 GitLab 软件包目录添加到软件包管理器中。GitLab 有一个小的 shell 脚本，可以自动执行此步骤，如下所示：

```
curl https://packages.gitlab.com/install/repositories/
gitlab/\
  gitlab-ee/script.deb.sh | sudo bash
```

请注意，URL 必须写在一行上。APT 软件包管理器已扩展为包含条目 /etc/apt/sources.list.d/gitlab_gitlab-ee.list。此外，该脚本还更新了本地软件包缓存。最后，输入以下命令：

```
sudo EXTERNAL_URL="https://gitlab.git-compendium.info" apt-
get \
  install gitlab-ee
```

此时就已经启动了安装过程。系统的所有组件都打包到一个包中（超过 800 MB）。在控制台窗口中，我们可以密切关注安装的进展情况，并突出显示重要信息的颜色。在控制台的最终输出中，我们看到以下注释，表示初始密码在个人的服务器上的一个文件中。

```
Notes:
Default admin account has been configured with following det
ails:
Username: root
Password: You didn' t opt-in to print initial root password to
STDOUT.
Password stored to /etc/gitlab/initial_root_password. This file
will be cleaned up in first reconfigure run after 24 hours.
```

接下来，在浏览器中打开 https://gitlab.git-compendium.info 或在安装过程中使用的地址。在起始页面上，必须使用存储在文件中的管理员账户密码，用户名为 root。

现在，可以在 GitLab 实例中创建第一个用户，如图 6.2 所示，在使用自己的账号登录后，GitLab 会提醒尚未存储 SSH 密钥，这时，GitLab 实例已经完全可用，如图 6.3 所示。

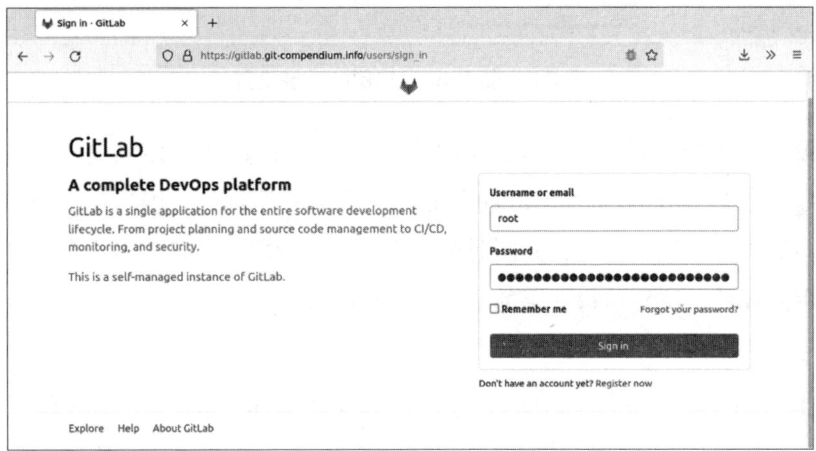

图 6.2　首次登录新创建的 GitLab 实例

6.2.1　安装 GitLab Runner

作为安装的最后一步，本书将讲解如何安装和激活 GitLab Runner。持续集成（CI）流水线是 GitLab 的一个优秀的功能。基本上，流水线与 Git 钩子类似，但是管道更加灵活和强大。在流水线中，不同的部分（作业）被同时或顺序执行，作业在逻辑上可以与其他部分的结果相连接。

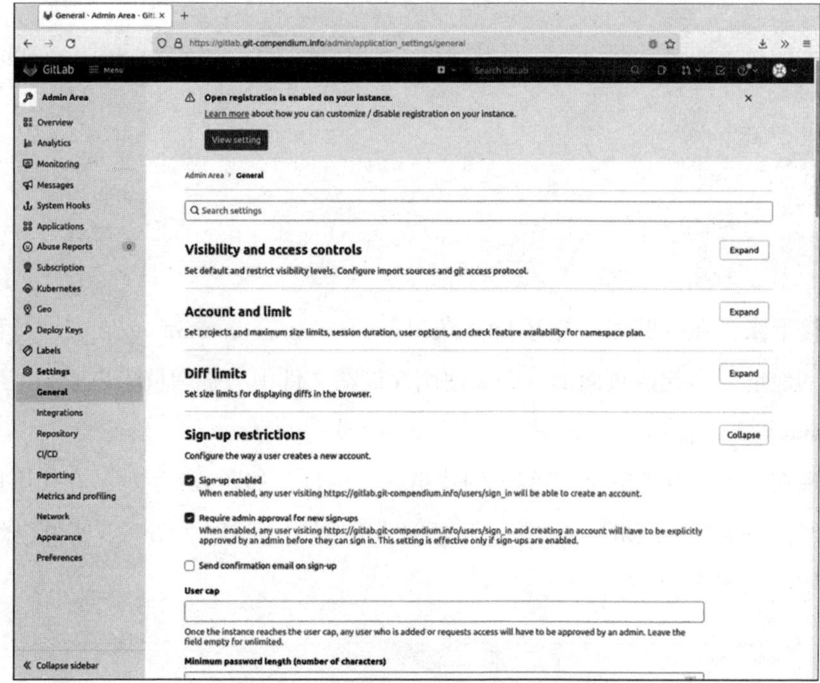

图 6.3　新 GitLab 实例的登录设置

流水线不是直接在 GitLab 实例上执行，而是在任何计算机上运行，即运行程序，它通过 Internet 与 GitLab 通信。该系统非常灵活，因为运行程序可以在不同的操作系统上运行，并同时提供不同的执行器。在这个术语背后是作业被处理的环境，特别值得一提的是以下三个组件。

Shell

作业在操作系统的 shell 中执行，其在 Linux / macOS 上是 Bash，在 Windows 上是 PowerShell。执行是在运行 runner 的计算机上作为独立用户执行的，并且运行流水线所需的程序必须安装在计算机上。

Docker

每次启动都提供一个清洁的环境。可以使用自己的 Docker 映像来执行流水线，并安装所有必要的程序。与 shell runner 相比，此环境更加灵活和可扩展。

Kubernetes

在现有的 Kubernetes 群集中使用容器。如果已经在使用 Kubernetes，则可以在此处运行 runner，而无需更多硬件。与 shell runner 相比，Kubernetes 提供更好的资源管理和扩展选项。

Runner 还可以启动像 VirtualBox 或 Parallels 这样的虚拟机，或通过 SSH 访问远程服务器并在那里运行流水线。通常，一个 GitLab 实例将有多个来自不同计算机的注册 runner。

要在当前的 Ubuntu / Debian 系统上安装 runner，应该从 https://gitlab-runner-downloads.s3.amazonaws.com/latest/index.html 下载 Debian 软件包（gitlab-runner_amd64.deb）。在执行此操作之前，请确保已安装 Git 和 Docker 程序。

```
sudo apt install git docker.io
curl -LJO https://gitlab-runner-downloads.s3.amazonaws.com/\
  latest/deb/gitlab-runner_amd64.deb
sudo dpkg -i gitlab-runner_amd64.deb
```

安装 Debian 包时，会添加一个新的 gitlab-runner 用户。为了允许这个用户使用 Docker，需要使用以下命令将其添加到适当的组中：

```
sudo usermod -aG docker gitlab-runner
```

此步骤完成了 runner 的安装，可以在以下命令的输出中看到活动状态。

```
systemctl status gitlab-runner

  . gitlab-runner.service - GitLab Runner
       Loaded: loaded (/etc/systemd/system/gitlab-runner.servi...
       Active: active (running) since Sat 2022-02-19 10:39:31 ...
```

要将 runner 注册到 GitLab 实例中，必须在 Web 界面上导航到“Admin · Runners”。单击“注册实例运行程序”按钮以找到以下注册所需的令牌。现在，在 runner 的命令行中启动注册过程。

```
sudo gitlab-runner register --non-
interactive \
    --registration-token xxxxxxxxxxxxxxxxxxxx \
    --run-untagged \
    --name cloudRunner1 \
    --url https://gitlab.git-compendium.info/\
```

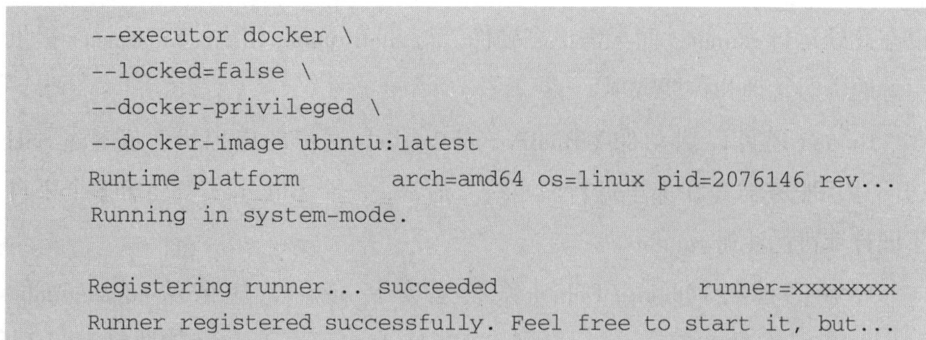

```
  --executor docker \
  --locked=false \
  --docker-privileged \
  --docker-image ubuntu:latest
Runtime platform        arch=amd64 os=linux pid=2076146 rev...
Running in system-mode.

Registering runner... succeeded                   runner=xxxxxxxx
Runner registered successfully. Feel free to start it, but...
```

此命令以非交互模式开始安装，这时也可以调用 sudo gitlab-runner register，在命令行中进行步骤指导。但是请注意，-docker-privileged 和 -locked=false 设置只能直接通过命令行调用设置。

为了在 Docker 执行程序中启用某些操作，必须以特权模式启动容器。从安全角度来看，这种方法并不是特别好的想法，但由于 runner 不应该在重要服务器上运行，因此在这种情况下，安全方面并不是优先考虑的问题。默认情况下，runner 仅适用于使用也分配给 runner 的标签的流水线。可以使用 -tag-list 在命令行中设置此设置，也可以在 Web 界面下的“Admin · Runners · Tags”中更改它，如图 6.4 所示。

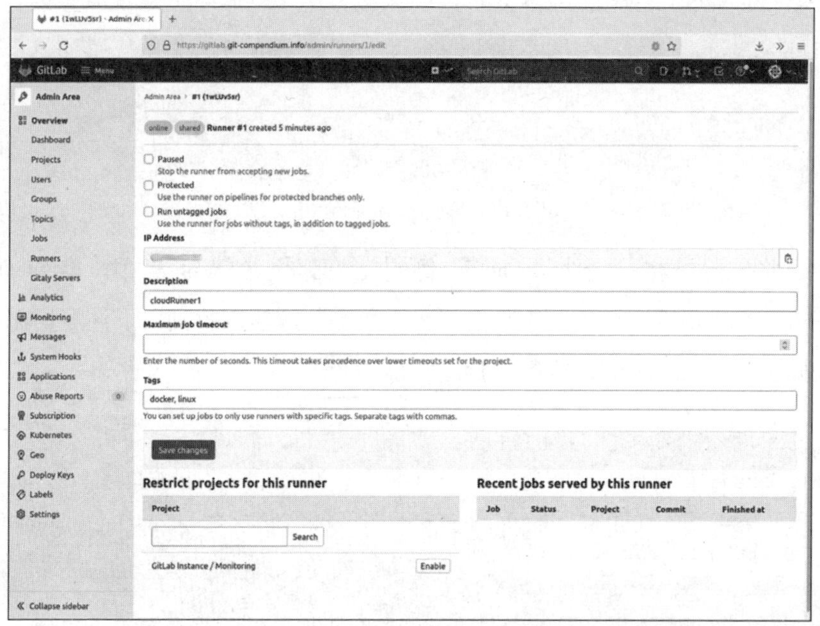

图 6.4　GitLab 共享 Runner 的设置

如果成功注册了 Runner，就可以在 GitLab 实例上进行 CI/ 持续部署（CD）流水线。

6.2.2 备份

安装完成后，如果服务器管理任务被放在次要位置，请在深入了解 GitLab 界面之前，考虑如何为 GitLab 平台设置自动备份。

GitLab Runner 的配置位于 Runner 正在运行的特定计算机上。但是，由于只需一个命令即可重新注册 Runner，因此我们在此不包括 Runner 的特殊备份说明。

GitLab 的安装包括其自己的备份脚本，可为创建数据库转储并备份属于 GitLab 项目的所有其他文件。对于此过程，只需调用脚本 gitlab-backup 即可。

```
root@gitlab:~# gitlab-backup

  2022-02-19 11:05:10 +0000 -- Dumping database ...
  Dumping PostgreSQL database gitlabhq_production ... [DONE]
  2022-02-19 11:05:13 +0000 -- done
  2022-02-19 11:05:13 +0000 -- Dumping repositories ...
  ...
  Deleting old backups ... skipping
  Warning: Your gitlab.rb and gitlab-secrets.json files contain
  sensitive data and are not included in this backup. You will
  need these files to restore a backup. Please back them up
  manually.
  Backup task is done.
```

该脚本在 /var/opt/gitlab/backups 文件夹中创建一个 TAR 文件，文件名使用时间戳、当前日期和扩展名 -ee_gitlab_backup.tar。由于该文件是应用程序数据的备份，它不包括 GitLab 实例的配置文件，备份过程结束时会出现警告消息。中央配置文件 gitlab.rb 和 JavaScript 对象表示法（JSON）文件 gitlab-secrets.json 必须单独备份。GitLab 也提供了一个脚本来满足此要求，通过以下命令启用：

```
gitlab-ctl backup-etc /var/backups/gitlab-etc
```

此步骤将配置文件保存在 /var/backups/gitlab-etc 文件夹中的 TAR 文件中，建议将此备份与应用程序数据备份分开存储。在 GitLab 界面中，可以创建由 gitlab-secrets.json 中的设置加密的机密变量。如果攻击者获得应用程序数据备份但没有秘密密钥，则信息仍然无法读取。对于通过 Cron 的自动备份，我们建议在调用备份脚本时使用更多参数。例如，CRON=1 抑制当没有错误发生时的消息输出，这导致我们只会在出现问题时从 Cron 收到电子邮件通知。此外，并非每次备份都备份容器注册表可能是有意义的，因为容器注册表中可能会积累大量数据。我们可以使用 SKIP=registry 来防止备份 Docker 镜像，使用逗号分隔符，还可以排除其他模块，例如 Wiki 附件上传的上传或 Git 大型文件支持（LFS）对象的 LFS。

备份功能

在创建 GitLab 应用程序数据备份时，其他有用的功能包括将完成的备份上传到云存储或自动删除旧备份。

6.3 第一个项目

在本章的其余部分，我们将使用免费版本（免费计划）中的 GitLab 托管变体。

我们将通过 Web 界面创建一个新项目。与 GitHub 相比，除了导入现有项目外，还可以选择从模板创建项目（从模板创建）。通过这个选项，我们将会发现一些常用编程语言的项目基础框架以及针对 Android 和 iOS 应用程序的框架，这是一个很好的奖励，特别是如果您想进入一个新的主题。

通过使用项目作为其他平台（尤其是 GitHub）的 CI/CD 流水线选项，GitLab 强调了其在此领域的专业知识。流水线长期以来一直是该平台的重要组成部分。与一些竞争对手一样，GitHub 在推出 GitHub Actions 之前长期外包了这项功能（请参见第 5.2 节）。

我们将创建一个新项目（图 6.5），不使用模板（空白项目），也不创建 README 文件，因为我们将把现有的 Git 存储库推送到新项目中。项目创建后，Web 界面会显示如何使用空存储库的说明。我们的用例是按照网站上的说明推送现有的 Git 存储库。

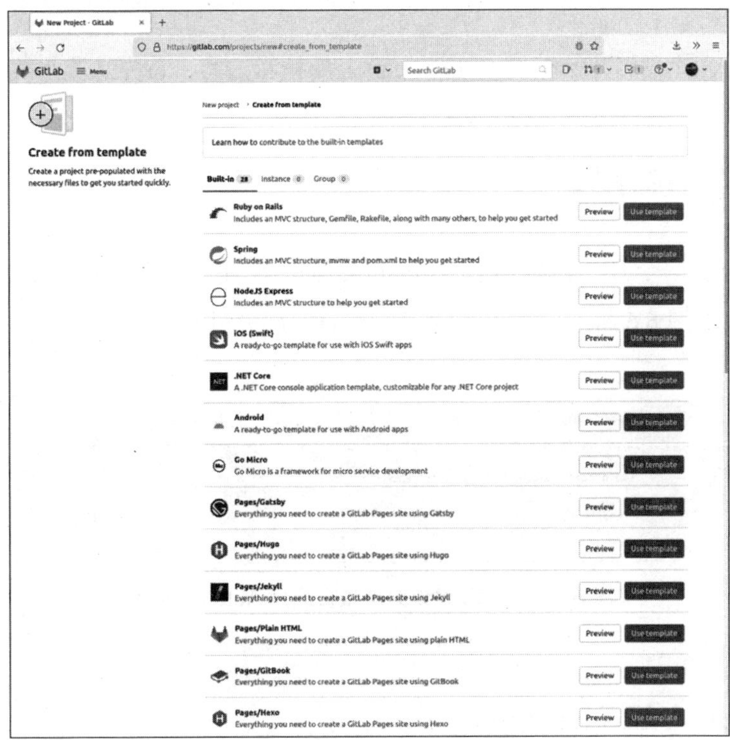

图 6.5　GitLab 中新项目的模板

在本地 ci-docker 文件夹中，有一个小的 HTML/Node.js 项目，我们在第 5.3 节中使用过。应用程序的功能并不重要，重要的是我们有一个 Node.js 项目，其中我们已经进行了一些提交。

```
cd ci-docker
git remote rename origin old-origin
git remote add origin git@gitlab.com:git-compendium/pictures.git
git push -u origin --al

  Enumerating objects: 223, done.
  Counting objects: 100% (223/223), done.
  ...
  Compressing objects: 100% (102/102), done.
```

```
To gitlab.com:git-compendium/pictures.git
 * [new branch]      main -> main
Branch 'main' set up to track remote branch 'main' from 'or
i...
```

现在，让我们开始探讨 GitLab 平台上的精彩内容，首先从流水线开始。

6.4 流水线

当推送一个 Git 存储库后，GitLab 会通过其网络界面提醒可以启用 Auto DevOps，如图 6.6 所示。在项目的“Settings”部分可激活该设置。

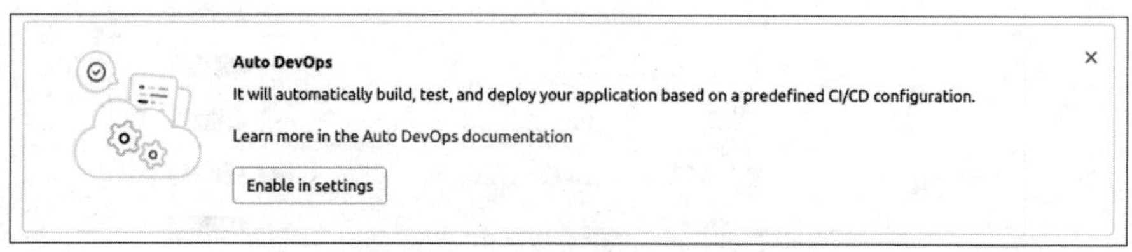

图 6.6　GitLab 建议为新项目启用 Auto DevOps

6.4.1 Auto DevOps

仅选择一个复选框还不足以完成 Auto DevOps 的流水线，它还需要部署应用程序，换句话说，还需要建立一个完整的 CD 工作流程。要使这一步骤有效，需要配置正确的 Kubernetes 集群，我们也可以将 Auto DevOps 流水线限制为 CI 部分，正如 GitLab 界面所清楚地显示的那样，如图 6.7 所示。

按照 Web 界面上的说明，添加一个名为 AUTO_DEVOPS_PLATFORM_TARGET 的变量，并将其赋值为 CI，如图 6.8 所示。

如果在 gitlab.com 上尝试了这个示例，并按照之前描述的步骤操作，现在一切都准备好了，流水线应该已经在运行了。对于自托管的实例，还必须安装一个 runner 才能使用此功能（请参见 1.2.1 小节）；在云实例上，共享 runner 应该可用于运行流水线。 Auto DevOps 的好处在于，无需编写任何代码，就可以在每次 push 时使用构建，测试和代码质量审查的自动化工作流程。

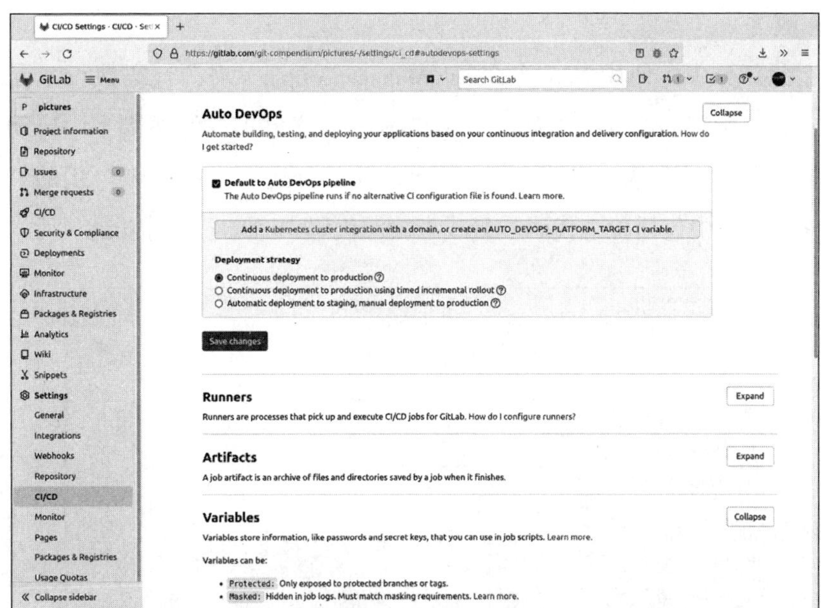

图 6.7　将 Auto DevOps Pipeline 限制为 CI，必须设置 AUTO_DEVOPS_PLATFORM_TARGET 变量

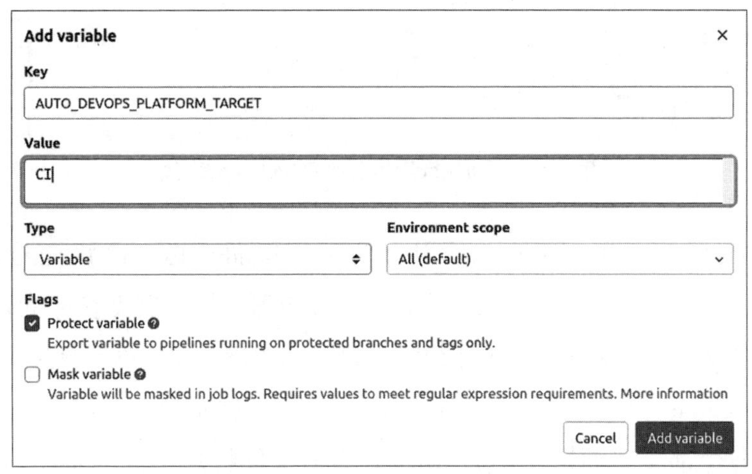

图 6.8　新的 AUTO_DEVOPS_PLATFORM_TARGET 变量

自动创建的 Node.js 项目流水线包含以下两个部分。

- **构建**

由于存储库中有一个 Dockerfile 文件，因此此步骤会创建一个映像并将其上传到分配给项目的 Docker 注册表中。

- 测试

在此部分中，使用 Node Package Manager（npm）对源代码执行不同的分析。首先，调用 npm test 命令，在 package.json 文件中的测试脚本中启动测试（如图 6.9 中测试列表底部所示）；其次，此部分还会加载公开可用的 Docker 测试映像，其中包括检查代码质量或查找源代码中遗忘密码等功能。

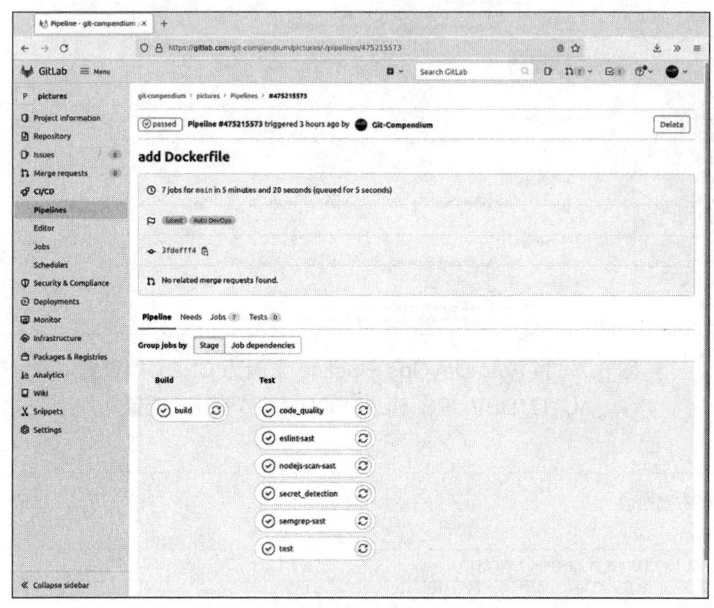

图 6.9　成功执行后的自动 DevOps 流水线

在测试部分，GitLab 在后台使用 Heroku buildpacks。这些 buildpacks 是来自 Heroku 云平台的开源组件，专门用于在容器中运行现代应用程序。为了自动设置流水线，必须根据编程语言满足不同的标准。在本示例中，系统通过 package.json 文件（以及其他 JavaScript 文件）识别出 Node.js 项目，并相应地设置各个部分。例如，对于 Python，必需文件将是 requirements.txt，对于 PHP，则是 composer.json。

如果使用付费版本的 GitLab（Ultimate 或 Gold），自动 DevOps 流水线将激活更多部分，然后检查应用程序的安全相关方面。这些功能包括静态应用程序安全测试（SAST）和动态应用程序安全测试（DAST）、容器扫描、依赖项扫描和许可证合规性。

总结

我们认为 Auto DevOps 功能是成功进入 CI/CD 流水线世界的一大发展，与其他 Git 托管平台相比，它是 GitLab 的独特卖点。在具体项目中工作时，我们通常会很快切换到手动创建的流水线，因为其灵活性无可比拟，创建所需的工作量也相当可控。

6.4.2 手动流水线

GitLab 对流水线开发的重视，使得越来越多的复杂任务能够在流水线中得到处理。例如，可以为项目的不同部分配备不同的流水线，并在一个中心文件（父子流水线）中控制它们，甚至可以在多个项目中定义流水线。

现在，让我们关注基本的流水线。这一概念涉及在一个中心配置文件（.gitlab-ci.yml）中定义各种作业。作业包含一个或多个在运行器上执行的命令，并且作业被划分为多个部分（阶段），这些部分可以并行启动或相互依赖。CI/CD 流水线的典型流程分为构建、测试和部署三个部分，但没有严格的规则。如果没有部署部分，该流程就被称为 CI 流水线。

容器（Docker）

尽管容器并非 CI 流水线的强制组成部分，但在书中它们常被使用。如果执行环境可以被精确定义，那么流水线的自动执行将更为可靠，而这正是容器的特点。每个新启动的容器都具有 Docker 镜像中定义的确切状态。

如果涉及容器，那么在许多情况下，对于流水线中的构建部分，使用带有特定参数的 docker build 命令就足够了，构建过程的实际指令包含在 Dockerfile 中。

让我们继续以简单的 Node.js 图像数据库为例。CI 流水线的目标是创建一个以 Docker 镜像形式的生产构建，然后即时测试该镜像（端到端测试），如果测试成功，则相应地标记该镜像。为此，我们创建了一个新的存储库（git-compendium/pictures-custom-ci），并将现有的代码及其 Git 历史记录上传到了那里。

Docker 标签与 Git 标签

它们的名称相同，功能也相似。Git 标签和 Docker 标签都标记了软件的特定状态。类似于 Git 中的主分支，通常 Docker 镜像会被标记为 latest。

对于 Docker 镜像，标签被附加到名称的末尾，并用冒号分隔。Git 标签通常直接用作 Docker 镜像的标签，例如，可以生成名为 pictures:1.1.0 的 Docker 镜像。

正如我们在第 5.2 节中讨论 GitHub Actions 时所述，我们将创建一个生产 Docker 镜像，并对其进行测试，然后按原样使用它。这个过程消除了在开发环境中运行测试可能会错过生产环境中潜在错误的可能性。

流水线的配置文件必须在具有高级权限的 Docker runner 上运行，首先定义变量、默认镜像和将要遍历的部分。定义变量是为方便起见，以及为了在后面节省输入工作。

TEST_IMAGE 由 CI_REGISTRY_IMAGE 和 CI_COMMIT_SHA 组成。第一个变量包括当前项目的 Docker 注册表名称和路径。

我们将以 GitLab 云为例，因此 CI_REGISTRY_IMAGE 变量的内容为 registry.gitlab.com/git-compendium/pictures-custom-ci。CI_COMMIT_SHA 变量包含启动流水线的提交的 Git 提交哈希，RELEASE_IMAGE 变量将 CI_COMMIT_REF_NAME 变量的内容作为 Docker 标签接收，该标签是推送发生的分支名称或 Git 标签的名称。

image 语句指定了所有部分的默认 Docker 镜像。除非另有指定，否则所有脚本命令都在 docker:19 镜像内执行。我们将使用此镜像来创建此项目的 Docker 镜像并将其加载到注册表中。

在 stage 下，定义了在文件的进一步过程中引用的条目（构建、测试和发布），如下所列：

```
# File: .gitlab-ci.yml
variables:
  TEST_IMAGE: $CI_REGISTRY_IMAGE:$CI_COMMIT_SHA
  RELEASE_IMAGE: $CI_REGISTRY_IMAGE:$CI_COMMIT_REF_NAME
```

```
image: docker:19
stages:
  - build
  - test
  - release
```

与之前提到的一样，构建部分很紧凑，因为其配置存储在 Dockerfile 中。在（成功的）容器构建之后，镜像会被上传到注册表（docker push），在我们的例子中是 registry.gitlab.com。在推送之前，仍需要登录到容器注册表。GitLab 实例中默认存在 gitlab-ci-token 用户和秘密令牌。这意味着必要的凭据已经可供 GitLab Runner 使用，并且它可以自动对注册表进行身份验证。

```
# File: .gitlab-ci.yml (continued)
build:
  stage: build
  script:
    - docker build -t $TEST_IMAGE .
    - docker login -u gitlab-ci-token -p $CI_JOB_TOKEN
      $CI_REGISTRY
    - docker push $TEST_IMAGE
```

6.4.3 手动流水线中的测试

为了即时测试镜像，我们将使用另一个名为 testcafe 的容器镜像，我们也可以使用 curl 或 wget 加载服务器的网页并分析输出，但是使用 testcafe 可以使我们简单地访问网页的文档对象模型（DOM）元素并检查输出是否符合预期。在后台，testcafe 实际上做了更多的事情，这个镜像实际上启动了一个 Web 浏览器并在浏览器引擎中加载了网页，这导致网页中包含的 JavaScript 也被执行和解释了。

在这个例子中，运行 JavaScript 对于高质量的测试至关重要。数据库镜像是作为单页应用程序实现的，这意味着 JavaScript 处理了大部分控制。上传图像是这个简单应用程序的核心，只有通过浏览器的 JavaScript 支持才能工作。我们可以使用 testcafe 测试此功能，而无需任何用户交互。

```
# File: .gitlab-ci.yml (continued)
```

```
e2e_tests:
  services:
    - name: $TEST_IMAGE
      alias: webpage
  stage: test
  image:
    name: testcafe/testcafe
    entrypoint: ["/bin/sh", "-c"]
  script:
    - /opt/testcafe/docker/testcafe-docker.sh firefox:headless
      test/e2e.js
```

e2e_tests 部分还有另一个特别之处，即在 services 部分中，之前创建的容器镜像被列出并赋予了一个别名。GitLab Runner 会启动该镜像作为服务，并与实际的镜像 testcafe/testcafe 并行运行。Docker 容器在自己的网络上运行，被测试的容器可以通过地址 http://webpage:3001（应用程序中以这种方式定义端口 3001）进行访问。在镜像部分中覆盖 entrypoint 是一种特定的 Docker 功能，本书不会进一步讨论。

6.4.4 手动流水线的发布

最后一个部分用于给成功测试的容器镜像打上 latest 标签并再次推送到镜像仓库。类似于 Git 标签，整个容器镜像并不会从 runner 传输到 GitLab 实例的容器镜像仓库中，只会传输几个字节的新标签。

新的变量是 GIT_STRATEGY ，它被赋值为 none。默认情况下，每个部分中的仓库源代码都会使用 git clone 复制到工作目录中。由于我们在这个部分只测试最终的容器镜像，所以我们不需要源代码的副本，因此将关闭此过程。另外一个新的变量是 only 关键字，我们在本示例中使用它只包含主分支上的提交，如下所示：

```
release_main:
  stage: release
  variables:
    GIT_STRATEGY: none
  script:
```

```
    - docker login -u gitlab-ci-token -p $CI_JOB_TOKEN
      $CI_REGISTRY
    - docker pull $TEST_IMAGE
    - docker tag $TEST_IMAGE $CI_REGISTRY_IMAGE:latest
    - docker push $CI_REGISTRY_IMAGE:latest
  only:
    - main
```

我们在一台笔记本电脑上的专用 runner 上运行了所呈现的流水线，具有 Docker Executor 的 runner 被配置为在容器中有可用的 Docker socket。

```
# in file /etc/gitlab-runner/config.toml
[runners.docker]
 ...
 disable_cache = false
 volumes = ["/var/run/docker.sock:/var/run/docker.sock","/
cache"]
```

通过这种（有些不安全的）技巧，在容器内也可以使用 Docker 命令行。命令在主机上执行，也就是在笔记本电脑上的容器守护进程中执行。如果使用来自 gitlab.com 的共享 runner，需要稍微自定义 YAML 文件。这时需要一个全局服务，使用 docker:19.03.12-dind 镜像才能使构建正常工作，如下面的示例所示：

```
services:
- docker:19.03.12-dind
```

6.4.5 调试流水线

特别是在开发更复杂的流水线时，拼写错误、YAML 语法错误和逻辑错误是常见的错误。由于修复文件、提交、推送和等待反馈的工作流并不是开发人员想要的，因此有一个快捷方式可供选择。

YAML 文件中的语法错误可能非常烦人，因此，每个 GitLab 项目都包括一个用于流水线文件的语法检查，其 URL 片段为 /–/ci/lint。

要在本地测试流水线，可以在计算机上安装 GitLab Runner，并使用 exec 选项和 .gitlab–ci.yml 文件的一个部分来调用它，如图 6.10 所示。例如，可以使用以下命令进行测试：

```
gitlab-runner exec docker build
```

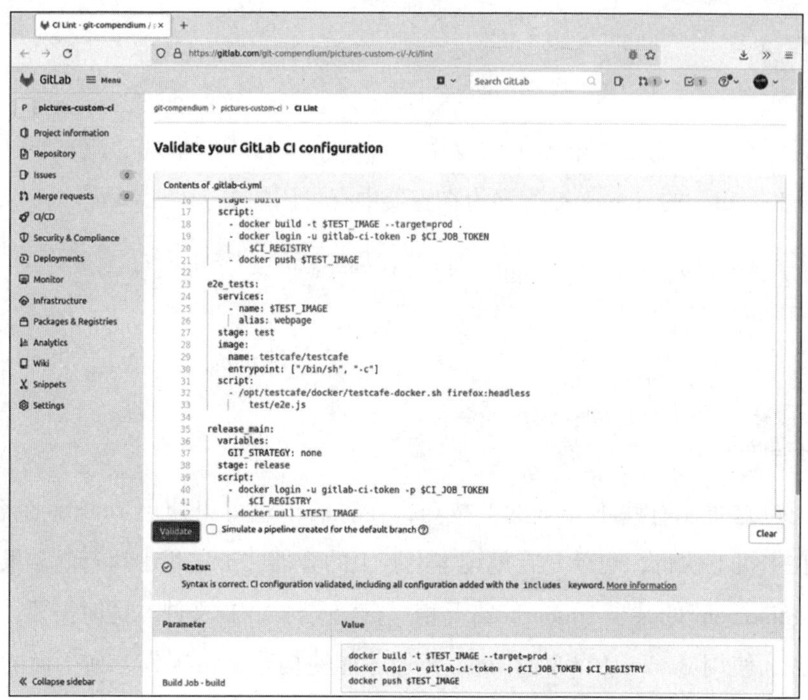

图 6.10　GitLab 对 CI 文件的语法检查

这一步使用容器执行程序启动一个 Runner，并在本地处理构建部分。请注意，无论如何都必须先运行 git commit，但是克隆是从本地仓库执行的。这个工作流程能够大大节省时间，还能让我们推送之前清理 Git 历史记录。虽然必须在本地进行提交，但可以使用以下命令简单地取消最后一次提交：

```
git reset --soft HEAD~1
```

这个命令会删除最后一次提交，但不会改变文件。自上次提交以来的更改已经被暂存，并且可以在另一次提交之前进行更改，实际上，提交并不会被删除，只有 HEAD 会被设置为上一个提交，而实际的提交将在垃圾收集启动之前保留在某个地方。

在我们的例子中出现了一个问题，问题源于 CI_REGISTRY_IMAGE、CI_

JOB_TOKEN 和 CI_REGISTRY 变量，在本地 GitLab Runner 中没有设置。这个问题是已知的，也在 GitLab 问题跟踪器中讨论过。

调试流水线的注意事项：可以在脚本部分启动任何存在于活动容器镜像中的程序，并会在浏览器中看到它们的输出。例如，对于 bash shell 中存在的变量列表，将 export 调用添加到部分中，如下所示：

```
...
script:
  - export
  - docker build -t $TEST_IMAGE .
...
```

6.5 合并请求

如果已阅读第 5 章，接下来的内容将会听起来很熟悉。在 GitHub 中称为拉取请求的功能，在 GitLab 中被称为合并请求。由于两者的概念和工作方式相同，本节不再赘述所有细节，而只是通过 GitLab 网络界面执行合并请求。

首先，从一个新的问题开始：需求指出后端代码应存储在自己的子目录中。

在网络界面中，可以直接在问题上创建合并请求，这将导致以问题的名称创建一个新的分支，如图 6.11 所示。回到个人电脑上，可以在工作目录中调用 git pull，然后会创建新的分支。切换到创建的新分支后，必须移动文件并调整 Dockerfile 中的路径。

```
git pull

  From gitlab.com:git-compendium/pictures-custom-ci
   * [new branch]      1-move-backend-code-to-separate-folder ->
  origin/1-move-backend-code-to-separate-folder
  Already up to date.

git checkout 1-move-backend-code-to-separate-folder

  Branch '1-move-backend-code-to-separate-folder'set up to track
```

```
  remote branch '1-move-backend-code-to-separate-folder' from
  'origin'.
  Switched to a new branch '1-move-backend-code-to-separate-fo...

# edit files ...

git add .
git commit -a -m 'feat: move backend code to server dir'
git push
```

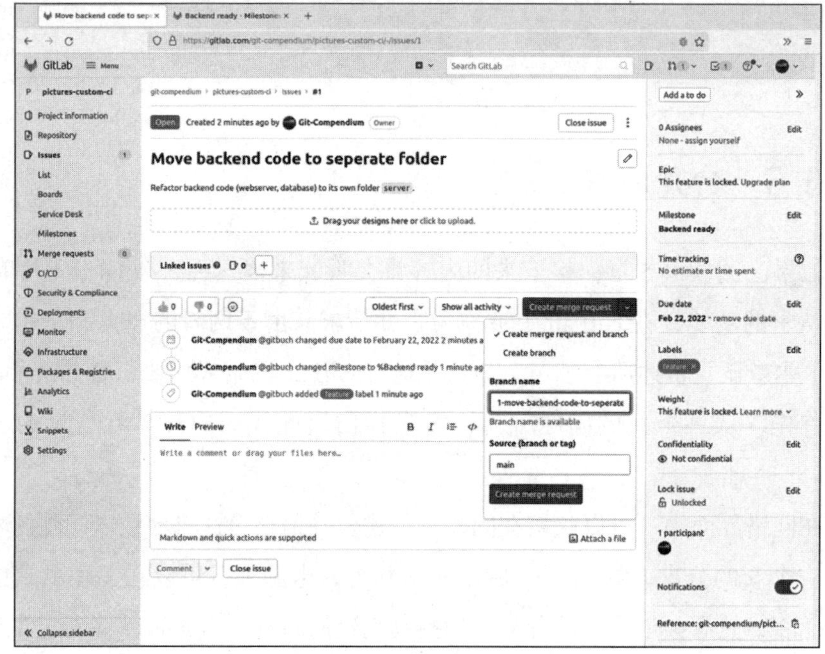

图 6.11　GitLab 中需要重新组织后端代码的新问题

一旦将分支设置为跟踪分支，只需要使用 git push 命令而不需要其他参数即可将更改推送到服务器。

现在，让我们继续在 Web 界面中工作，合并请求自动被设置为 Draft 状态。该状态清晰地表明，在这个分支上的工作还没有完成。此外，我们在第 6.4 节中定义的 CI 流水线已经自动运行，并在容器镜像上执行了端到端测试。请注意，这种情况下只会执行流水线中的前两个部分，因为第三个部分仅适用于主分支。

一旦测试成功，可以通过在 Web 界面中单击“Mark as ready”按钮来取消暂时状态。

随后，可以确认合并请求。此步骤将特性分支与主分支合并。

最后，CI 流水线会再次运行，但这次是在主分支上进行。在流水线的第三部分，新容器镜像会被标记为最新版本并上传到注册表中，如图 6.12 所示。如果在云端的服务器上使用镜像名称调用 docker pull，将获得经过测试的软件最新版本。

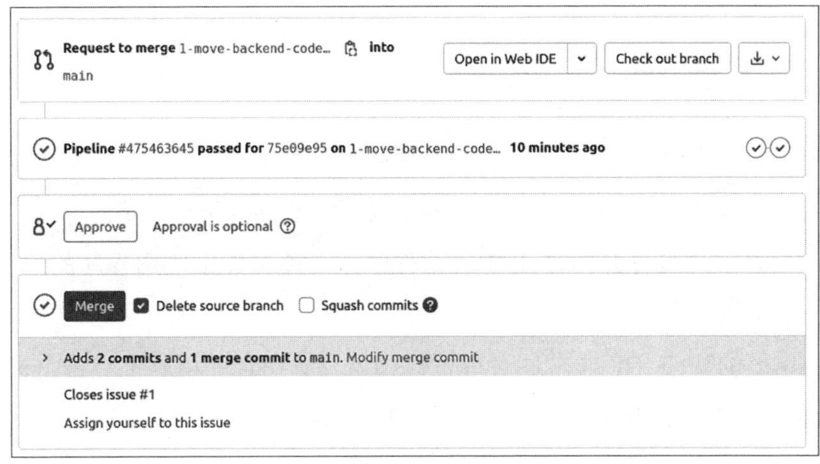

图 6.12　合并请求的确认，包括特性分支的删除

6.6　Web IDE

GitLab 与其竞争对手的另一个不同之处在于其内置于 Web 界面的编辑器，这个功能不仅仅是一个在浏览器中运行的带有语法高亮的文本编辑器，还允许多个文件可以在选项卡中打开，并且更改可以立即提交。对于一些像 JavaScript、HTML 或 CSS 这样的语言，编辑器提供了额外的功能，如代码补全和错误显示，如图 6.13 所示。

该编辑器不是 GitLab 的专有开发，而是基于开源项目 Monaco Editor 构建的，它也为桌面编辑器 Visual Studio Code（VS Code）提供支持。对于我们来说，Web IDE 不能直接替代桌面编辑器。当我们开发软件时，通常会立即测试

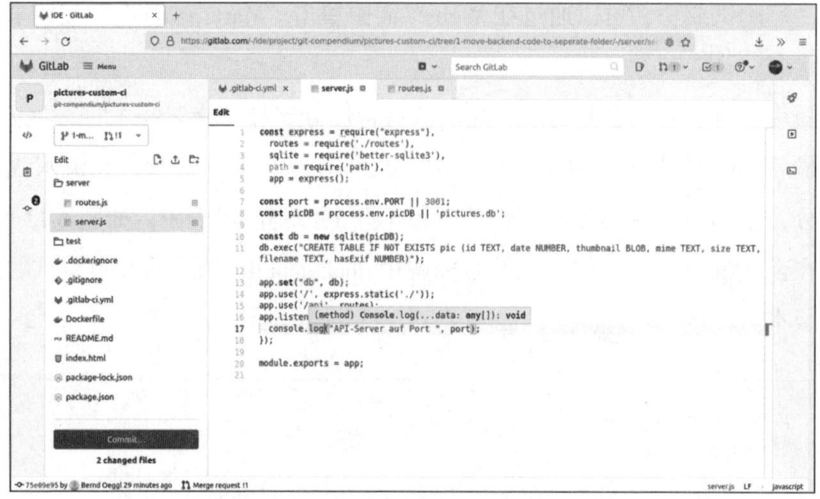

图 6.13　GitLab 中具有 JavaScript 编程支持的 Web IDE

应用程序，以“试用”的方式进行，这种测试在桌面上可以完美地工作，因为您可以立即在同时打开的 shell 中启动程序，或者在 Web 应用程序的情况下，加载它到浏览器中。

GitLab 的 Web IDE 非常适合进行代码审查，在合并请求上点击 Web IDE 按钮会在不同的视图中打开更改的文件如图 6.14 所示。

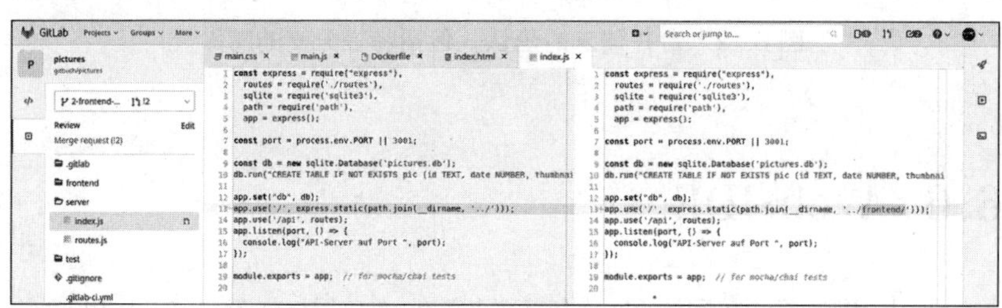

图 6.14　使用 GitLab Web IDE 进行代码审查

6.7　Gitpod

Gitpod 是一个独立的开源项目，也是一个云平台，提供付费的软件即服务（SaaS）。在免费版本中，用户每月可在 Gitpod 云的四个并行工作区中工作 50 小时。基于该开源项目，用户还可以运行自己的自托管 Gitpod 变体。

如果在账户中启用此扩展程序，则可以通过云中的虚拟环境在浏览器中开发项目。

在通过 GitLab 进行身份验证后，将启动一个虚拟环境，在该环境中可以使用 VS Code 编辑器的一个版本，该版本还支持桌面版本中的许多扩展，如图 6.15 所示。同时，内置的终端功能使我们可以在浏览器中访问真正的 Linux 终端。对于简单的 JavaScript 应用程序，npm install 和 npm start 也会被自动调用。测试应用程序所需的端口映射也能顺畅运行，另一个浏览器选项卡将打开并运行应用程序。我们可以利用这些功能在浏览器中完整地开发和测试 Web 应用程序。

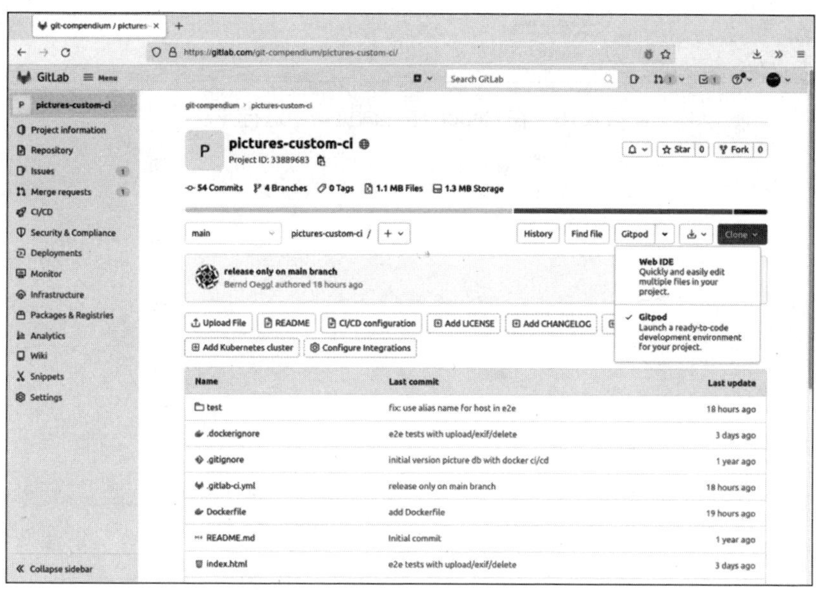

图 6.15　GitLab 中的 Gitpod 集成

GitHub Codespaces 和 Gitpod 非常相似，并且基于相同的技术。在浏览器中拥有开发环境的趋势很新，但显示出巨大的潜力。不仅可以在任何终端设备上开发，而且无需进行初始项目设置。根据项目重点的不同，这一概念的效果也会有所不同。虽然对于与硬件相关的项目，可能无法完全放弃桌面环境，但基于浏览器的开发可以成为 Web 应用程序的便捷解决方案。

图 6.16 展示了一个在 Gitpod 中开发的网站在浏览器中的展示。

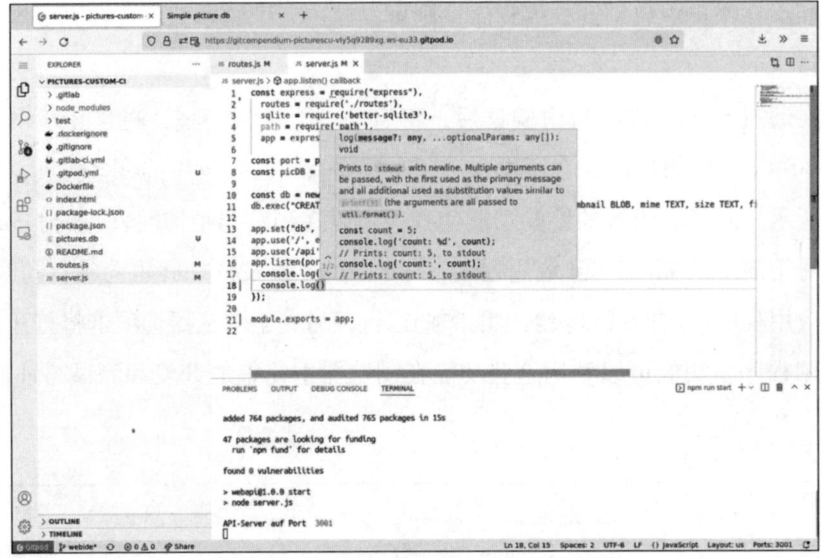

图 6.16　在 Gitpod 中在浏览器中进行开发

第 7 章　Azure DevOps、Bitbucket、Gitea 和 Gitolite

除了行业领军者 GitHub 和 GitLab，随着时间推移还出现了各种替代选项。在本章中，我们将简要介绍四个平台。Azure DevOps 和 Bitbucket 是长期以来活跃在市场上，但过去依赖其他版本控制系统的大型供应商，而 Gitea 和 Gitolite 则是相对精简的程序，有助于托管 Git 本身。

7.1　Azure DevOps

Azure DevOps 是微软为企业提供的一项服务，通过持续集成 / 持续部署（CI/CD）和少许项目管理来开展现代软件开发。Azure DevOps 是从 Microsoft Visual Studio Team Services（VSTS）发展而来的，而 VSTS 又是 Visual Studio Online 的继承者。

7.1.1　使用 Azure DevOps

与 GitHub 和 GitLab 相比，Azure DevOps 希望通过（甚至）更多的团队功能来得分，这体现在其网络界面中敏捷工具的显著位置，如看板、待办事项和冲刺计划，如图 7.1 所示。本节将展示如何使用一个简单的 Node.js 项目来操作 Azure DevOps 的工作流程。

在 Microsoft Azure DevOps 中创建项目的第一步是在 https://dev.azure.com/ 的网络界面中创建一个新项目；然后，从 GitHub 账户中的 ci-docker 存储库导入常用的 Node.js 示例。对于此任务，我们只需在导入时指定 GitHub URL，代

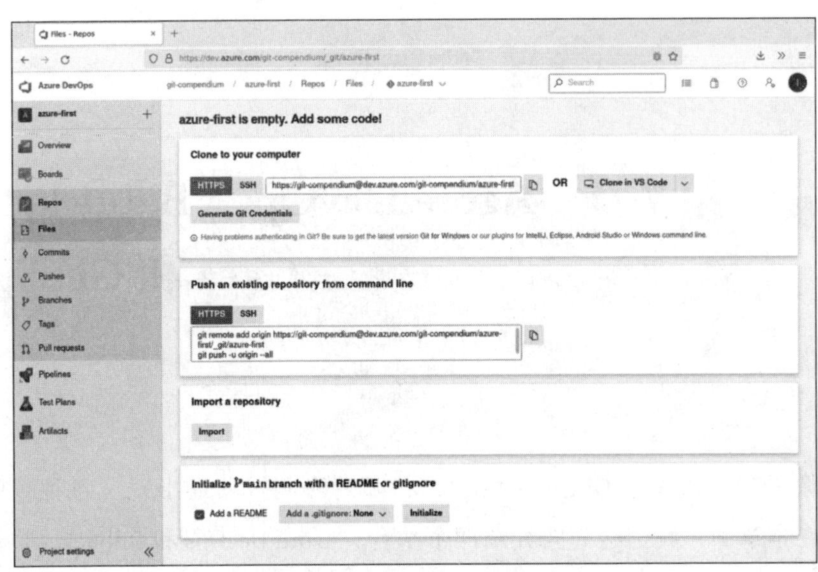

图 7.1　在 Microsoft Azure DevOps 中的第一个项目

码就会被导入。仔细观察，就会发现 Azure DevOps 与 GitHub 和 GitLab 的一个区别：Azure DevOps 项目不仅限于 Git 存储库，这在克隆存储库时也很明显。使用以下命令通过 SSH 克隆存储库：

```
git clone git@ssh.dev.azure.com:v3/git-compendium/simple-
picture-db/simple-picture-db
```

在这种情况下，第一个 simple-picture-db 表示项目，第二个代表同名的 Git 存储库。此外，Azure DevOps 还提供了一种便捷的方式，可以在所选择的集成开发环境（IDE）中直接克隆 Git 存储库，在默认设置为“Clone in VS Code”的下拉按钮中，可以访问其他常见的 IDE，如 Android Studio、IntelliJ IDEA、WebStorm 或 PyCharm，如图 7.2 所示。

流水线直接在浏览器中创建和编辑。首先选择源代码，而在 Azure DevOps 中，这一选择不仅限于自身的 Git 存储库，还可以从其他 Git 托管服务中获取源代码，如图 7.3 所示。

对于初次接触管道功能的人员而言，选择预定义会使操作十分便捷。该功能提供了针对不同编程语言的多种任务选项。生成的结果是一个 YAML（Yet Another Markup Language，另一种标记语言）文件，如图 7.4 所示。在本

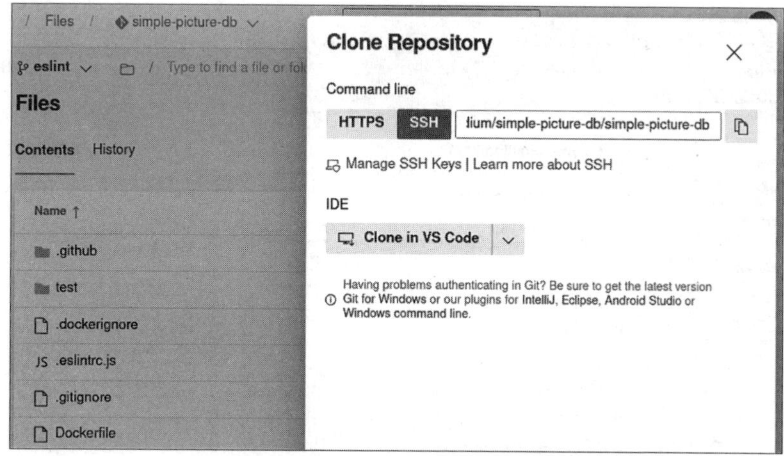

图 7.2　在 Azure DevOps 中使用 IDE 进行克隆的选项

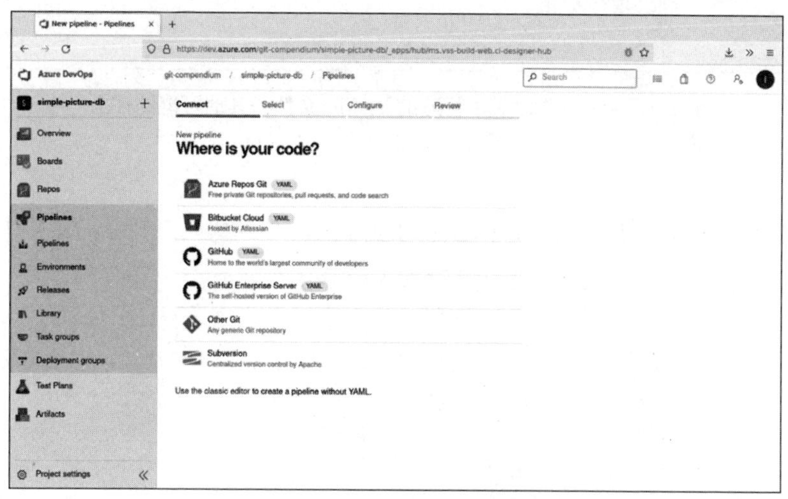

图 7.3　为新 Azure DevOps 管道选择源代码存储库

项目中，我们选择 Docker 选项，此选项可生成用于创建 Docker 映像的完整语法。

后面的内容将详细介绍工作项的生命周期。首先，在待办事项板中创建一个问题项，具体需求是将应用程序的前端代码分别组织到独立的 HTML、CSS 和 JavaScript 文件中。在创建该问题项时，可以直接使用“frontend-code-splitup”为开发任务创建一个新分支。当我们在本地克隆的目录下执行 git pull 命令时，系统将根据远程的“frontend-code-splitup”创建一个新分支。

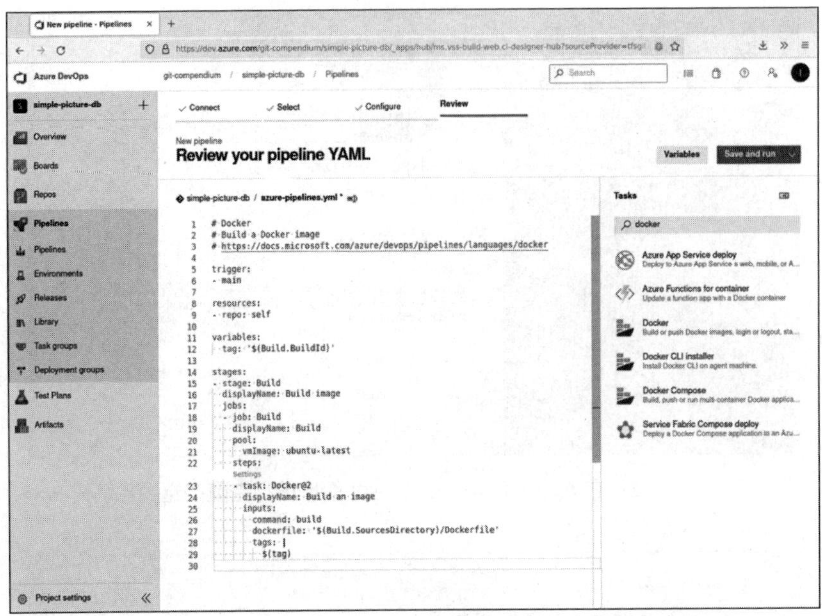

图 7.4　Azure DevOps 管道的 YAML 文件和其他可能的任务

此外，我们也可以选择在本地先创建分支，对源代码进行修改后，再将其推送到远程仓库。这一操作可以通过如下命令实现：

```
git checkout -b frontend-code-splitup
# change code ...
git add .
git commit -m "fix: split up frontend code (see #1)"
git push --set-upstream frontend-code-splitup
```

推送变更分支后，Web 界面将显示通知，提示我们可根据这些变更创建拉取请求。需注意的是，与 GitLab 和 GitHub 不同，DevDps 推送完成后，控制台并不会显示此通知，如图 7.5 所示。这是因为微软认为 Azure DevOps 用户更倾向于在集成开发环境（IDE）中使用 Git，而非频繁接触命令行。

7.1.2　测试计划

在 CI/CD 流程中，自动化测试是至关重要的一环。其核心理念为若源代码的测试覆盖率极高，则新版本的发布将顺畅无阻，且可自动进行（前提是所有

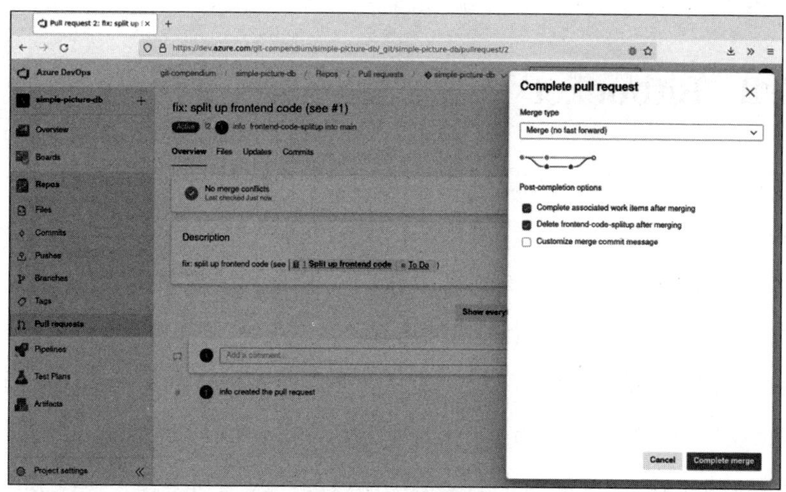

图 7.5　接受拉取请求的最终步骤

测试均通过）。

Azure DevOps 在其网络界面中专门设置了一个测试菜单项，即“测试计划”。用户需付费或免费试用，方可开始测试计划，相关设置可通过访问 Azure DevOps 底部的“Organization Settings・Billing・Basic+Test Plans”进行调整。测试可在不同的硬件上进行，对于网络应用，还可在不同的浏览器上测试。

微软为测试计划提供的配置相当复杂，用户需创建测试计划，将其分配给具体问题，由团队成员执行，并得出积极或消极的评价。

7.1.3　结论

若已在使用 Azure 云服务，Azure DevOps 无疑是存放 Git 存储库的理想之选。对于众多企业而言，采用敏捷管理方法的集成项目管理或许是最佳选择。可推测，企业信用卡信息可能已在微软处备案，因此，额外费用不会给财务部门增添额外负担。

若选择无微软背景的 Git 托管服务，Azure DevOps 并非首选。GitLab 和 GitHub 均提供无需与微软账户深度集成的解决方案，并分别提供包含 CI 流水线及操作的全面服务。若追求更精简的系统（无需集成 CI/CD），Gitea 尤为合适（参见第 7.3 节）。

7.2 Bitbucket

Bitbucket 是云端 Git 托管解决方案市场中的另一主要平台。2008 年，Bitbucket 的开发者 Atlassian 公司在互联网上推出了该软件。随着 GitHub 的迅速流行，Bitbucket 的影响力虽然有所减弱，但对于已经使用其他 Atlassian 产品的用户来说，它仍然是一个不错的选择。

用户可以在 Bitbucket 上注册一个免费账户，该账户既支持创建私有仓库，也支持创建公开仓库。如果用户已经阅读了关于 GitHub 或 GitLab 的相关章节，那么 Bitbucket 网络界面中的菜单项应该会让人感到熟悉。通过 Bitbucket，用户同样可以访问 Git 仓库、处理合并请求和管道等，如图 7.6 所示。流水线定义也使用 YAML 语法编写，并在 Docker 容器中执行。

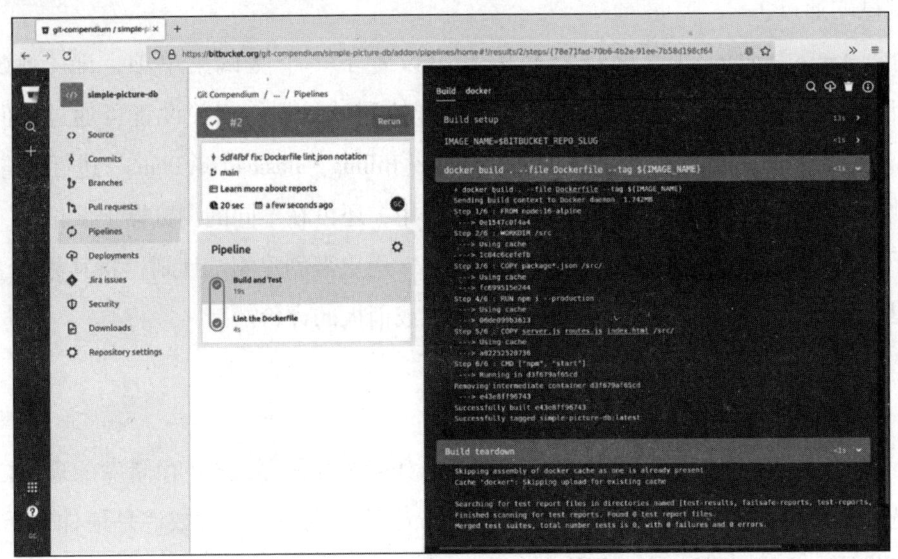

图 7.6　创建 Docker 镜像期间的 Bitbucket Pipeline

与 GitHub 或 GitLab 相比，Bitbucket 缺少 wiki 和问题追踪系统，但 Atlassian 的产品组合中提供了其他与 Bitbucket 集成的软件产品，这些产品的集成效果特别好，如图 7.7 所示。

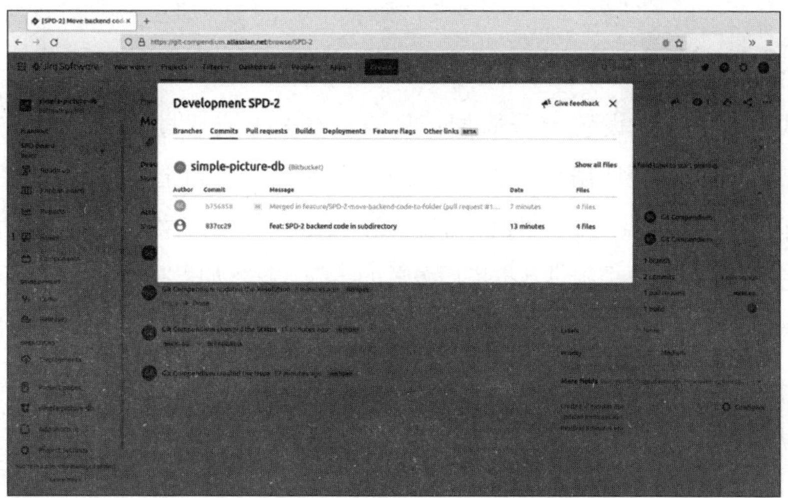

图 7.7　Bitbucket 与 Jira 的顺畅集成

7.3　Gitea

迄今为止，我们介绍的 Git 托管解决方案都是重量级的，配备复杂的网络界面、缓存和数据库，消耗大量资源。而 Gitea 则采取了不同的方法，这个相对年轻的项目（首次发布于 2016 年）是用 Go 编程语言开发的，以高性能和整洁的网络界面为特点，如图 7.8 所示。

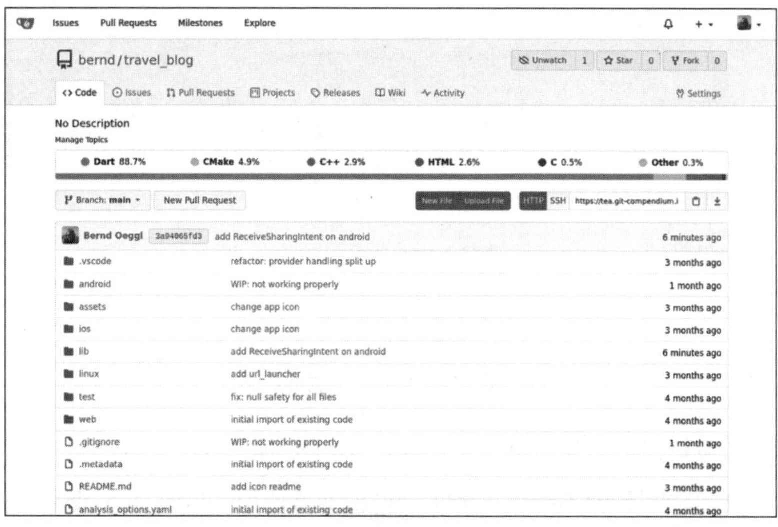

图 7.8　带有示例项目的 Gitea 网络界面，其与 GitHub 的相似性不可否认

7.3.1 试用 Gitea

试用版的安装设置十分简便，只需从 GitHub 或通过 Gitea 官网（https://dl.gitea.io）下载适合所用平台的二进制文件，并在计算机上运行即可。在浏览器中打开 http://localhost:3000 网址，便能访问 Gitea。初始配置可以完全通过 Web 界面完成，系统会要求提供数据库服务器的访问数据。如果是测试运行，可以选择基于文件的 SQLite3 格式，直接完成设置，无需进行其他更改，如图 7.9 所示。

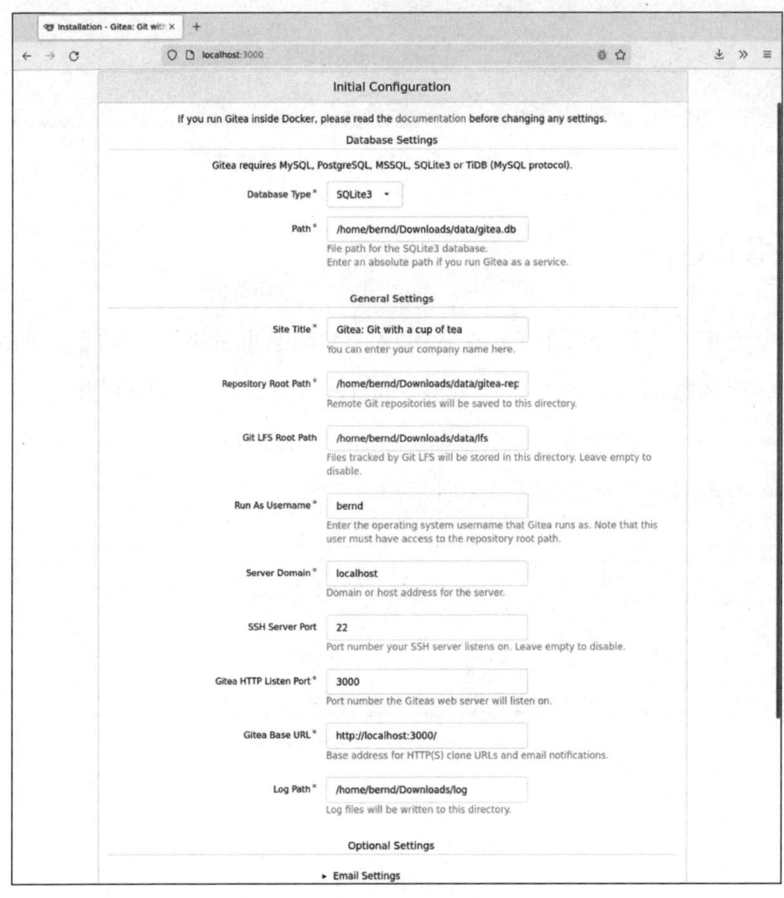

图 7.9　本地 Gitea 实例的配置

不要因为其安装简便就低估了 Gitea 的功能，该 Web 应用程序配备了工单系统、wiki，还支持拉取请求。此外，它还支持使用一次性密码或硬件密钥的双重身份验证，且无需其他额外配置。Web 界面的操作与 GitHub 非常相似，因此用户可以轻松地从 GitHub 切换到 Gitea。

7.3.2 利用 Docker 进行服务器安装

本节内容假设读者之前已经接触过 Docker，同时以下设置还将涉及 docker-compose，这是 Docker 用户应当熟悉的一个组件。

Gitea 的开发者支持利用 Docker 进行安装，他们在 Docker Hub 上提供了最新的镜像，并可通过环境变量配置应用服务器。在本例中，我们将使用 docker-compose.yml 文件来配置一个现成的系统，此系统可以通过一个命令直接在生产环境中运行。

```
# File: gitea/docker/docker-compose.yml
version: "3"
services:
  server:
    image: gitea/gitea:1.16.1
    environment:
      - USER_UID=1000
      - USER_GID=1000
      - DB_TYPE=mysql
      - DB_HOST=db:3306
      - DB_NAME=gitea
      - DB_USER=gitea
      - DB_PASSWD=quaequo5eN6b
      - DISABLE_REGISTRATION=true
      - SSH_PORT=2221
      - SSH_DOMAIN=gitea.git-compendium.info
    restart: always
    volumes:
      - gitea:/data
    ports:
      - "2221:2221"
      - "3000:3000"
    depends_on:
      - db
  db:
    image: mariadb:10
    restart: always
```

```
    environment:
      - MYSQL_ROOT_PASSWORD=aGh3beex0eit
      - MYSQL_USER=gitea
      - MYSQL_PASSWORD=quaequo5eN6b
      - MYSQL_DATABASE=gitea
    volumes:
      - mariavol:/var/lib/mysql
volumes:
  gitea:
  mariavol:
```

在这个示例中，第一个服务（服务器）将使用 Gitea 的 1.16.1 版本，具体如镜像标签 gitea/gitea:1.16.1 所示。若要进行测试运行，也可以设置为 gitea/gitea:latest，以测试最新的开发者版本。但需注意，在实际的测试中，可能并非所有模块都能顺畅运行。

环境变量首先定义了在容器中运行应用服务器的用户和组。标记为 DB_* 的变量用于定义与数据库（本例中为 MariaDB）的连接。DISABLE_REGISTRATION 用于禁用所有用户的注册功能，而 SSH_PORT 则为内部 SSH 服务器设置了一个不同的端口，因为服务器上可能已运行有类似的服务。SSH_DOMAIN 条目是必要的，以确保通过 SSH 进行克隆的链接显示正确的地址。

此设置的关键在于将容器中的 /data 文件夹分配给一个数据卷，这是确保在升级过程中数据不会丢失的唯一方法。在本例中，我们将使用一个命名数据卷，该数据卷必须自动备份。命名数据卷中存储了 Git 存储库、SSH 密钥和应用程序配置。

第二个服务（db）将启动一个 MariaDB 10 版本的实例，数据库数据也存储在命名数据卷中。

通过这种配置，Web 服务器将运行在 3000 端口，而 SSH 服务器将运行在 2221 端口。在 Docker 环境中，加密的 HTTP 连接通常使用反向代理。此代理指向一个上游 Web 服务器，该服务器管理必要的证书并终止加密流量。为了使此配置生效，必须在服务器服务的环境部分中添加 ROOT_URL=your.hostname.com 条目，并将其中的 your.hostname.com 替换为个人的主机名。

7.3.3 在 Ubuntu 20.04 上安装服务器

对于 Ubuntu 或 Debian 等 Linux 发行版，并没有现成的 Gitea 软件包可供使用。因此，如果不想使用 Docker，则需要进行一些手动调整才能运行 Gitea。在本节中，我们将展示在 Ubuntu 20.04 上的安装过程。

服务器必须安装 Git，并且如果想使用除 SQLite 之外的数据库，则需要准备该数据库的凭据。出于安全考虑，建议不要以 root 用户身份运行应用程序服务器。最佳做法是创建一个在系统上没有其他权限的单独用户，例如在下面的示例中创建的 gitea 用户。

```
sudo adduser --system --shell /bin/bash --group \
  --disabled-password --home /home/gitea gitea
```

在 Ubuntu 上，/var/lib/gitea 文件夹适合作为 Gitea 管理的所有文件的存储位置。在该文件夹中，创建 custom、data 和 log 这三个子文件夹，并使用以下命令为 gitea 用户和组授予这些文件夹的权限。

```
sudo mkdir -p /var/lib/gitea/custom /var/lib/gitea/log \
  /var/lib/gitea/data
sudo chown -R gitea:gitea /var/lib/gitea/
sudo chmod -R o-rwx /var/lib/gitea/
```

最后，应将 Gitea 的中央配置文件存储在 /etc/gitea 文件夹中。请创建此文件夹，并使用以下命令设置权限，以便 gitea 组对其具有写权限。

```
sudo mkdir /etc/gitea
sudo chown root:gitea /etc/gitea
sudo chmod o-rwx,ug+rwx /etc/gitea
```

现在，要安装 Gitea 服务器本身以及编写一个启动脚本，以便每次重启时服务器都能自动启动。这里应该将服务器加载到 /usr/local/bin 文件夹中，并使用以下命令将此文件标记为可执行文件。

```
sudo wget -O /usr/local/bin/gitea \
  https://dl.gitea.io/gitea/1.16.1/gitea-1.16.1-linux-amd64
sudo chmod 755 /usr/local/bin/gitea
```

在 Ubuntu 上，由 systemd 负责服务的启动和停止。以下代码是 Gitea 服务的最小配置文件（gitea.service）。

```
[Unit]
Description=Gitea
After=syslog.target
After=network.target
[Service]
RestartSec=2s
Type=simple
User=gitea
Group=gitea
WorkingDirectory=/var/lib/gitea/
ExecStart=/usr/local/bin/gitea web --config /etc/gitea/app.
ini
Restart=always
Environment=USER=gitea HOME=/home/gitea GITEA_WORK_DIR=/var/
lib/gitea
[Install]
WantedBy=multi-user.target
```

将此文件复制到 Linux 系统的 /etc/systemd/system/ 文件夹中，并使用以下命令启用该服务。

```
sudo systemctl enable gitea --now
```

Gitea 服务器现在正在 3000 端口上运行。点击登录或注册后，将跳转至安装页面。如果此服务器上没有启用任何其他 Web 服务，也可以在安全 HTTP 的默认端口上运行 Gitea，Gitea 甚至可以通过 Let’s Encrypt 自动生成证书。

要使 HTTPS 能在指定的默认 443 端口上使用证书，只需要对文件进行一些小的调整。在 systemd 的服务文件中，需要为 gitea 用户授予使用 80 和 443 端口的权限。为此，须在［Service］部分中插入以下两行代码。

```
CapabilityBoundingSet=CAP_NET_BIND_SERVICE
AmbientCapabilities=CAP_NET_BIND_SERVICE
```

接下来，必须通过 systemctl daemon-reload 命令重启 systemd 进程。在应

用服务器的配置中，缺少 HTTPS 和 Let’s Encrypt 的条目。请将以下行添加到 /etc/gitea/app.ini 文件的开头。

```
[server]
PROTOCOL=https
DOMAIN=tea.git-compendium.info
HTTP_PORT = 443
ENABLE_LETSENCRYPT=true
LETSENCRYPT_ACCEPTTOS=true
LETSENCRYPT_DIRECTORY=https
LETSENCRYPT_EMAIL=root@git-compendium.info
```

对于 DOMAIN 和 LETSENCRYPT_EMAIL，需要调整为服务器的实际域名。重启 Gitea 进程（systemctl restart gitea.service）后，Gitea 将处理证书相关事宜；稍后便可通过 HTTPS 访问服务器。

在生产环境中使用 Gitea 时，建议使用除 SQLite 之外的数据库系统。若要在 Ubuntu 20.04 上安装并使用 MariaDB，只需执行以下命令：

```
apt install mariadb-server
mysqladmin create gitea
mysql gitea -e "GRANT ALL PRIVILEGES ON gitea.* TO \
  gitea@localhost IDENTIFIED BY 'einohD8ith3I'"
```

现在可以在 Gitea 服务器的 Web 界面中的数据库设置里选择 MySQL 的默认选项，并输入密码 ohD8ith3I，或者输入自行选择的密码字符串。

7.3.4 Gitea 操作示例

为了展示 Gitea 的一些功能，接下来我们将一个现有项目导入 Gitea。需要注意的是，Gitea 与 GitHub 或 GitLab 不同，并未提供竞争对手托管的存储库导入器。但无论如何，都可以导入现有的 Git 存储库。

首先，通过 Gitea 服务器上的 Web 界面创建一个名为 pictures 的新项目；然后，利用 --mirror 标志，将现有的 GitHub 存储库克隆至本地计算机（图 7.10），代码如下所示：

```
git clone --mirror git@gitlab.com:git-compendium/pictures.git
```

```
Cloning into bare repository 'pictures.git'...
...
```

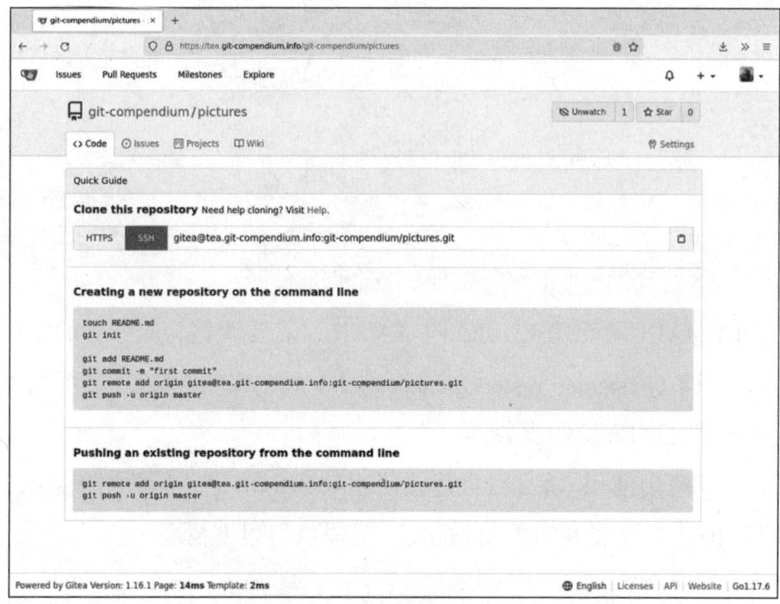

图 7.10　用于图片数据库示例的新 Gitea 存储库

现在，我们已经在 pictures.git 文件夹中创建了一个裸存储库，其中包含所有引用，如标签和远程跟踪分支。接下来，进入新文件夹并调用带有 mirror 选项的 git push，将此存储库复制到在 Gitea 上创建的新项目中，如下所示：

```
git push --mirror gitea@tea.git-compendium.info:git-compendium/pi
ctures.git
  Enumerating objects: 229, done.
  ...
  To tea.git-compendium.info:git-compendium/pictures.git
   * [new branch]      main -> main
```

现在，我们开始使用 Gitea，并在问题跟踪系统中创建第一个问题单。改进建议（功能请求）是重建项目中的 Dockerfile，以支持开发和生产使用的多阶段构建。

请注意，Gitea 的网络界面支持多种语言，如果操作系统设置为非英语，那么 Gitea 的菜单也将显示为该语言。

为了避免在问题跟踪系统中迷失，可以为问题单分配一个或多个标签以及一个里程碑。对于新项目，必须手动创建标签，或者可以导入一个包含七个有用标签（如 bug、duplicate 或 wontfix）的预设签集。

在本例中，我们将在本地的 Git 分支 multistage-dev 上进行所需的开发更改，如下所示：

```
git clone clone gitea@tea.git-compendium.info:git-compendium/
pict
ures.git
  Cloning into 'pictures'...
  ...
  Resolving deltas: 100% (102/102), done.

cd pictures

git checkout -b multistage-dev
  Switched to a new branch 'multistage-dev'
```

现在，打开推送命令执行后在控制台中显示的用于创建新拉取请求的链接。在 Web 界面中，可以看到所做的更改，点击相关按钮即可创建拉取请求，如图 7.11 所示。

审查并接受 / 拒绝拉取请求的任务通常由团队中的不同成员负责。然而，这个示例将立即接受拉取请求，在这种情况下，我们将使用默认设置“合并拉取请求”选项来接受拉取请求。此选项将创建一个新的提交，指示功能分支的合并。如果我们从下拉列表中选择“变基和合并”选项，则此条目不会出现在提交历史中。合并后，需删除 multistage-dev 分支。如图 7.12 所示。

由于提交信息中包含对问题的引用，因此工单系统中的问题包含与拉取请求相关的所有操作的引用。

为了总结这个示例，让我们创建一个软件版本。点击“Releases · New Release”。我们将使用 v1.0.0 作为标签名称，“Docker multistage”作为标题。Gitea 会生成所需的标签和两个压缩文件，一个是 Windows 上更常见的 .zip 格式，另一个是 Linux 和 macOS 上更常见的 .tag.gz 格式。

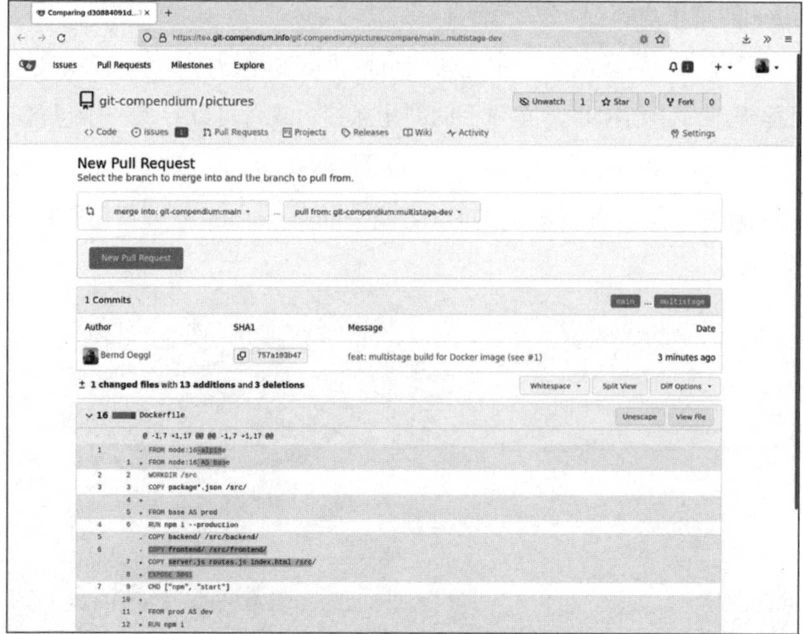

图 7.11 Gitea 中新创建的拉取请求

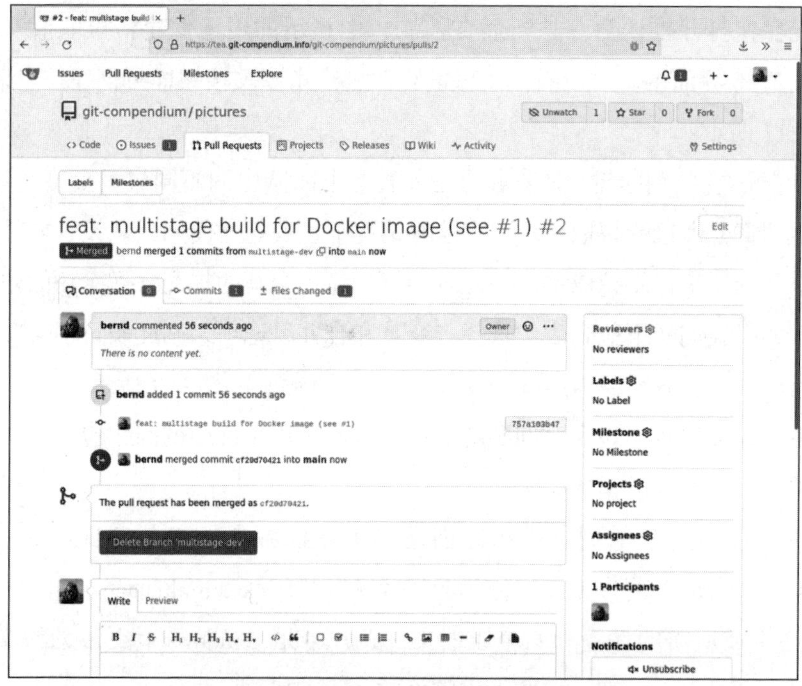

图 7.12 在 Gitea 中成功执行的拉取请求

现在，当在本地计算机上运行 git pull 时，新标签将被下载，如下所示：

```
git pull

  remote: Enumerating objects: 1, done.
  ...
   * [new tag]          v1.0.0      -> v1.0.0
```

7.4 Gitolite

Gitolite 是目前管理自有 Git 托管服务中最为精简的程序，该程序完全在命令行上操作，没有网络界面，当然也没有工单系统、维基百科或类似功能。Gitolite 对软件要求如下所列：

- OpenSSH 服务器；
- Git；
- Perl（若需要 JSON 格式输出，则还需安装 JavaScript Object Notation［JSON］模块）。

由于该系统不使用数据库或应用服务器，其硬件要求也相当低，只要 SSH 服务器运行顺畅且永久存储访问迅速，私有存储库就不会出现任何性能问题。因此，还可以使用迷你服务器（如 Raspberry Pi）来充当 Gitolite 服务器。

7.4.1 安装说明

与其他 Git 托管程序不同，Gitolite 仅通过 SSH 处理对 Git 存储库的远程访问。所有 SSH 访问都通过 Linux 系统上的用户账户进行，该账户负责管理项目权限。我们之前介绍的其他主机也采用相同方式。从远程 Git 存储库的地址即可看出这一点，使用地址 git@gitolite.git-compendium.info:gitolite-first，可以以 git 用户的身份连接到 gitolite.git-compendium.info 服务器，并使用 gitolite-first 存储库。

为了简化安装流程，请在服务器上重新创建此用户，并让 Gitolite 初始化 SSH 设置。如果熟悉 Docker，建议访问 https://github.com/git-compendium/

gitolite-docker 上的存储库，其中提供了使用命令启动 Gitolite 服务器的 Docker 设置。例如，在 Ubuntu 或 Debian 服务器上，可以使用以下命令手动设置：

```
sudo useradd -m git
sudo su - git
git clone https://github.com/sitaramc/gitolite
mkdir /home/git/bin
/home/git/gitolite/install -ln
```

完成这一步后，安装工作已基本完成，只是还缺少 Git 存储库的管理员用户。接下来，需要在工作站 / 笔记本电脑上生成一个新的 SSH 密钥（或者使用现有的 SSH 密钥）。

请注意，在生成或使用 SSH 密钥时，要确保遵循最佳做法，保护好私钥，并防止未经授权的访问。拥有 SSH 密钥后，可以将其公钥添加到 Gitolite 服务器上，以便进行安全的远程访问。

```
ssh-keygen -f ~/.ssh/gitoliteroot -N ''
scp ~/.ssh/gitoliteroot.pub gitolite.git-compendium.info:/tmp
```

然后，将密钥的公开部分复制到服务器，并完成安装（仍然以用户 git 的身份），如下所示：

```
/home/git/bin/gitolite setup -pk /tmp/gitoliteroot.pub

  Initialized empty Git repository in
    /home/git/repositories/gitolite-admin.git/
  Initialized empty Git repository in
    /home/git/repositories/testing.git/
  WARNING: /home/git/.ssh missing; creating a new one
      (this is normal on a brand new install)
   WARNING: /home/git/.ssh/authorized_keys missing; creating
 a ...
      (this is normal on a brand new install)
```

Gitolite 服务器现已准备就绪。如之前的输出所示，已创建了 gitolite-admin 和 testing 两个 Git 存储库。要创建用户或新的 Git 存储库，可以通过修改 gitolite-admin 存储库来实现。在之前生成 SSH 密钥的笔记本电脑或工作站

上，必须克隆该存储库：

```
git clone git@gitolite.git-compendium.info:gitolite-admin

  Cloning into 'gitolite-admin'...
```

新目录中包含 conf 和 keydir 文件夹。后者包含 gitoliteroot 的 SSH 公钥，该公钥是在安装过程中导入的。

```
tree --charset=ascii
  .
  |-- conf
  |    '-- gitolite.conf
  '-- keydir
       '-- gitoliteroot.pub
```

要创建新用户，只需将他们的 SSH 公钥复制到 keydir 文件夹中。请注意，文件名应与用户名相对应。要创建新的 Git 存储库，请编辑 conf/gitolite.conf 文件并添加一个新的存储库条目：

```
repo gitolite-first
    RW+      =  gitoliteroot
```

在 git push 的输出中，请注意，Gitolite 已经创建了一个新的 Git 存储库。在当前版本的 Gitolite 中，必须使用名为 master 的分支，该名称在程序的 Perl 源代码中多处被引用。

第 8 章　工作流程

本章将介绍如何独自或在团队协作中成功且高效地使用 Git。软件开发的需求多种多样，相较于那些每隔几年才发布新版本的大型客户端程序，现代（网络）应用程序通常需要持续开发和发布，其所需的工作流程是不同的。

好消息是，Git 是掌握多样化工作流程的理想工具。适合团队的工作流程不仅取决于产品本身，还受到个人喜好的影响。

8.1　团队操作指南

本章所介绍的工作流程可作为团队在使用 Git 时如何协作的经验建议。例如，若项目是一个原型，其重点可能不在于完美实现，而在于快速产出，因此，相较于大规模生产且后续难以更新的物联网（IoT）设备等软件产品，其规划步骤可能有所不同。

在项目启动前，为源代码协作制定明确的规则至关重要。理想情况下，这些操作指南应书面化，并在工作站物理展示或在电脑桌面上数字显示，以便团队成员随时查阅。虽然如今团队成员完全缺乏 Git 经验的情况较为罕见，但提供一份与所采用工作流程相关的 Git 命令概览（图 8.1）仍具有参考价值。

根据团队规模，指定一名 Git 专家作为问题咨询点可能是一个好主意。当经验较少的开发人员在合并冲突时感到困惑，或误接受了错误的更改时，这位专家能够及时提供帮助，从而节省团队时间。

Git 功能强大，但它无法阻止团队成员从存储库中永久删除重要信息。应特别提醒经验较少的开发人员，在重要分支上使用带有“--force”选项的“git push”命令是不当的，应严格禁止。

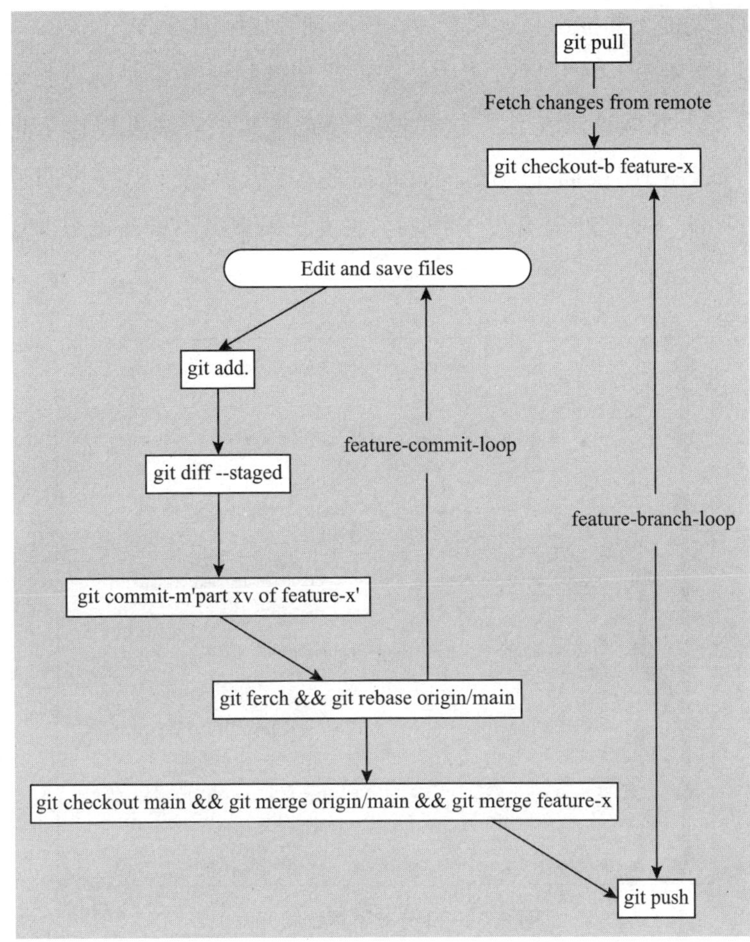

图 8.1　项目中处理 Git 的示例指南

8.2　独立开发

在软件开发的最简单场景中，我们考虑的是单人进行的项目开发。当项目复杂度超出“Hello World！”这样的基础示例后，引入版本管理就变得非常有意义。这类软件工具是免费的，且对工作流程的干扰极小，同时，由此带来的额外文档记录，其收益远大于所付出的微小努力。

在独立开发且源代码不公开的情况下，可以省略某些高级技术，例如合并/拉取请求、功能分支或代码审查。所有的开发工作都集中在主分支进行，开发者可以定期提交并推送到远程仓库，以实现源代码的备份。

如图 8.2 所示，在开发过程中，若产生新的想法并希望进行尝试，可以在新的分支上开展这项工作。这样做的好处是如果后来发现这个想法并不理想，可以轻松切换回主分支，而无需在 Git 历史记录中寻找回退点。同时，保留功能分支意味着开发工作不会丢失，未来可以重新审视并应用这些想法。

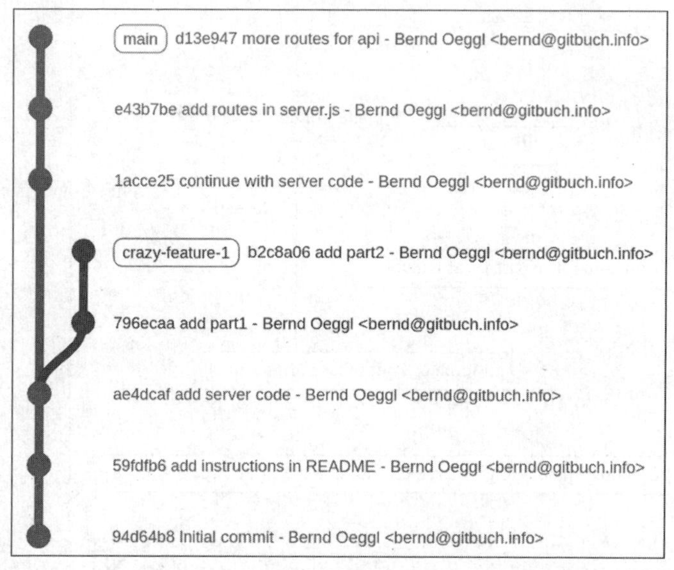

图 8.2　Git 分支不再继续开发

若新想法达到预期效果，可直接将该分支合并到主分支。因在此期间主分支未有新的提交，所以会执行快进合并，随后可轻松删除该功能分支，且此分支将不会出现在 Git 历史中。

8.2.1　结论

综上所述，使用 Git（或更广泛的版本控制系统）的优势如下所列：

- 工作内容得以记录；
- 可回溯至先前版本；
- 便于通过不同分支测试新想法；
- 使用远程仓库可实现数据备份。

8.3 团队的功能分支

刚刚介绍的可选分支模型同样适用于团队。本节中引入的功能分支的概念也将在本章的其他工作流程中出现。但是，此时我们关注的是尽管有功能分支，如何减少烦人的合并冲突。

8.3.1 新功能，新分支

当不同的人在同时修改相同的文件（或可能修改这些文件中的相同段落）时，团队合作的项目中就会出现一个不可避免的问题，我们在 3.9 节中讨论过这个话题。

通过功能分支，可以将工作包分配给个人，并让每个开发包在其自己的分支（即功能分支）中进行，从而降低冲突的可能性。这样，对主分支的写入访问就会减少，从而减少合并次数，并使功能分支的开发变得简单。在极端情况下，只允许一个人向分支写入。团队中的其他成员都在他们自己的功能分支中开发，一旦完成，他们就会向被授权人发送合并 / 拉取请求。

8.3.2 示例

图 8.3 展示了一个场景。只有 Jane Doe 拥有对主分支的写入权限，而其他团队成员则各自在自己的功能分支上进行开发。feature-1 是一个快速成功，Manuel 提交了两次，合并到主分支，然后新功能就可以被所有人使用了。

Manuel 计算机上的工作流程涉及以下命令：

```
git pull

  Already up to date.

git checkout -b feature-1

  Switched to a new branch 'feature-1'
```

现在，Manuel 创建了一个新的文件 feat1.py，在现有的文件 main.py 中引

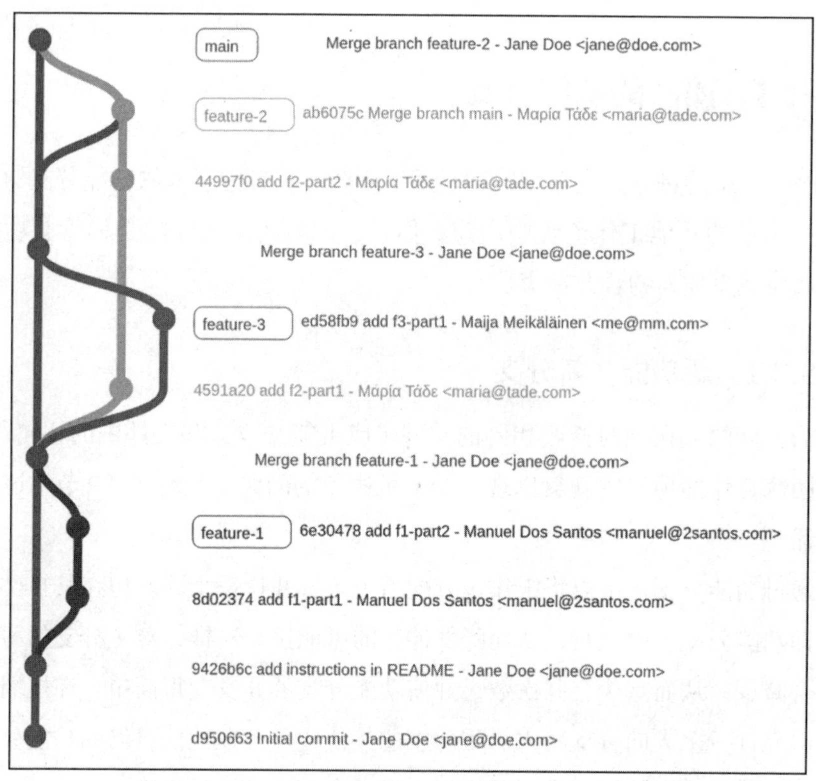

图 8.3　可能的功能分支场景：开发团队正在开发三个功能

用了它，并进行了第一次提交。在对 feat1.py 进行进一步修改后，他再次提交了该文件，并将其分支推送到远程存储库，如下例所示：

```
git add feat1.py
git commit -a -m "add f1-part1"
  [feature-1 8d02374] add f1-part1
   2 files changed, 3 insertions(+)
   create mode 100644 feat1.py
# other changes in feat1.py
git commit -m "add f1-part2" feat1.py

  [feature-1 6e30478] add f1-part2
   1 file changed, 2 insertions(+)

git push --set-upstream origin feature-1
```

```
 Enumerating objects: 9, done.
 ...
  * [new branch]       feature-1 -> feature-1
 Branch 'feature-1' set up to track remote branch 'feature-1
'...
```

为了让 Jane 合并功能分支，她首先使用以下命令在仓库的工作副本上执行拉取操作：

```
git pull

 ...
 * [new branch]       feature-1  -> origin/feature-1
 Already up to date
```

在拉取过程中，Jane 的仓库中创建了新的分支 origin/feature-1。现在她可以再次查看更改内容（使用 git diff 命令），然后以以下方式将分支合并到主分支中：

```
git diff main..origin/feature-1
git merge origin/feature-1

 Updating 9426b6c..6e30478
 Fast-forward
 main.py    | 2 ++
 feat1.py   | 3 +++
 2 files changed, 5 insertions(+)
 create mode 100644 feat1.py
```

其他分支则稍微复杂一些：feature-2 和 feature-3 是并行开发的，而 Maija 更快地完成了 feature-3 分支并将其合并到了主分支。为了确保同事 Maria 的 feature-2 分支不会与主分支发生冲突，Maria 在完成新功能后合并了已更改的主分支（commit ab6075c），并再次对更改进行了彻底的测试。Maria 在 feature-2 分支上执行了以下命令：

```
git checkout feature-2
git -a -m "add f2-part2"
 [feature-2 44997f0] add f2-part2
```

```
    1 file changed, 2 insertions(+)

git pull
  From ...
     6e30478..ed58fb9  main       -> origin/main
  Already up to date.
```

请注意，Maria 从远程仓库的功能分支开始拉取。在此过程中，已更改的主分支的更改会从服务器获取，但不会与本地主分支合并，如图 8.4 所示。因此，Maria 需要将 origin/main 与她的功能分支合并，具体命令如下所示：

```
git merge origin/main

  Merge made by the 'recursive' strategy.
   feat3.py | 3 +++
   1 file changed, 3 insertions(+)
   create mode 100644 feat3.py

git push --set-upstream origin feature-2
```

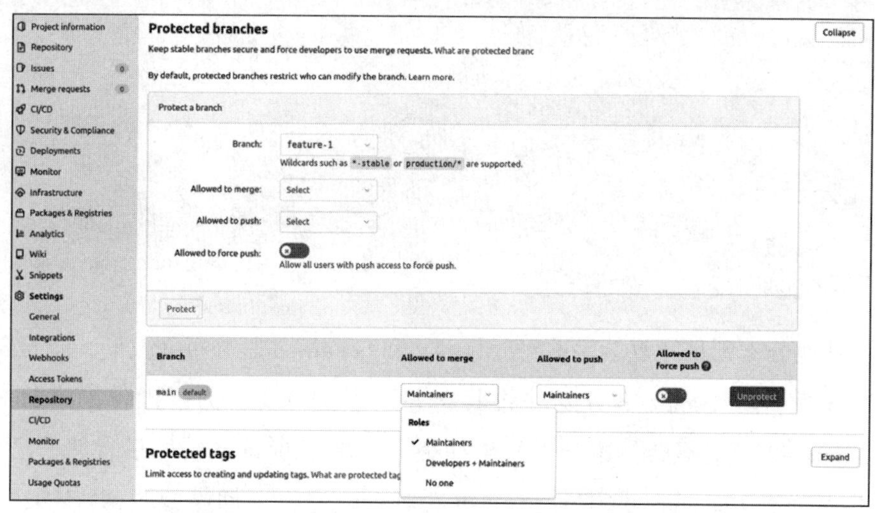

图 8.4　GitLab 中分支写保护的设置

由于不存在合并冲突，且新功能仍然有效，Maria 将 feature-2 分支推送到远程仓库，Jane 也可以将该分支合并到主分支中。新功能将在下一个版本发布时提供。

所有这些都是利用 Git 的开箱即用工具实现的。可以使用 git branch 创建分支，并使用 git merge 将主分支合并到功能分支，最后再将功能分支合并到主分支。如果使用的是像 GitLab 或 GitHub 这样的 Git 平台，那么这些步骤也可以通过 Web 界面来完成。

Git 本身并不包含任何限制对主分支（或其他任何分支）的写入功能。如果不想依赖团队纪律来限制写入权限，可以在 Git 平台上启用禁止未经授权的写入访问。

到目前为止，在这一部分中没有明确讨论合并或拉取请求，因为在本书中，这些术语总是与 Git 托管平台的相应功能等同。当然，从理论上讲，合并请求可以是一封简单的电子邮件，发送给具有主分支写入权限的人员，请求进行合并。

8.3.3 代码审查

一个负责任的开发者（如示例中的 Jane）当然会在合并分支之前审查这些更改。更好的情况是，也许整个团队，或者至少是指定的一个小组，来执行这个审查过程。

代码审查通常是敏捷软件开发过程中不可或缺的一部分。有了功能分支，审查更改就变得相当容易了。回到前面的例子，你可以从功能分支 feature-2 合并之前，通过从主分支到功能分支的差异对比来进行代码审查，如下所示：

```
git diff main..origin/feature-2
```

git diff 命令中使用的语法显示了合并过程中对主分支所做的更改。在审查之前，要检查主分支上是否有任何更改未包含在 feature-2 分支中，可以使用以下命令：

```
git diff origin/feature-2...main
```

请注意分支之间的三个点。在我们的示例中，输出保持为空，因为 Maria 将 ab6075c 提交到了 main 的当前状态。她是通过合并提交来完成这个提交的，但她也可以将 main 重新定位到她的分支，我们将在 8.4 节中描述这一点。如果在 feature-2 的代码审查中仍然出现问题，Maria 可以在合并之前通过进一步的提交来解决这些问题。

8.3.4 合并

可能你已经注意到，图 8.3 中显示的合并操作是用一个圆圈表示的，但在其相关描述中并没有出现哈希码，我们选择这种显示方式是为了向你展示分支是如何随时间演变的。提交和合并过程后的 Git 历史记录如图 8.5 所示。

图 8.5　提交与合并后的 Git 实际历史记录

由于主分支上的合并通常是快进合并，因此实际的合并操作并不会出现在 Git 历史记录中。若要避免丢失合并信息，需使用带有 --no-ff 选项的 git merge 命令来强制进行显式提交。这些信息日后是否重要，需自行判断。

8.3.5 变基

历史中确实存在这样的合并提交，Maria 通过将 main 分支合并到她的功能分支中，创建了提交 ab6075c。这一操作对于文档记录是有用的，因为它显示了在她的功能被合并到 main 分支之前，ed58fb9 提交已经存在于她的分支中。由于 main 分支和功能分支 feature-2 上发生了不同的提交，因此无法进行快进合并。

若 Maria 在她的功能分支上从 main 分支进行变基操作，则该合并提交也将被移除，Git 历史记录将变得更加直观，如图 8.6 所示。

```
git rebase origin/main

   First, rewinding head to replay your work on top of it...
   Applying: add f2-part1
   Applying: add f2-part2
```

图 8.6　从主分支到功能分支的 Git 变基历史

变基操作的基本规则是绝不对已上传的公共分支进行此操作。因此，仅当功能分支尚未通过 git push 上传至远程仓库时，才应考虑使用变基。在变基过程中，主分支会重写功能分支的提交记录对比图 8.5 和图 8.6 中 f2–part1 和 f2–part2 的哈希码差异即可见)。关于修改 Git 历史可能引发的问题，我们将在第 11.4 节等部分进行详述。

8.3.6　结论

本节描述的小型功能分支在理论上使得工作流程相对直接，但在实际的软件项目中，功能分支的开发往往涉及多名开发者，且可能持续数天甚至数周。

在此期间，开发者需定期将功能分支与主分支进行合并或变基，以确保最终合并至主分支时不会过于复杂值得注意的是，其他团队成员无法查看该功能分支的代码。若项目开发过程中出现其他开发者也需使用的功能，可能会导致并行开发的情况。尽管通过良好的沟通可以预防这一问题，但在设计工作流程时仍应将其纳入考虑。

使用功能分支的优势如下所列：

- 新功能开发不会受到干扰；
- 功能分支合并前可进行代码审查；
- Git 历史记录清晰；
- 主分支稳定性得以保持。

而使用功能分支的劣势则如下所列：

- 共享库中可能存在代码重复；
- 开发周期长可能导致合并过程复杂化。

8.4 合并 / 拉取请求

基于功能分支模型，各大 Git 平台已对工作流程进行扩展，并将合并 / 拉取请求作为核心环节。此刻，我们将跳出纯粹的 Git 功能范畴，在平台 Web 界面上运用工作流程。

相较于 7.3.4 小节中所述的功能分支工作流程，在平台 Web 界上主要改进点在于强制审查流程，如图 8.7 所示。沿用先前的场景，假设 Manuel 需开发新功能，他通过创建 feature-1 分支并添加两个提交（a8503d6 和 70996c6）来实现。当推送至远程仓库时，系统会作出相应反馈。

```
git push --set-upstream origin feature-1

  Enumerating objects: 7, done.
  ...
  remote:
  remote: To create a merge request for feature-1, visit:
  remote:    https://gitlab.com/git-compendium/workflows-github...
  remote:
  To gitlab.com:git-compendium/workflows-github.git
   * [new branch]       feature-1 -> feature-1
```

```
  Branch 'feature-1' set up to track remote branch 'feature-1
'...
```

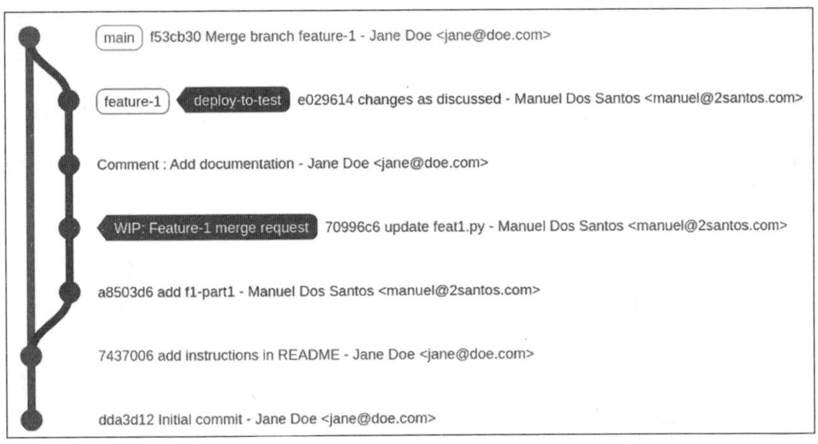

图 8.7　带有功能分支与合并 / 拉取请求的工作流程

以 remote 开头的行表示 Git 服务器的响应。在 Linux 和 macOS 的现代终端上，可直接点击链接，也可以通过 Web 界面创建合并请求，如图 8.8 所示。

图 8.8　通过 Web 界面在 GitLab 中创建的合并请求

Manuel 通过 Web 界面创建了合并请求，并输入了名称“Feature-1 merge request”。请注意，此合并请求并非 Git 本身的功能，通过 git log 也无法找到此请求的引用。有关合并请求的元数据（例如请求由谁创建、何时创建等）存储在 Git 托管提供商的数据库中。如果将来更换提供商，这些信息很可能会丢失。但是，GitLab 可以导入来自 GitHub 和 Gitea 的拉取请求，包括评论，这在我们的测试中已得到验证。

Manuel 将简指定为负责合并请求的人员。简审查了新功能，并要求为新功能提供额外的文档。Manuel 添加了评论并提交了更改（提交 e029614）。然后，功能分支的版本被安装到测试系统上。当质量保证（QA）团队对新功能没有异议时，Jane 将更改合并到主分支。

我们所描述的工作流程已经得到了广泛应用，这很大程度上要归功于 GitHub 和 GitLab 的普及。这些流程并不复杂，代码审查可以在错误到达主分支之前消除它们。该工作流程继承了功能分支模型的问题，即当功能过大时，分支会并行运行过长时间。如果拉取 / 合并请求与合并本身之间的时间跨度太长，此工作流程可能会出现延迟。造成这种延迟的原因可能是代码审查没有足够快地进行，或者在拉取请求期间发现了太多问题，这两者都会延长分支的并行运行时间。完整的合并请求如图 8.9 所示。

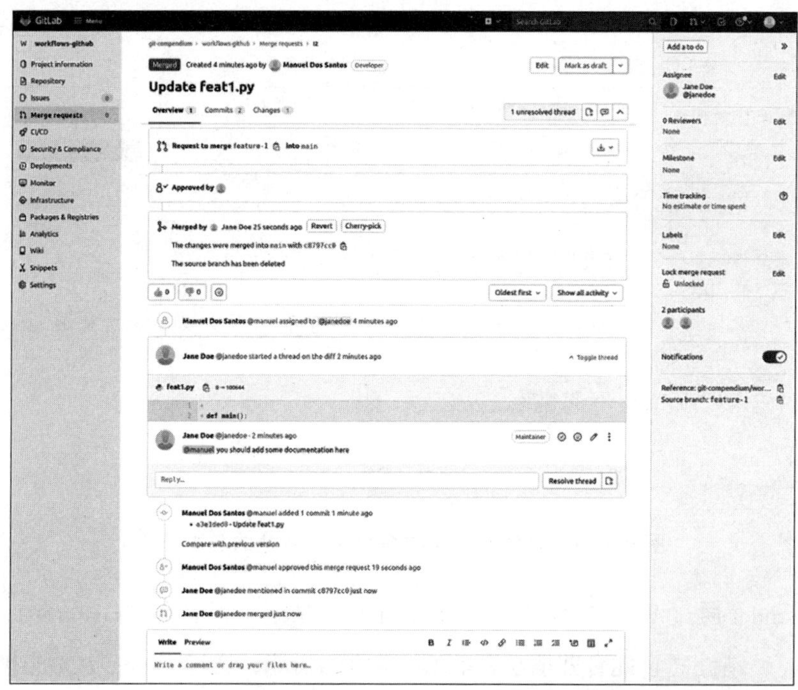

图 8.9　完整的合并请求

8.4.1 分支（Forks）

我们在 2.7.1 小节描述了分支外来仓库的技术，并在 5.1.2 小节中更详细地进行了说明。我们结合合并 / 拉取请求还可以建立一个工作流程，其中所有开发人员管理他们自己的仓库，只有他们自己有写入权限。

这种方法接近于 Linus Torvalds 的原始想法。Git 的发明者最初开发这款软件主要是为了管理 Linux 内核，他收到了许多以补丁文件形式发送至内核邮件列表的改进建议。为了省去自己整合和测试补丁的工作，Torvalds 建议补丁开发者维护自己的 Git 仓库，在那里他们可以整合和测试自己的补丁。由于当时 GitHub 还不存在，开发者必须运行他们自己的 Git 服务器，Torvalds 可以从中拉取，这正是 Git 内置服务器 git daemon 的用途。

带有拉取 / 合并请求的分支对于不同人员偶尔为其他人员的项目作出贡献是一个极其有用的工作流程。对于我们在本章中描述的工作流程，我们假设您的团队中有一定数量的成员，他们以某种方式在团队中注册，并有权访问中央仓库。在这种情况下，您的项目不需要任何分支。

8.4.2 结论

使用合并 / 拉取请求的优点如下所列：

- 在主分支合并前进行代码审查；
- 对工作流程的良好记录；
- 稳定的主分支。

使用合并 / 拉取请求的缺点如下所列：

- 代码审查过慢时会产生并行分支。

8.5 长期运行的分支：Gitflow

长期以来，所谓的 Gitflow 工作流程是使用 Git 开发大型项目的标准。与我们迄今为止描述的工作方法相比，根本区别在于，在 Gitflow 工作流程中，两个分支并行运行，并在整个项目期间都可用。

除了主分支外，至少还有一个其他分支（通常称为 develop 或 next），这是实际开发发生的地方。根据模型，此分支上的代码应该是稳定的，并用于夜间构建。在主分支上，只合并完成的版本，此分支上不会发生正常的提交。

8.5.1 Main、Develop、Feature

在 8.4 节中介绍的特性分支在此模型中也可以且应该采用相同的方式使用，以确保 develop 分支的稳定性。

此工作流程的复杂性增加如图 8.10 所示。这次，我们的团队将只开发两个新功能，可以在最左侧看到 main 分支，右侧紧接着是 develop 分支。

假设 Manuel 在 feature-1 分支中开发第一个功能，该功能从 develop 分支分离出来。Maria 将两个提交合并回 develop 分支（提交哈希 759483c）。她在所有提交上都使用了 --no-ff（非快进）选项，以便稍后可以在 Git 历史中看到这些提交。在合并时使用 --no-edit 选项，可以接受默认的提交消息，该消息会指明将合并哪个分支。

因此，命令流与第 8.3 节中描述的命令非常相似，如下所列：

```
manuel$ git checkout develop
manuel$ git checkout -b feature-1
manuel$ git commit -m "add f1-part2" feat1.py
manuel$ git push --set-upstream origin feature-1

maria$  git checkout develop
maria$  git pull
maria$  git merge --no-ff --no-edit origin/feature-1
  Merge made by the 'recursive' strategy.
   main.py    | 2 ++
   feat1.py   | 3 +++
   2 files changed, 5 insertions(+)
   create mode 100644 feat1.py
```

新功能成功实现后，Maria 现在开始准备软件的首个发布版本。她用 v0.0.9 标签标记了当前状态，并创建了一个新的发布分支（release-v1）。在对该分支进行深入测试期间，仍出现了两个小错误，Maria 通过 Bugfix-1 和

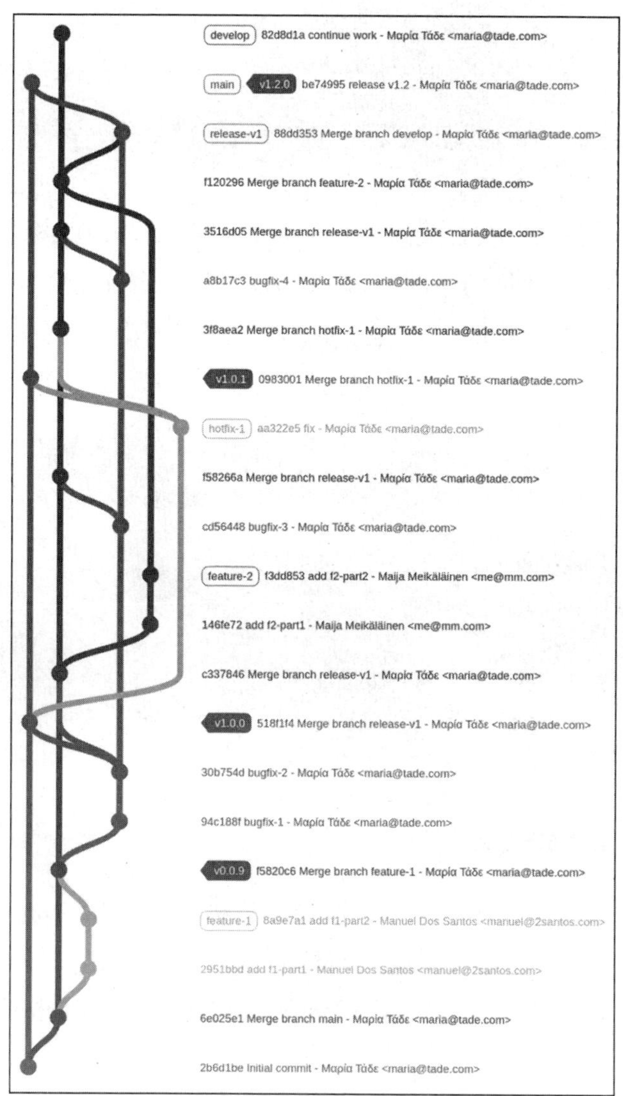

图 8.10　Gitflow 工作流中的分支、提交与合并

Bugfix–2 提交修复了这些错误。为执行这些步骤，她输入了以下命令：

```
maria$  git checkout develop
maria$  git tag "v0.0.9"
maria$  git checkout -b release-v1

# Change files for Bugfix 1
maria$  git commit -a -m "bugfix-1"
```

```
  [release-v1 94c188f] bugfix-1
   1 file changed, 2 insertions(+)

# more changes for Bugfix 2
maria$  git commit -a -m "bugfix-2"
```

随后，她将发布分支合并到主分支，并为其打上 v1.0.0 标签。这是首次在主分支上可找到软件的一个版本。Maria 还将发布分支合并到开发分支，以便开发分支也包含这两个错误修复。在以下示例中，我们省略了命令的输出。

```
maria$  git checkout main
maria$  git merge --no-ff --no-edit release-v1
maria$  git tag v1.0.0
maria$  git push
maria$  git push --tags

maria$  git checkout develop
maria$  git merge --no-ff --no-edit release-v1
maria$  git push
```

8.5.2 紧急错误修复

软件在运行中出现了一个严重问题，必须立即解决。Maria 直接从主分支创建了 hotfix-1 分支，她用提交 aa322e5 保存了修复，并将分支合并回主分支。然后，她将软件版本提高一个补丁级别到 v1.0.1，并相应地标记了存储库。

hotfix-1 分支也必须合并到 develop 分支，以消除那里的错误，如图 8.11 所示。

8.5.3 在 develop 分支中的错误修复

在此期间，发布分支上又修复了两个小错误（bugfix-3 和 bugfix-4）。由于这些错误并不严重，因此不会发布新的软件版本，这些更改将包含在下一个版本中，但是这些错误修复会立即合并到 develop 分支中。

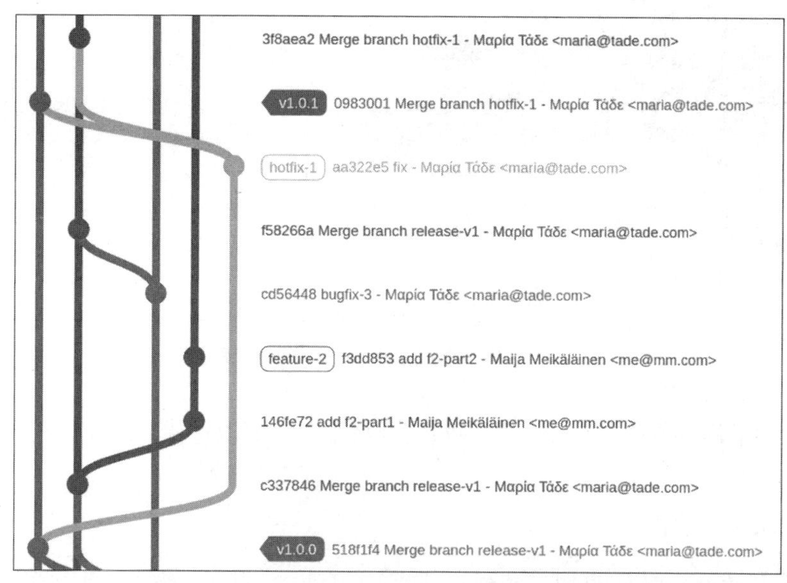

图 8.11 “hotfix–1”分支的故障排除

与 develop 分支一样，发布分支与主分支并行运行，但只有在版本受到支持时才会这样。随着新版本的完成，会创建一个新的发布分支（例如，release–v2，在前面的图中未显示）。之后是否以及多久仍然支持旧版本，则取决于客户需求。

8.5.4 一个新功能

Maija 现在在 develop 分支上实现了一个新功能。为此，她创建了 feature–2 分支，并在该分支中进行了两次提交。Maria 将此分支合并回 develop，由于 develop 分支的临时更改与新功能不重叠，因此合并过程没有产生任何冲突（提交哈希 f120296）。

为了让客户能够使用新功能，Maria 再次将 develop 分支合并到发布分支（提交 88dd353）。由于没有发现错误，她将 release–v1 合并回 main，并将版本标记为 v1.2.0，如图 8.12 所示。

到目前为止，多次合并可能会让人感到头晕目眩，因为这种工作流将主分支的稳定性放在首位，并接受众多分支带来的更高复杂性，以此换取这种稳定性。此外，这种工作流能够并行管理多个版本。如果我们软件没有这些要求，

图 8.12　主分支上的第二次发布 v1.2.0

例如，如果你运行的是一个门户网站或网络服务，可以选择更简单的工作流。

8.5.5　结论

使用 Gitflow 的优势如下所列：

- 稳定的主分支；
- 易于理解的版本；
- 同时生产多个版本。

使用 Gitflow 的缺点如下所列：

- 大量地合并操作；
- 仓库的高复杂性；
- 可能发生分支偏离；
- 新软件版本的推出缓慢；
- 严格的要求造成大量额外工作。

8.6　基于主干的开发

基于主干的开发指的是一种工作技术，其中所有更改都会尽快提交到开发的主分支。在 Git 术语中，可以简单地将主干替换为主分支，使用这种技术的基本规则如下所列。

（1）除主分支外，不应存在其他长期分支。

（2）当使用功能分支时：

- 每个功能分支一个开发者。
- 最长期限为 1 到 2 天（甚至更好，仅几个小时）。

在此背景下使用的功能分支与 8.3 节中描述的工作流在范围上有所不同。在基于主干的开发中，任务必须很小，因为只允许一个开发人员处理该问题，并且只有 1 或 2 天的时间来完成。此外，在基于主干的开发中，功能分支是可选的，因为在最佳情况下，所有团队成员都被直接推送到主分支，如图 8.13 所示。

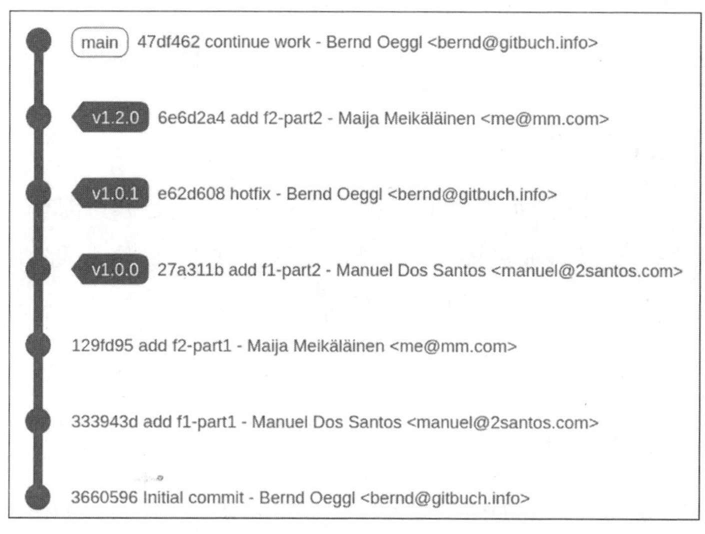

图 8.13　基于主干的开发：所有开发人员提交至主分支

8.6.1　持续集成

这项技术成功的前提是拥有一个功能正常的持续集成（CI）流水线，该流水线能够通过充分的测试确保软件的功能性。如果代码中出现问题，流水线会发出警报，以促使触发错误的开发人员尽快修复错误。只要流水线存在缺陷，团队成员的任何提交都不会出现在完成的软件中。

在将提交推送到服务器之前，需对其进行充分测试，这有助于提高整体源代码的质量。理想情况下，开发人员可以在本地测试 CI 流水线，或至少测试其关键部分，然后再推送到服务器，这种方法会大大降低了流水线损坏的风险。

8.6.2 发布就绪

基于主干开发的优势之一是开发的最新状态始终（或应该）是发布就绪的。假设管理层决定将已经在主分支中存在几天并刚刚经过质量保证（QA）团队测试的功能立即发布那么最佳情况是项目经理与开发团队马上确认一切是否按计划进行，并将最后的构建（可能只有几分钟的历史）带到生产环境中。

对稳定构建的信心源于可靠的 CI 流水线。在项目过程中，流水线会不断发展，并且随着每个被根除的错误和每个新测试的进行，变得越来越可靠。

8.6.3 持续部署

一旦开发者对 CI 流水线有了信心，并希望尽快满足客户需求，就可以实现自动化推出完成软件的过程。通过持续部署（CD），您将进入软件自动化的顶级联赛。如果流水线成功，开发人员输入 git push 命令可立即将新版本推送到生产环境。

8.6.4 功能标志

对于那些无法在一两天内完成并投入生产的复杂功能，该如何开发呢？解决此问题的一种方法是使用功能标志或功能切换开关，这样可以在代码中构建查询，以决定是否启用某些功能。这种可用性的条件可以在软件运行时从配置文件或数据库中指定。

在最简单的情况下，可以将功能标志视为软件中的 if 查询，其条件不依赖于版本，这样就可以为某些用户组解锁某些功能。例如，质量保证团队可以在实际操作中测试功能，而其他用户则无法访问此功能。在功能发布后，要使该功能对所有用户可见，无需安装新版本，只需修改其数据库条目即可。

尽管软件自动化周围充满了狂热，但有一点需要牢记，即对开发人员的要求高于功能分支工作流，在功能分支工作流中，新加入团队的成员可能会在拉取请求期间获得有价值的提示，以防错误进入主分支。在基于主干的开发中，一个缺乏经验的开发人员可能会因为管道在出现错误后停滞而打乱整个团队的常规工作流程。

8.6.5 结论

使用基于主干的开发的优点如下所列：

- 始终为发布做好准备的源代码；
- 没有复杂的合并；
- 发布前无需冻结代码。

使用基于主干的开发的缺点为：对于初学者来说，入门较难，但可以通过结对编程来弥补。

8.7 选择更合适的工作流程

如本章开头所述，关于何种工作流程最适合特定团队，并无简单答案，这既因为软件开发中的需求受多重因素影响，也因为具体选择需依据团队的具体情况。

对于独立工作者，最佳实践是将工作提交至主分支，当探索新想法或进行试验时，可创建功能分支。若身处团队环境，则应遵循团队既定的策略。

在选择工作流程时，应考虑以下因素。

（1）团队成员经验

若团队成员均深谙 Git 之道，则可灵活选择工作流程。若团队中有经验不足的开发者，且无法进行结对编程，像 GitHub 或 GitLab 等平台提供的图形用户界面（GUI）将极大助力其快速上手，同时，合并 / 拉取请求工作流程的附加文档也能提供一定帮助。

（2）团队规模

对于小型团队而言，基于主干的开发模式尤为适用。其他工作流程在大型团队中能展现出良好的扩展性，会更加适用。值得注意的是，团队规模并非决定工作流程适用性的唯一因素。以谷歌为例，尽管其拥有数万开发者，仍采用基于主干的开发模式，但此种情况与我们本章所讨论的工作流程已大相径庭，因为大型组织所使用的工具往往不适用于“常规”规模的组织。

（3）软件类型

若项目需求要求在生产环境中同时运行软件的多个稳定版本，采用具备并行分支的工作流程更为合适。尽管 Gitflow 复杂性较高，但它能迅速定位至特定版本以进行错误修复。若同一时间仅生产一个版本，例如在线平台，采用如基于主干的开发等敏捷工作流程可能更为高效，并可提升整体生产力。

（4）基础设施可用性

某些工作流程除 Git 外无需额外软件支持，而其他流程则可能依赖额外程序。缺乏 CI 流水线的情况下，我们所描述的基于主干的开发模式将无法正常运行。流水线需在计算机基础设施上进行配置与运行。在拉取 / 合并请求工作流程中，还需使用 Git 平台，这将产生一定成本。

如果能且希望使用 Git 平台，我们强烈推荐采用拉取 / 合并请求工作流程。该流程也非常适合初学者，因为其流程记录清晰，且可通过网络界面轻松检索。如果倾向于尝试新事物且重视快速开发周期，应考虑基于主干的开发方式。虽然一开始需要投入精力来创建流水线，但运营过程中的附加值必将让人确信其效率。

第 9 章　工作技巧

本章将介绍一些高级工作技巧，具体如下所列：

- 钩子（Hooks）可以针对特定操作自动运行脚本；
- 简洁地提交信息是大型项目长期记录和维护的关键，我们将提供一些避免提交历史混乱的技巧；
- 对于大型项目，子模块和子树有两种将子项目分离到各自目录中的方法；
- 如果经常在终端窗口中运行 git 命令，可以使用别名、bash 自动补全以及 Oh My Zsh 扩展来简化操作；
- 启用双因素身份验证可以在访问 Git 平台时提供更高程度的安全性，在这方面，我们会告诉你需要注意的事项。

9.1　钩子

在 Git 中，钩子指的是当 Git 存储库中发生特定事件时执行的脚本。钩子并非 Git 的发明，在 Git 之前，其他版本控制系统也有类似的概念。由于钩子也可以在操作发生之前运行（例如，在提交被接受之前），因此它们通常用于执行某些策略或特定样式。

钩子与流水线（Pipelines）

如果阅读过前面关于 Git 托管平台的章节（第 5.2 节和第 6.4 节），现在可能会想起持续集成 / 持续部署 (CI/CD) 流水线。钩子也是在某些事件发生后启动的，并与 Git 存储库一起工作，但是，与 Git 钩子的有限功能相比，真正的管道为使用者打开的选择是不可比拟的。

9.1.1 钩子在现实生活中的应用

要了解钩子功能，最简单的方法就是通过一个例子来学习。我们假设你在 Linux 或 macOS 上工作，或者在 Windows 上使用 Git Bash。首先，在本地计算机上创建一个新的 Git 存储库：

```
mkdir hooks-demo
cd hooks-demo
git init
  Initialized empty Git repository in /src/hooks-demo/.git/
```

Git 会创建一个包含示例 hooks 的子文件夹：

```
ls .git/hooks

  applypatch-msg.sample        pre-merge-commit.sample
  commit-msg.sample            prepare-commit-msg.sample
  fsmonitor-watchman.sample    pre-push.sample
  post-update.sample           pre-rebase.sample
  pre-applypatch.sample        pre-receive.sample
  pre-commit.sample            update.sample
```

这些文件的名称都以 .sample 结尾，表示它们只是建议性的。根据这些文件名，你可以很容易地推断出这些脚本何时被使用。一个常见的执行 hook 的事件是 pre-commit，这是在暂存区中的更改最终提交到本地存储库之前的时间。

现在，让我们创建 .git/hooks/pre-commit 文件，并添加以下内容：

```
#!/bin/sh
untracked=$(git ls-files --others --exclude-standard | wc -l)
if [ $untracked -gt 0 ]
then
  echo "Untracked files, please add or ignore"
  exit 1
fi
```

在 Linux 和 macOS 系统上，需要设置文件为可执行（使用 chmod +x .git/hooks/pre-commit 命令），但这一操作在 Windows 系统上并不适用，因为 NTFS 文件系统不存储这类执行权限信息。不过，Git Bash 会根据文件的首行来判断文件是否可执行。

该钩子脚本旨在防止在有未暂存（staged）的文件时进行提交，这种情况在进行重大更改时可能会发生。比如更改了几个文件并添加了一个新文件，然后执行 git commit -a。此操作会导致所有已修改的文件都被包含在提交中，但新创建的文件可能会被忽略。

为了验证我们的脚本功能，将进行两项更改。首先，添加一个 README.md 文件，然后将其暂存并提交：

```
echo "# Hooks Demo" > README.md
git add README.md
git commit -m "add README"

  [main (root-commit) 1a74605] add README
   1 file changed, 1 insertion(+)
   create mode 100644 README.md
```

目前尚未触发钩子，但这是正常的，因为这次提交没有遗漏任何内容。接下来进行第二次更改，再次修改 README.md 文件，并创建一个名为 hello.txt 的新文件。然后，使用 –a 选项来提交所有更改，如下所示：

```
echo "A Git pre-commit hook" >> README.md
echo "Hello commit" > hello.txt
git commit -a -m "update README"

  Untracked files, please add or ignore
```

现在，pre-commit 钩子已经成功阻止了提交，相关更改并未被纳入仓库。只要仓库内有未在 .gitignore 文件中指定且未通过 git add 命令添加至暂存区的文件，就无法在该仓库进行提交。

为完成本示例，接下来将检验钩子，以确认 .gitignore 文件中的条目是否确实被系统忽略，如下所示：

```
echo "hello.txt" > .gitignore
git add .gitignore
git commit -a -m "update README, add gitignore"
```

```
[main 69511e6] update README, add gitignore
 2 files changed, 2 insertions(+)
 create mode 100644 .gitignore
```

提交成功，更改已保存在本地仓库中。

9.1.2 样本脚本解释

文件的开头为 shebang（#!），它决定了文件中语句的解释器。在这种情况下，解释器是 /bin/sh，这是大多数基于 Unix 的操作系统上的默认 shell。脚本中的第一条语句创建了一个名为 untracked 的变量，并将其赋值为命令 git ls-files --others --exclude-standard | wc -l 的输出。git ls-files 命令会输出一个尚未包含在仓库中的文件列表，而 wc -l 则计算输出的行数。例如，工作目录中有两个文件既没有被暂存也没有包含在 .gitignore 文件中，那么 $ untracked 变量的内容将是值 2。

if 查询会检查这个值，如果值大于 0，则会以错误（exit 1）终止脚本的执行。对于 shell 脚本，返回值 0 传统上表示无错误执行，而所有其他值都被解释为错误。

9.1.3 更多信息

我们在本节中描述的是一个本地（即客户端）钩子的示例，这样的脚本很好地指出了遗漏或提出了改进的领域。

Git 钩子的帮助页面包含了 20 多个可以执行钩子的事件，其中包括与从电子邮件应用补丁或运行垃圾收集器相关的事件，这里，我们将专注于有用的一小部分本地钩子进行解释，如下所列：

- pre-commit：中止提交。
- commit-msg：检查提交消息，并在必要时中止提交。消息文本也可以通过脚本进行更改。
- pre-push：防止推送，可以运行测试以确保只有有效的代码被上传到远程仓库。
- post-commit：触发通知，即不能再用这个脚本来阻止提交。

- post-checkout：程序切换到另一个分支或在 git clone 之后调用此钩子。

其他钩子也很有用，特别是在服务器上，如下所列：

- pre-receive：在服务器上接受 git push 之前开始。被执行脚本的输出（包括错误输出和正常输出）都被转发到调用程序的控制台，用户会在响应 git push 时看到结果。pre-receive 钩子在每次推送时调用一次，并且可以阻止整个推送。
- update：工作原理与 pre-receive 类似，不同的是它为每个推送的分支或标签调用一次。这个钩子允许微调并定位推送的对象，并只允许推送的部分，这可以实现扩展用户权限，实现独立于底层文件系统的权限。由于主要的 Git 托管平台提供了这样的功能，因此我们不再被迫进行复杂的 shell 脚本编写。
- post-receive：推送操作成功完成后被激活。以前，这些脚本被用于部署机制，以在服务器上推出新软件版本。与 pre-receive 一样，输出也会被重定向。随着 CI/CD 流水线的普及，这些任务已大部分转移到流水线中。

9.2 简洁地提交信息

本节将重点强调有意义的提交信息的重要性。提交信息并不决定项目的成败，但是，我们遵循一些简单的规则可以让团队成员的工作更加轻松。别担心，我们的规则不会让你在编写提交信息上花费比修复代码中的错误更多的时间。

基本上，我们主要遵循以下三个简单的规则：

- 第一行应该简短（最好少于 50 个字符），并描述所做的更改；
- 如果存在更多信息，第二行保持为空；
- 从第三行开始，可以提供有关提交的更多信息（但也可以不提供）。

这些规则已在许多项目中得到应用，确保基本信息易于阅读，特别是在 Git 历史的单行输出中。

9.2.1 控制台中的多行提交信息

如果在运行 git commit 命令时不使用 –m 选项，则可以在编辑器中编写提交信息，同时，git commit –m 命令也允许多行提交信息，只需以 git commit –m 'bla... 开头，然后按“Enter”键。

可以在下一行继续编写提交信息。根据我们讨论的规则，第二行应始终为空，因此需要再次按“Enter”键。然后，继续输入剩余的信息，直到使用第二个单引号结束信息。这时，shell 会识别出字符串已闭合，命令输入完整。

在控制台中输入多行提交信息时，需要注意的是，由于是在命令行环境中，对换行和引号的处理需要特别小心。在输入完第一行后，按“Enter”键进入下一行，此时由于第二行应为空行，因此再次按“Enter”键跳到第三行开始输入详细信息。在输入完所有信息后，用与开头相同的单引号来结束提交信息，并按“Enter”键提交。

如果在输入过程中出现错误，可以使用控制台的编辑功能进行修改，或者在发现错误之前使用“Ctrl+C”组合键中断命令输入，然后重新开始。

通过这种方式，即使在控制台环境中，也可以方便地输入多行提交信息，以清晰、准确地描述所做的代码更改，如下所示。

```
git commit -m 'first line

more details
still more details'
```

9.2.2 提交标题和文本

提交信息的首行被称作提交标题。该标题尤为重要，因为它几乎会出现在所有的日志输出中。每当团队中的成员在 Git 日志中查找更改时，此行都是最关键的部分。

是否为信息文本部分提供信息以及提供多少信息，很大程度上既取决于个人偏好，也取决于项目的规范。即使是大型项目，处理这个问题的方式也完全不同。在 Git 软件的存储库中，有时会包含带有代码示例的长篇解释，以说明

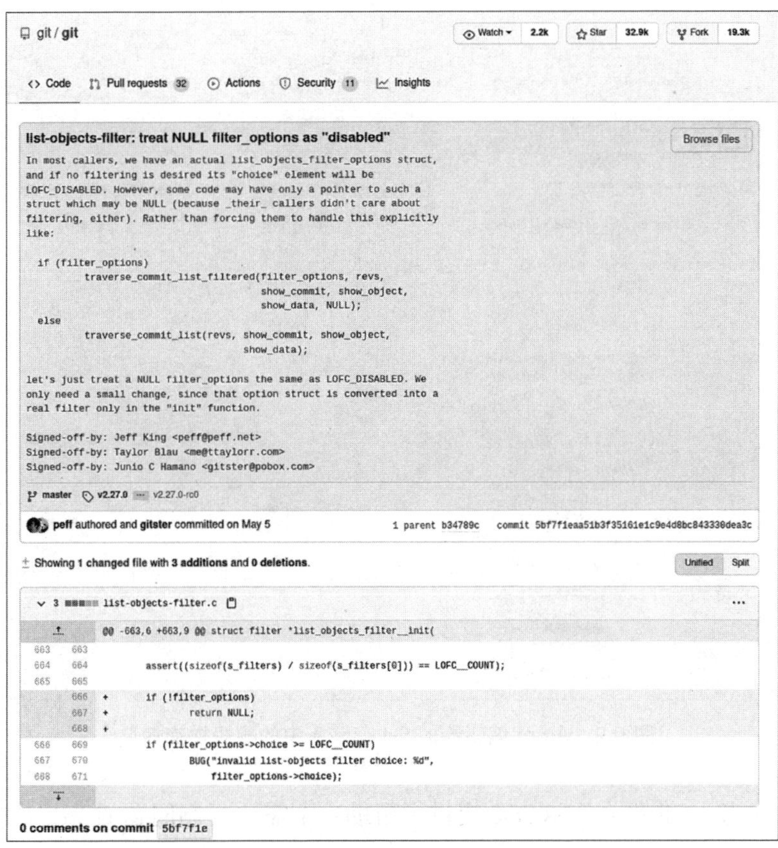

git / git

Watch 2.2k | Star 32.9k | Fork 19.3k

Code | Pull requests 32 | Actions | Security 11 | Insights

list-objects-filter: treat NULL filter_options as "disabled" — Browse files

```
In most callers, we have an actual list_objects_filter_options struct,
and if no filtering is desired its "choice" element will be
LOFC_DISABLED. However, some code may have only a pointer to such a
struct which may be NULL (because _their_ callers didn't care about
filtering, either). Rather than forcing them to handle this explicitly
like:

  if (filter_options)
          traverse_commit_list_filtered(filter_options, revs,
                                        show_commit, show_object,
                                        show_data, NULL);
  else
          traverse_commit_list(revs, show_commit, show_object,
                                     show_data);

let's just treat a NULL filter_options the same as LOFC_DISABLED. We
only need a small change, since that option struct is converted into a
real filter only in the "init" function.

Signed-off-by: Jeff King <peff@peff.net>
Signed-off-by: Taylor Blau <me@ttaylorr.com>
Signed-off-by: Junio C Hamano <gitster@pobox.com>
```

master v2.27.0 ... v2.27.0-rc0

peff authored and gitster committed on May 5 — 1 parent b34789c — commit 5bf7f1eaa51b3f35161e1c9e4d8bc843330dea3c

Showing 1 changed file with 3 additions and 0 deletions. — Unified | Split

3 list-objects-filter.c

```
@@ -663,6 +663,9 @@ struct filter *list_objects_filter__init(
663  663
664  664         assert((sizeof(s_filters) / sizeof(s_filters[0])) == LOFC__COUNT);
665  665
     666  +      if (!filter_options)
     667  +              return NULL;
     668  +
666  669         if (filter_options->choice >= LOFC__COUNT)
667  670                 BUG("invalid list-objects filter choice: %d",
668  671                     filter_options->choice);
```

0 comments on commit 5bf7f1e

图 9.1　Git 源代码库中提交信息中的解释

三行代码的更改。此信息的长度是由于 Git 项目的工作方式所致，该方式涉及将补丁发送到邮件列表，而电子邮件正文也是提交信息。

在另一个极端，提交信息可能只包含几个字符。图 9.2 显示了 Atom 编辑器存储库中的一个提交。在这种情况下，使用了一个表情符号来描述提交。

Git 对提交信息没有施加严格的规则。默认情况下，没有信息就无法保存提交，但即使这一要求也可以通过 --allow-empty-message 选项来规避。但是，根据 git commit 的帮助页面，此选项仅包括允许其他版本控制系统通过脚本访问 Git，根本不应使用这个选项。

9.2.3　问题与拉取请求的链接

提交信息的一个实际扩展是作为问题和拉取请求或合并请求（如在 GitLab

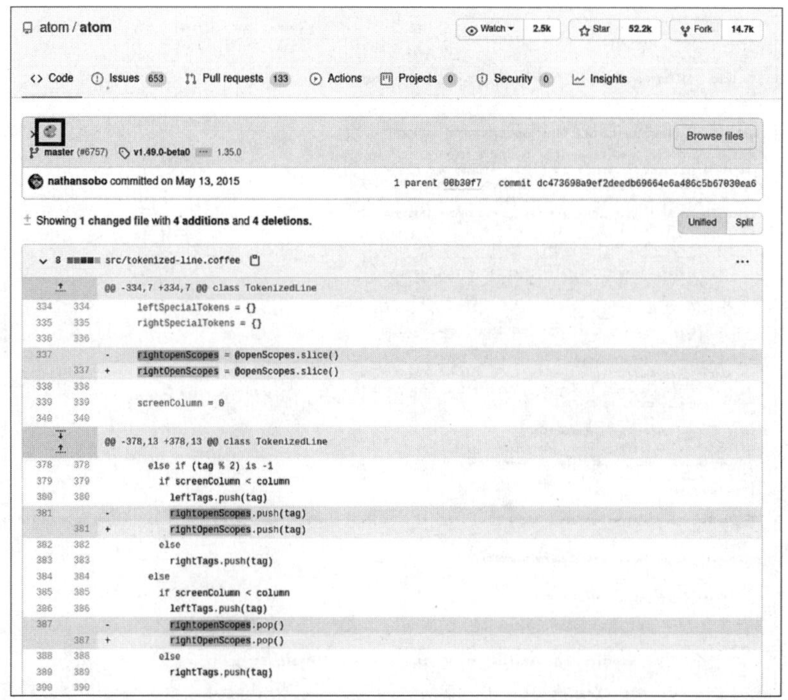

图 9.2　Atom 编辑器的 Git 存储库中的极短提交信息

中）的参考。Git 平台在这方面提供了帮助：不需要复制问题的 URL，只需在 # 字符后输入问题 / 拉取请求编号即可（编号是按项目连续分配的）。

在 GitLab 中，情况略有不同，因为在这种情况下，问题和合并请求有两个单独的计数器。因此，在 GitLab 项目中，问题可能会被分配编号 1，而合并请求可能会被分配编号 2。为了在提交信息中映射这种编号，需要在 GitLab 中为合并请求的数字前面加一个！字符，以便 GitLab 自动从中创建一个链接。

此外，可以通过在问题编号前放置某些关键字来改变问题的状态。例如，若要在主要的 Git 托管平台上关闭编号 22 的问题，可以使用如下所示的提交信息：

```
fix: add missing semicolon in server.js (fixes #22)
```

一方面，fixes 关键字会使提交在问题中被提及，另一方面会立即关闭问题，从而避免了进入网络浏览器的弯路。

当然，此功能可与集成的问题跟踪系统一起使用。但是，外部系统（如广泛使用的 Jira）也可以通过插件进行集成，如下所示：

```
fix: IPROT-153 overdue settings on project level
```

如果 GitLab 中的 Jira 插件已启用并正确配置，则 Web 界面中的提交信息将自动链接到 Jira 问题跟踪器，如图 9.3 所示。

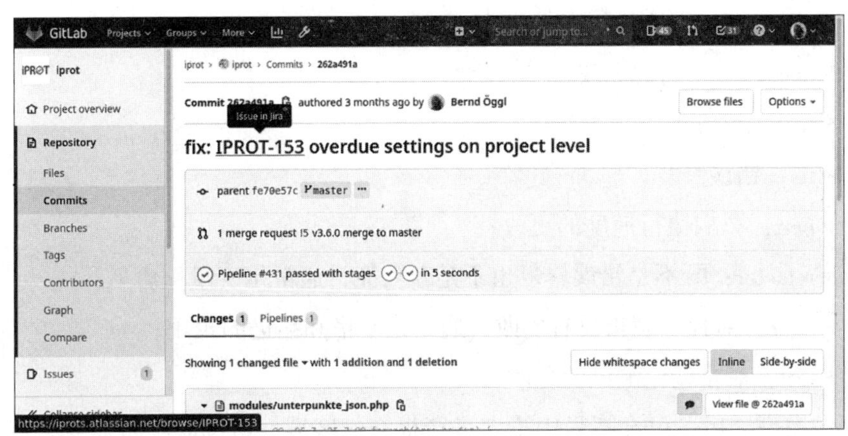

图 9.3 GitLab 中自动生成的 Jira 问题跟踪器链接

请注意，Git 中的提交信息不会被修改，链接的插入仅在信息在网络界面中显示时发生，因此，像下面这样的提交信息没有什么意义：

```
fix: #44
```

如果团队成员使用 git log 在终端中查看 Git 历史记录，此信息将无助于理解。应将引用视为附加信息，而非提交信息中的唯一信息。

9.2.4 Angular 项目的提交信息

作为提交信息规则的示例，我们想介绍 Angular 项目的指导原则。Angular 是一个用于构建前端 Web 应用程序的 JavaScript/TypeScript 框架。该项目由 Google 进一步开发，并在互联网上广泛分布。拥有超过 1 500 名贡献者和大约 24 000 次提交，该项目拥有广泛且活跃的 Git 历史记录。

在 Angular 中，提交信息分为三部分，除了前面描述的标题和正文系统外，还有一个可选的页脚。此页脚保留用于引用问题或拉取请求，并旨在使用“BREAKING CHANGE”字符串标记不兼容的更改。

消息标题在 Angular 中称为消息头。标题必须以标签开头，以指示提交的类型。Angular 团队已指定了九种标签类型，即：

- build：对使用的构建系统产生任何影响的更改（在 Angular 中，这些包括 Node.js 模块等）；
- ci：CI/CD 管道流程中的更改；
- docs：对文档的更改；
- feat：新功能；
- fix：错误修复；
- perf：影响执行速度的更改；
- refactor：既不是错误修复也不是新功能，通常是变量重命名；
- style：对程序逻辑没有更改，通常是空格和缩进的校正；
- test：对自动化测试的更改。

在类型之后，可在括号中指定进行提交的区域。范围因项目而异，例如，在 Angular Web 应用程序中包括表单、动画或 http。

标题的最后一部分是更改描述，在 Angular 中称为主题。Angular 提交信息中的任何一行都不能超过 100 个字符。

图 9.4 显示了从 Angular Git 存储库中随机选择的提交。修复了表单功能内联文档中的一个小错误。这里可以看到类型（docs）、主题以及括号中插入的对拉取请求的引用；在页脚中，可再次看到带有“Close”关键字的拉取请求引用，该关键字会关闭拉取请求。

9.2.5 结论

如前所述，提交信息并不会决定项目的成败，但是，简单的规则是有用的，特别是对于大型团队，可以让新成员的加入变得更容易。

按照我们之前描述的方式键入提交的一个优点是可以使用脚本自动从 Git 日志中提取信息。通过这种方式，可以在发布新版本软件后减少手动创建更新日志和发布说明的繁琐工作。

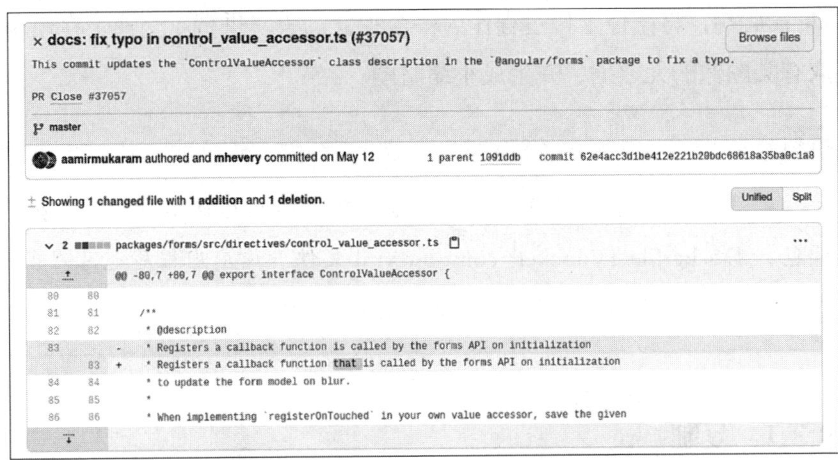

图 9.4　来自 Angular Git 存储库的提交信息

9.3　子模块和子树

子模块和子树都有助于将其他人的 Git 项目集成到自己的项目中。一般来说，可以通过多种方式将外部代码融入到自己的项目中。

◆ 复制

最简单的方法是将源代码（或您需要的源代码部分）复制到子目录中，并从那时起在自己的存储库中管理它。这种方法的缺点是在外部项目中进行的错误修复不会在自己的存储库中更新。

◆ 外部包管理器

许多现代编程语言使用自己的包管理器来管理项目正确版本的库。众所周知的代表包括 Node.js 的 Node Package Manager（npm）、Rust 的 cargo、Ruby 的 gem、Python 的 pip 或 C# 的 NuGet。使用这样的系统并且不更改外部项目的源代码当然是最简单的方法。我们可以安装更新而无需在自己的 Git 存储库中进行任何自定义。

◆ 子模块或子树

这两种技术能够以不同的方式将外部存储库的源代码连接到自己的存储库。

我们将使用本书中多次使用的示例图像数据库来演示这些不同的技术。这个网站访问 Node.js 后端，后端又将数据存储在 SQLite 数据库中。我们修改了 Node.js 后端，将图像上传过程作为一个独立的模块进行了交换。在模块内，将提取有关图像的元数据，并生成小缩略图。

查看

我们已将这个可管理的应用程序存放在我们的 GitLab 账户上。源代码还包括 Dockerfile 和 docker-compose.yml 文件。该应用程序也可以在不使用 Docker 的情况下仅使用 Node.js 运行时运行。

9.3.1 复制

图像上传功能的源代码会根据所使用的技术略有变化。在第一种情况（复制）下，我们将创建子文件夹 server/simple-upload-exif，将模块的 index.js 文件复制到该目录中，并使用以下行扩展 server/routes.js 文件：

```
const uploadExif = require('./simple-upload-exif');
```

在代码中，我们可以将加载的模块用作 express 服务器的中间件，如下所示：

```
router.post("/picture",
  exifUpload.uploadWithExifAndThumbnail('file'), (req, res) => {
  ...
```

请注意，我们仍然需要自己处理此模块的依赖关系。在这个特定的情况下，我们的 simple-upload-exif 模块使用了另外三个 Node.js 模块，我们必须使用包管理器手动安装它们，如下所示：

```
npm install jimp multer exif-parser
```

对于这个小模块，此步骤仍然是可能的，但对于更复杂的模块，手动方法不再适用。

9.3.2 使用包管理器

通常，我们会使用 npm 包管理器从公共的 npm 服务器安装 Node.js 模块。

由于我们已经将模块存储在一个公开的 GitLab 仓库中，因此我们可以使用 npm 将模块包含到项目中。这种方法的一个优点是在安装模块时，npm 会处理我们的 simple-upload-exif 模块所使用的其他模块。

```
npm i gitlab:git-compendium/simple-upload-exif

  + simple-upload-exif@1.0.0
  added 36 packages from 5 contributors and audited 501 packa
ges
    in 7.396s
  25 packages are looking for funding
    run 'npm fund' for details
  found 0 vulnerabilities
```

在加载模块时，可以省略模块前的相对路径规范，如下所示：

```
const uploadExif = require('simple-upload-exif');
```

可以在 https://gitlab.com/git-compendium/picture-db-npm 找到此模块的代码。现在，为了对模块代码进行小幅修改，可以采用以下工作流程：

- 使用 git clone git@gitlab.com:git-compendium/simple-upload-exif.git 命令，将模块复制到另一个文件夹；
- 编辑并保存文件；
- 使用 git add . && git commit -am "fix: ...." 命令进行提交；
- 使用 git push 命令进行推送；
- 使用 npm update gitlab:git-compendium/simple-upload-exif 命令更新项目中的模块；
- 重新加载浏览器并尝试运行。

9.3.3 子模块

从同一个项目开始，现在让我们将 simple-upload-exif 模块添加为 Git 子模块，此步骤的调用涉及以下命令。

```
git submodule add \
  https://gitlab.com/git-compendium/simple-upload-exif.git \
```

```
server/simple-upload-exif

Cloning into '/src/picture-db-submodule/server/simple-upload...
remote: Enumerating objects: 18, done.
...
remote: Total 18 (delta 2), reused 0 (delta 0), pack-reused 0
Unpacking objects: 100% (18/18), 10.18 KiB | 2.54 MiB/s, done.
```

如输出结果所示，Git 将整个仓库复制到 server/simple-upload-exif 子文件夹中，该子文件夹是作为 git submodule add 命令的第二个参数附加的。现在，当查看项目仓库的状态时，可以发现有两项更改已准备好提交（即它们处于暂存区），如下所示：

```
git status

  On branch main
  Your branch is up to date with 'origin/main'.
  Changes to be committed:
    (use "git restore --staged <file>..." to unstage)
    new file:   .gitmodules
    new file:   server/simple-upload-exif
```

这些更改包括 .gitmodules 文件和 server/simple-upload-exif 文件夹，后者在这种情况下被误导性地显示为一个新文件。.gitmodules 文件包含每个模块的条目，其中包含模块的相对路径和模块存储库的 URL。在我们的案例中，条目显示如下所示：

```
[submodule "server/simple-upload-exif"]
    path = server/simple-upload-exif
    url = https://gitlab.com/git-compendium/simple-upload-
exif.git
```

为了使我们的示例再次起作用，我们仍然必须安装模块所需的依赖项。这一步是一个手动步骤，但在这种情况下，我们可以使用模块中包含的用于包管理器的配置文件，并在其中安装模块，如下所示：

```
cd server/simple-upload-exif
npm install
```

该示例已经可以正常运行，可以直接修改 server/simple-upload-exif/index.js 文件来编辑模块的源代码，而无需过多变通。当前子模块的状态没有本地更改（哈希码的输出略有缩短），如下所示：

```
git submodule status

   2be3a483a89613ed0b6a... server/simple-upload-exif (heads/main)
```

当我们在 server/simple-upload-exif/index.js 文件中进行更改时，这些更改将立即在应用程序中显示。子模块的状态显然没有变化，但是更改会显示在主项目中，如下所示：

```
git status

   On branch main
   ...
     modified:   simple-upload-exif (modified content)
   no changes added to commit ...
```

但是，这些更改无法在项目中进行提交，必须进入 server/simple-upload-exif 子文件夹进行提交更改。在子模块中提交后，即可提交实际项目中的更改，如下所示：

```
git status

   On branch main
   ...
     modified:   simple-upload-exif (new commits)
   no changes added to commit ...
```

现在，子模块的状态也已更改。它以“+”号开始，并显示已修改的哈希码，如下所示：

```
git submodule status

   +0bf504bc99c18fac9bd9...  server/simple-upload-exif  (heads/
main)
```

在主项目中，调用 git diff 时将显示新的哈希码，如下所示：

```
git --no-pager diff

   diff --git a/server/simple-upload-exif b/server/simple-uploa...
   index 2be3a48..0bf504b 160000
   --- a/server/simple-upload-exif
   +++ b/server/simple-upload-exif
   @@ -1 +1 @@
   -Subproject commit 2be3a483a89613ed0b6a857a4ea6331d2fd162af
   +Subproject commit 0bf504bc99c18fac9bd9a71e3445d2178f0683ac
```

如果我们现在提交主项目，子模块中将更新对新提交的引用。

这里详细描述这些步骤是因为在两个存储库中都进行了更改时，事情可能会变得非常混乱。你会看到主项目仍然有未提交的更改，但 git add 和 git commit -a 不会让你提交任何文件。一定不要忘记单独提交子模块中的更改，并在适当的时候推送它们。

如果在不同的项目中使用子模块，必须比使用普通存储库更加小心。在我们的项目中，对每个提交的引用都存储在子模块存储库中。在另一个项目中对此子模块进行更改之前，应首先更新子模块到最新状态（在子模块的目录中执行 git pull）；否则，将无法进行推送更改而无需合并。

如果有人复制我们带有子模块的 Git 存储库，他必须在执行此操作时使用 --recurse-submodules 选项，否则，将只是为模块创建一个空文件夹。

为了随后加载模块，我们必须使用命令 git submodule update --init --recursive。当使用 git pull 导入对主项目的更新时，也同样适用。注意选项的命名冲突，虽然 git clone 需要 --recurse-submodules 选项，但 git submodule update 要求使用 --recursive 选项。

注意子模块给 Git 增加了相当多的复杂性，子模块的管理开销可能也促使 Git 开发人员编写了另一种变体来管理 Git 存储库中的模块。我们将在下一节中探讨更直接的子树方法。

9.3.4 子树

如果上一节关于子模块的内容让你有点害怕，那么让我们转向一种稍微简单一点的方法，可以在自己的 Git 存储库中使用来自另一个存储库的源代码。

contrib

git subtree 命令不属于 Git 核心命令，而是归类在 contrib 部分。在大多数安装变体中，该命令会自动安装，无需进一步操作。对于特殊的 Linux 发行版，如 Alpine Linux，你需要使用 apk add git-subtree 安装一个额外的包。

对于子模块，虽然主项目只管理模块中提交的引用，但对于子树，模块的整个源代码都包含在内。在标准变体中，整个 Git 历史记录也会被导入，这在大多数情况下是不必要的。为此，subtree 命令提供了 --squash 选项，该选项将 Git 历史记录打包到一个提交中。

让我们回到之前使用 simple-upload-exif 模块的示例。让我们在与之前子模块相同的位置添加子树，即在 server/simple-upload-exif 子文件夹中添加子树。git subtree 命令需要在每次调用时都使用 --prefix=<prefix> 参数传递外部代码所在的路径。

要从公共 GitLab 存储库中添加模块，请使用 git subtree add 并指定存储库的 URL 以及—prefix；此外，调用还需要一个修订版本（第 12.2 节），其中我们指的是主分支的当前状态。最后，使用前面提到的 --squash 选项将 Git 历史压缩到一个提交中。

```
git subtree add --prefix=server/simple-upload-exif \
  https://gitlab.com/git-compendium/simple-upload-exif.git \
    main --squash

  git fetch https://gitlab.com/git-compendium/simple-upload-ex...
  warning: no common commits
  ...
  From https://gitlab.com/git-compendium/simple-upload-exif
   * branch            main      -> FETCH_HEAD
  Added dir 'server/simple-upload-exif'
```

server/simple-upload-exif 目录现在包含了除 .git 目录外的仓库中的所有文件。下面查看执行 subtree add 操作后的 Git 日志。可以看到两个新的提交记录（此处略作缩短），如下所示：

```
git log --shortstat

  commit 1a6266a32cfaef985c672e882d4d13db7dd18aac
  Merge: 5c212c6 9d0ca75
      Merge commit '9d0ca75415c9b94d0...' as 'server/simple-up...

  commit 9d0ca75415c9b94d07f7d4389187b56092a40ccd
      Squashed 'server/simple-upload-exif/' content from
commi...
      git-subtree-dir: server/simple-upload-exif
      git-subtree-split: 2be3a483a89613ed0b6a857a4ea6331d2fd162af
   5 files changed, 816 insertions(+)

  commit 5c212c696e65ee5b5b564752d3722b8a4d43886d
      test: fix number of pics after upload
   2 files changed, 1 insertion(+), 8 deletions(-)
```

接下来，从下到上检查输出：

- 提交 5c212c6 是在运行 git subtree add 之前的最后一次提交；
- 紧接着是提交 9d0ca75，它总结了模块的整个 Git 历史（由于使用了 --squash 选项）；
- 提交 2be3a48，这是 git-compendium/simple-upload-exif 模块主分支的当前状态，自动提交信息包含 git-subtree-dir 和 git-subtree-split 这两个条目，这是我们稍后会看到的重要信息；
- 合并提交 1a6266a 将旧的 Git 历史（提交 5c212c6）与新的压缩提交合并。

现在，模块的文件直接通过我们的主要项目进行版本控制，其他复制项目的开发人员不会注意到子树结构。

当我们简单地将模块的文件复制到源代码中时，这似乎是在重复开头。它确实非常相似，但有一个关键的区别，在复制过程中，已经记录了模块存储库的时间和哈希码。通过这种方式，可以将对文件的更改推回到模块存储库，或者将模块的更新推送到主项目。

请尝试通过 git pull 再次下载该模块来试用一下，如下所示：

```
git subtree pull --prefix=server/simple-upload-exif \
    https://gitlab.com/git-compendium/simple-upload-exif.git \
```

```
  main --squash

From https://gitlab.com/git-compendium/simple-upload-exif
 * branch            main       -> FETCH_HEAD
Subtree is already at commit 2be3a483a89613ed0b6a857a4ea6331...
```

如果在此期间模块的远程存储库中发生了更改，这些更改将被下载，并输入到当前的Git历史中，并通过合并提交合并到项目中。

9.3.5 内部细节

Git如何知道子树状态呢？与子模块不同，子树不在.git文件夹中使用单独的元数据，而是依赖于提交消息中的git-subtree-split和git-subtree-dir字符串。

这种情况听起来有点不寻常，但查看git subtree的实际实现会带来更清晰的理解，同时也会带来一些意外的发现。当我们调用git subtree时，运行的git-subtree shell脚本会利用其他git命令来确定要合并或推送的提交。例如，为了在提交消息中找到所述字符串，脚本使用git log。

```
git log --grep="^git-subtree-dir:...
```

如果我们在工作中稍后再次调用git subtree pull，并且模块存储库发生了更改，那么只有新的提交被使用压缩提交后，才会被集成到我们的项目中。以下示例的第一行就是这种操作，其中2be3a48和dce31ac之间的区域被压缩。

```
Squashed 'server/simple-upload-exif/' changes from  2be3a48....
dce31ac docs: more precise docs on upload
git-subtree-dir: server/simple-upload-exif
git-subtree-split: dce31ac16aeab561e573f56fb323d25ad95574e5
```

反方向也同样有效，可以使用git subtree push将模块的本地更改传输到模块的远程存储库。请注意，一个提交理论上只影响模块或主项目。Git可以正确地拆分一个提交，并只将影响子树的更改推送到存储库。但是，当再次拉取模块时，提交会出现一次，包含所有更改，另一次仅包含对模块的更改。虽然这种行为不会导致源代码中的任何问题，但Git历史记录中的条目会变得更难理解。

9.3.6 子树拆分

到目前为止，本节描述了如何将外部模块包含在源代码中。为了完善我们的讨论，我们将介绍一种从源代码中提取模块的便捷方法。稍后我们将更详细地讨论这个话题；在本节中，我们将描述使用 git subtree 的变体。

再次使用位于 https://gitlab.com/git-compendium/simple-picture-db 的图像数据库存储库。我们想要将影响前端的代码交换到一个单独的 Git 存储库中。目前，代码位于 client 文件夹中，并且此代码与后端代码之间不存在依赖关系。

首先，让我们通过 split 子命令调用 git subtree 命令，并使用 -b 选项传递要创建的新分支的名称。

```
git subtree split --prefix=client -b frontend

  Created branch 'frontend'
  906cd63b44d61ed9c8cf177134f5a20041e781ee
```

切换到该分支后，将仅可见 client 子文件夹中的文件，而不包括文件夹本身。

```
git switch frontend
ls -a

  .  ..  css  .git  index.html  js
```

此外，对于影响此子文件夹中文件的所有更改，Git 历史记录都会被完全保留。要创建一个包含这些内容的新 Git 存储库，请在与拆分存储库并行的位置创建一个新文件夹，并初始化新存储库。然后，使用 git fetch 从并行文件夹中获取 frontend 分支。

```
cd ..
mkdir picture-db-frontend
git init
git fetch ../picture-db frontend

  remote: Enumerating objects: 11, done.
  remote: Counting objects: 100% (11/11), done.
```

```
remote: Compressing objects: 100% (7/7), done.
remote: Total 11 (delta 0), reused 6 (delta 0)
Unpacking objects: 100% (11/11), 1.53 KiB | 313.00 KiB/s, done.
From ../picture-db
 * branch              frontend    -> FETCH_HEAD
```

该存储库现在已保存了 frontend 分支的历史记录，但它位于分离的 FETCH_HEAD 中。要改变此位置并将其移动到（仍然为空）main 分支，必须使用以下命令：

```
git checkout -b main  FETCH_HEAD
```

现在，新存储库已准备好进行设置。如果使用 Git 托管平台，现在可以在该平台上创建新项目，将其添加为远程存储库，并进行推送。

9.4 Bash 和 Zsh

本节旨在为主要在控制台中工作的 Git 用户提供指导。在这种情况下，可以通过采用多种技术来简化操作，例如：

- Git 别名允许为经常需要的选项的 Git 子命令定义快捷方式；
- Bash 用户应确保 git 命令自动完成功能有效；
- 对于 Zsh 用户，Oh My Zsh 包含各种 Git 特定的扩展。

9.4.1 Git 别名

假设经常运行 git log --oneline --stat 命令，每次都输入这个命令及其所有选项可能会变得繁琐。如果定义 Git 别名 lo 并将此别名保存在全局 Git 配置文件中，使用 git config 可以节省大量输入，如下所示：

```
git config --global alias.lo 'log --oneline --stat'
```

从现在开始，只需运行 git lo，如下所示：

```
git lo
```

要列出环境中定义的所有别名，请使用带有 --get-regexp 选项的 git config，如下所示：

```
git config --get-regexp  alias
  aa   = add --all
  br   = branch
  ci   = commit
  co   = checkout
  st   = status
  last = log -1 HEAD
  lo   = log --oneline --stat'
  ...
```

9.4.2 Bash 中的自动补全

Bash 被视为 Linux 上的默认 shell，因此负责在终端窗口中执行命令。在 Windows 上安装 Git 后，此命令解释器也会在 Git Bash 窗口中发挥作用。

Bash 的一个重要特性是通过（Tab）键完成命令和文件名的补全。此功能也基于上下文。当键入“git com”然后按“Tab”时，Bash 会将文本转换为 git commit。如果初始字母不是唯一的（例如，“git co”），则必须按“Tab”两次。Bash 随后会显示两个可能的补全选项（config 和 commit），并在必要时包括 Git 别名。补全功能也适用于 git 命令的参数，当键入“git add”然后按“Tab”时，Bash 将仅显示已更改的文件。

补全功能应在 Windows 和 Linux 上无需任何进一步配置即可工作。如果不是这种情况，则应确保在 Linux 或 macOS（使用 Homebrew 或 MacPorts）上安装了 bash-completion 软件包。

9.4.3 Oh My Zsh

在当前的 macOS 版本中，Zsh 被默认视为 shell，而这种 Bash 的替代方案也越来越受到 Linux 专业人士的喜爱。git 命令的自动补全功能与 Bash 中的相同。通过安装 Oh My Zsh 扩展，可以使 Git 更加便捷。

Oh My Zsh 中的 Git 功能在安装过程中会自动启用。第一个可见的结果是 Git 存储库的当前活动分支直接显示在提示符中，彩色符号指示最后一个命令是否已无误执行，以及当前目录中是否存在未保存的更改，如图 9.5 所示。

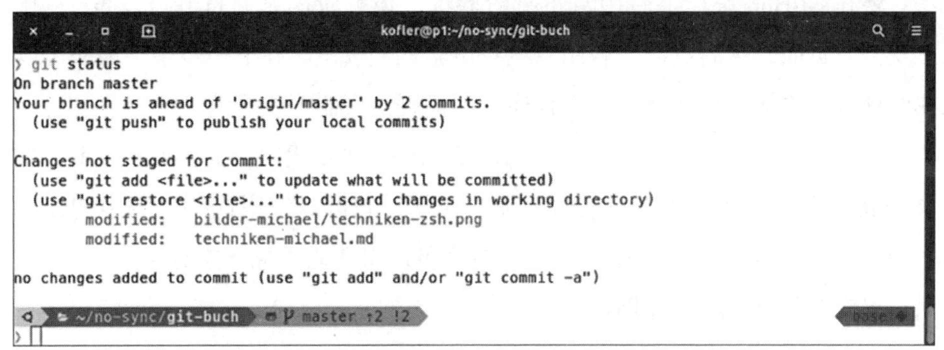

图 9.5　带有 Oh My Zsh 的终端

作为 Oh My Zsh 配置的一部分，定义了无数别名，但必须谨慎行事，这些别名与前面描述的由 git 命令处理的 Git 别名不同，它们是在 shell 级别操作的。现在，除了使用 git add，还可以直接运行 ga；除了使用 git log --oneline --decorate --graph，还可以运行 glog。所有别名的详尽列表可以在 https://github.com/ohmyzsh/ohmyzsh/blob/master/plugins/git/git.plugin.zsh 中查找，也可以运行 alias | grep git 来列出包含搜索词 git 的所有别名。

9.5　双重身份验证

通常，登录 GitHub、GitLab 或任何其他 Git 平台仅靠密码来保障安全，如果有人设法猜到或窃取密码，则将能够访问所有存储库。

通过启用双重身份验证，可以显著提高账户的安全性，例如，当登录时通过短信发送到智能手机的附加代码，或者使用 Google Authenticator 或 Authy 等程序自己生成的代码。这样只有知道密码并有权访问智能手机或代码生成器的人才能登录。通常，智能手机上安装的应用程序会作为代码生成器，每个代码的有效期仅为半分钟。

本节将重点关注 GitHub 的双重身份验证实施。大多数其他 Git 平台也支持双重身份验证，尽管细节可能有所不同。

9.5.1 在 GitHub 上启用双重身份验证

要在 GitHub 账户上启用双重身份验证，请登录网站，打开“设置”·“账户安全”页面，然后点击“启用双重身份验证”按钮。在下一步中，最初可以在两种方式之间进行选择：应用程序（即代码生成器）或短信。

选择其中一种方式，网站将显示一组 16 个恢复代码，如图 9.6 所示。如果不能使用第二种验证方式或暂时无法访问，则可以使用这些代码中的任何一个执行一次性登录。GitHub 建议不要简单地将代码存储在本地文本文件中，而是以安全的方式进行存档。

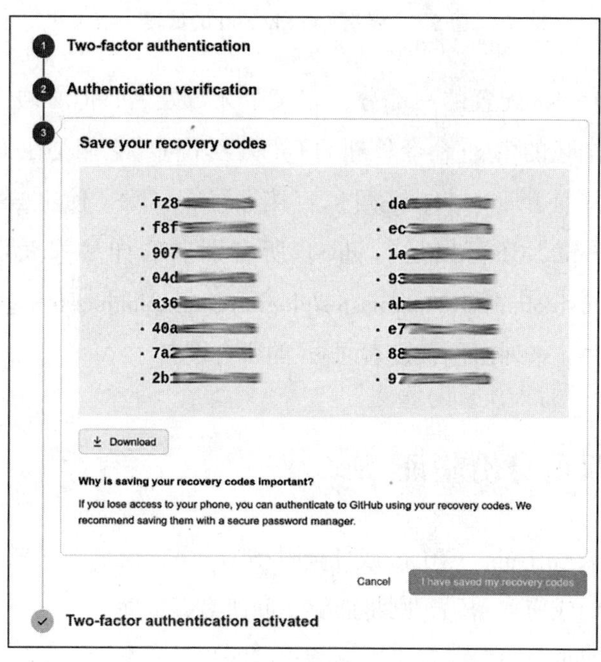

图 9.6 双重身份验证的恢复密钥

在应用变体中，GitHub 会在第二步显示一个二维码，用户需使用智能手机的双重身份验证应用对其进行拍照。在此情境下，最常见的应用是 Google Authenticator，该应用在 Google Play 商店和 Apple App Store 中均可免费获取。推荐使用 Authy 应用（https://authy.com，同样可在 Google Play 商店或 Apple App Store 中免费获取）。其代码生成器与 Google Authenticator 兼容，但具有显著优势。在 Authy 中设置的登录信息可以在多个设备之间同步。如果智能手机出现故障或丢失，此多设备功能不仅可作为备选方案，还提供了一种实用的方式，即可将代码生成器中存储的登录信息迁移到新的智能手机上。Authy 也可以作为桌面应用安装。

二维码扫描成功后，双重身份验证应用将开始显示 6 位数字，每个数字的有效期为 30 秒。用户需在 GitHub 网站上输入当前数字，以完成双重身份验证的配置。

若随后再次访问 GitHub 网站上的“设置 · 安全”页面，可以启用不同的双重身份验证方法，并添加各种恢复选项。例如，可以存储另一个电话号码，以便在紧急情况下通过短信发送恢复代码。

9.5.2 硬件安全密钥

除了已描述的方法（通过应用和短信）外，GitHub 还提供了另一种验证方式：硬件安全密钥，这些 USB 加密狗支持 WebAuthn 标准，现已可在所有主流网络浏览器中使用。与短信验证相比，其最大优势在于仅通过 USB 插入设备即可作为有效的安全验证。

9.5.3 应用双重身份验证

启用双重身份验证后，登录 GitHub 网站会变得更繁琐，除通常在浏览器中自动填写的用户名和密码外，还需输入智能手机应用生成的 6 位代码，每个代码仅有效 30 秒，之后将生成下一个代码。若已注册硬件安全密钥，则无需输入代码。与之前一样，仅在明确注销或当前会话过期时才需要重新登录网站。

在 Git 操作的身份验证中，很少看到双重身份验证，因为，有效的验证取决于所选的通信机制。

- SSH：若使用 SSH，仍使用 SSH 私钥进行身份验证，其公钥已存储在 GitHub 中。
- HTTPS：通过 HTTPS 访问存储库时，应使用 Windows 凭据管理器或设置一些个人访问令牌进行身份验证。

- 具有自身令牌管理的工具：GitHub Desktop 程序和某些通过 OAuth 请求和管理令牌的开发环境（如 IntelliJ IDEA）也可以处理双重身份验证。

但是，双重身份验证的范围有限，原因在于 git 命令不存在双重身份验证的概念。